国家自然科学基金项目(51874231)资助

2017年陕西省"特支计划"青年拔尖人才资助

陕西省创新能力支撑计划项目(2020KJXX-006)资助

陕西省自然科学基础研究计划企业联合基金项目(2019JLZ-04)资助

坚硬冲击倾向性顶板特厚煤层综放面覆岩破坏规律与控制研究

崔　峰　来兴平　著

U0337692

中国矿业大学出版社

·徐州·

内 容 提 要

缓倾斜坚硬冲击倾向性顶板特厚煤层综放开采面临众多难题。本书以宽沟煤矿典型的坚硬冲击倾向性顶板及特厚煤层开采为背景,采用物理相似材料模拟实验的方法,结合钻孔监测、离散元软件及有限差分软件分析、微震监测系统研究覆岩破坏规律与控制,开展了重复开采扰动引起的覆岩裂隙发育规律与其"两带"分布特点研究,得出了工作面沿走向和倾向回采时覆岩运移变形规律,并对冲击危险区进行了划定。建立了关键层垮落的力学结构模型,推导出了关键层破断角的表达式。从微震能量积聚和释放的角度探讨了上覆关键层运动诱发工作面冲击地压机理,开展了不同开采顺序下的差异性研究,掌握了近距离煤层群上行开采与下行开采过程中的覆岩运移规律和能量释放特征,确定了工作面复采安全距离。考虑推采速度-停产时间效应对微震事件特征的影响,提出了采煤工作面推进速度与停产时间协同调控的方法,为实现类似冲击地压矿井安全高效回采提供了科学指导。

本书可供采矿工程、岩石力学、工程力学等专业的工程技术人员学习使用,也可作为矿业类高校相关专业本科生和研究生的教学用书。

图书在版编目(C I P)数据

坚硬冲击倾向性顶板特厚煤层综放面覆岩破坏规律与控制研究/崔峰,来兴平著. —徐州:中国矿业大学出版社,2021.12

ISBN 978 - 7 - 5646 - 4905 - 0

Ⅰ. ①坚… Ⅱ. ①崔… ②来… Ⅲ. ①特厚煤层－顶板岩层－综采工作面－岩体破坏机理－研究②特厚煤层－顶板岩层采－综采工作面－岩层控制－研究 Ⅳ. ①TD823.85

中国版本图书馆 CIP 数据核字(2020)第 259811 号

书　　名	坚硬冲击倾向性顶板特厚煤层综放面覆岩破坏规律与控制研究
著　　者	崔　峰　来兴平
责任编辑	黄本斌
出版发行	中国矿业大学出版社有限责任公司
	(江苏省徐州市解放南路　邮编221008)
营销热线	(0516)83884103　83885105
出版服务	(0516)83995789　83884920
网　　址	http://www.cumt.com　E-mail:cumtpvip@cumtp.com
印　　刷	徐州中矿大印发科技有限公司
开　　本	787 mm×1092 mm　1/16　**印张** 15　**字数** 374 千字
版次印次	2021 年 12 月第 1 版　2021 年 12 月第 1 次印刷
定　　价	58.00 元

(图书出现印装质量问题,本社负责调换)

前　言

放顶煤开采方法是开采厚煤层、特厚煤层的有效方法。随着采深的加大,在煤层和顶板岩层均坚硬尤其是煤岩体具有冲击倾向性的条件下,工作面煤岩体发生动力灾害的可能性与日俱增,实现厚煤层放顶煤工作面在煤层和顶板岩层都坚硬条件下的安全高效开采越来越困难。

随着我国东部及中部煤炭资源的枯竭,新疆作为我国重要的能源基地接替区和战略储备区的作用将日趋显著。为"疆煤东运"的实施提供理论与技术支撑,有必要开展新疆地区典型坚硬冲击倾向性顶板特厚煤层的开采研究,摸清坚硬冲击倾向性顶板特厚煤层综放面开采面临的难题,揭示缓倾斜坚硬冲击倾向性顶板特厚煤层综放面覆岩破坏规律,通过工程实践逐步掌握坚硬冲击倾向性顶板特厚煤层开采的技术,为其安全开采提供基础研究支撑,保障我国煤炭资源的稳定供给。

本书以新疆宽沟煤矿典型的坚硬冲击倾向性顶板特厚煤层开采为背景,采用物理相似材料模拟实验的方法,结合钻孔监测、离散元软件及有限差分软件分析、微震监测系统研究覆岩破坏规律与控制,在分析特厚煤层覆层特征及完成煤岩物理力学参数测试的基础上,开展了重复开采扰动引起的覆岩裂隙发育规律与其"两带"分布特点、矿压规律研究,对坚硬顶板工作面重复开采下覆岩破断和冲击危险区进行了划定。建立了关键层垮落的力学结构模型,推导出关键层破断角的表达式,利用物理相似材料模拟实验、3DEC数值模拟建立卸压角梯度模型,验证了理论计算结果的合理性。基于对现场实测微震、支架压力规律的分析,从微震能量积聚和释放的角度探讨上覆关键层运动诱发工作面冲击地压机理,揭示了考虑上层采空区压力传导作用的覆岩结构演化趋势。开展了不同开采顺序下的差异性研究,揭示了近距离强冲击倾向性煤层上行开采覆岩结构演化的规律,完成了上行开采的冲击危险性评估,并根据煤柱最小安全距理论,确定了工作面复采安全距离。利用微震监测技术与物理相似材料模拟实验相结合的方法,考虑推采速度-停产时间效应对微震事件特征的影响,揭示了工作面推进速度-停产时间效应诱发冲击地压的机制,提出了采煤工作面推进速度与停产时间协同调控的方法,在实践中取得了良好的应用效果,丰富了坚硬、特厚煤岩体高效致裂及资源高效回收的理论与技术。

全书共十四章,来兴平负责全书的架构设计,崔峰负责全书内容撰写。本书是作者多年主持的国家和省级相关项目研究成果以及多门课程讲授内容的系统提炼,可供采矿工程、岩石力学、工程力学等专业的工程技术人员学习使用,也可作为矿业类高校相关专业本科生和研究生的教学用书。

由于作者水平所限,书中如有偏颇与不妥之处,敬请广大专家、学者指正。

作　者

2021年5月

目 录

1 绪 论

新疆是我国批建的第 14 个亿吨大型煤炭基地,预测储量 2.19 万亿吨,占全国储量的 39.3%,是我国重要的能源基地接替区和战略储备区。随着东部及中部煤炭资源的枯竭,新疆以后将逐渐转为生产区,实现"疆煤东运"。新疆地处欧亚大陆腹地,在全球构造带中处于古亚洲构造域的核心,是连接欧亚大陆构造带的枢纽,地质构造较为复杂,煤岩物理力学性质也与东部地区差异较大,这直接增大了未来新疆地区深部煤炭及其他资源大规模开采的难度。

近年来,随着我国煤矿采深的不断增加和采动面积的加大,越来越多的矿井发生冲击地压等动力灾害。冲击地压作为矿业工程领域的动力灾害现象,具有发生机理复杂、发生突然、破坏严重的特点,对矿井生产和人员生命安全造成了严重的影响。尤其是深部开采的矿井往往受到高位硬岩层运动的影响,使得近年来频发的采场动力灾害也越来越受到人们的重视。原国家煤矿安全监察局也加强了冲击地压矿井的管理,颁布实施的《防治煤矿冲击地压细则》等法规有效指导了冲击地压矿井产能、推进速度等的确定,并要求开展广泛的冲击危险性评估。新疆作为未来的能源基地,也多次发生了冲击地压灾害,严重制约了新疆地区深部煤炭资源的有效供给,亟须开展新疆地区典型动力灾害的发生机理及控制研究,为未来煤炭及其他资源的深部安全开采与高效供给奠定基础。

为此,基于新疆地区典型的缓倾斜坚硬冲击倾向性顶板特厚煤层综放面开采面临的难题,通过物理相似材料模拟实验,采用钻孔监测、微震监测系统分析覆岩破坏规律,结合岩石力学试验所得煤岩物理力学参数,开展了重复开采引起的覆岩裂隙发育规律及其"两带"分布研究。由数值模拟实验揭示 W1123 综放工作面开采过程中应力演化规律,并对坚硬顶板工作面重复开采诱发的覆岩破断规律及其冲击危险区域进行划分。通过对现场实测微震、支架压力规律的分析,研究实体煤与采空区下回采的煤岩体微震事件分布规律,从微震能量积聚和释放的特征揭示了考虑上层采空区压力传导作用的覆岩结构演化趋势。开展不同开采顺序下的差异性研究,揭示近距离强冲击倾向性煤层上行开采覆岩结构演化规律,完成上行开采的冲击危险性评估,并根据煤柱最小安全距离,确定工作面复采安全距离。利用微震监测技术与物理相似材料模拟实验相结合的方法,考虑推进速度-停产时间效应对微震事件特征的影响,揭示了工作面推进速度-停产时间效应诱发冲击地压的机制,提出了采煤工作面推进速度与停产时间协同调控的方法。

本研究通过理论、实验及工程实践相结合的方法,开展缓倾斜坚硬冲击倾向性顶板特厚煤层综放面覆岩破坏规律与控制研究,为深埋矿产资源的安全开采提供基础研究支撑,特别是为具有强冲击倾向性的近距离煤层群开采提供了较好的借鉴,为实现类似冲击地压矿井安全高效回采提供了科学指导,避免因覆岩大范围失稳而造成重大冲击灾害事故。

2 宽沟煤矿地质条件及工作面开采布局

宽沟煤矿隶属新疆神华天电矿业有限公司,行政区划隶属昌吉回族自治州呼图壁县雀尔沟镇管辖。宽沟煤矿地理坐标为:东经 $86°27'12''\sim86°34'27''$,北纬 $43°45'08''\sim43°47'33''$。煤矿位于呼图壁县雀尔沟镇以南省道 S101 的 94.5 km 处,北距呼图壁县 70 km,东距乌鲁木齐市 140 km。

宽沟煤矿井田东西长 9.70 km,南北宽 3.15 km,井田面积约 20.13 km²,矿井于 2004 年 8 月 25 日开工建设,于 2010 年 4 月竣工验收。矿井初期设计生产能力为 120 万吨/年,提升、运输、通风等主要系统留有扩展为 500 万吨/年的生产能力。

2.1 井田开采煤层及顶底板特征

2.1.1 煤层特征

井田含煤地层为侏罗系中统西山窑组,含可采及局部可采煤层 9 层,可采煤层 7 层,编号自下而上依次为 B_0、B_1、B_2、B_3、B_4^{1F}、B_4^1、B_4^2 煤层,局部可采煤层 2 层,编号为 B_{0F}、$B_1^{\pm}$,各煤层煤均属特低灰分~低灰分、特低硫分、低磷分、高发热量的不黏煤,是良好的动力用煤和民用煤,还可做炼油用煤。煤层综合柱状图如图 2-1 所示。上述各煤层在一采区内赋存稳定~较稳定,结构简单。各煤层特征详见表 2-1。

截至 2016 年 12 月 31 日,宽沟煤矿保有资源储量 81 008.5 万吨(含各类煤柱),可采储量为 48 200.1 万吨。

2.1.2 开采煤层顶底板岩性与力学特性

矿井目前开采 B_2 煤层,B_2 煤层直接顶以泥岩、砂质泥岩和粉砂岩为主,局部为中粗砂岩和细砂岩。泥岩、砂质泥岩和粉砂岩厚度为 0.88~20.72 m,平均厚度为 8.19 m,薄~中厚层状,饱和抗压强度为 21.72~44.21 MPa,平均为 33.33 MPa。中粗砂岩和细砂岩厚度为 7.23~35.00 m,平均为 17.51 m,厚层状,饱和抗压强度为 30.21~50.10 MPa,平均为 45.84 MPa,属不易软化岩石。

B_2 煤层底板以泥岩、砂质泥岩和粉砂岩为主,厚度为 0.44~28.07 m,平均厚度为 5.76 m;局部为中粗砂岩,厚度为 6.95~24.98 m,平均厚度为 14.11 m。泥岩、砂质泥岩和粉砂岩为薄~中厚层状,饱和抗压强度为 30.00~44.96 MPa,平均为 39.73 MPa,岩性半坚硬。中粗岩为厚层状,饱和抗压强度为 45.46~53.04 MPa,平均为 48.23 MPa,岩性半坚硬,岩体质量中等~良。

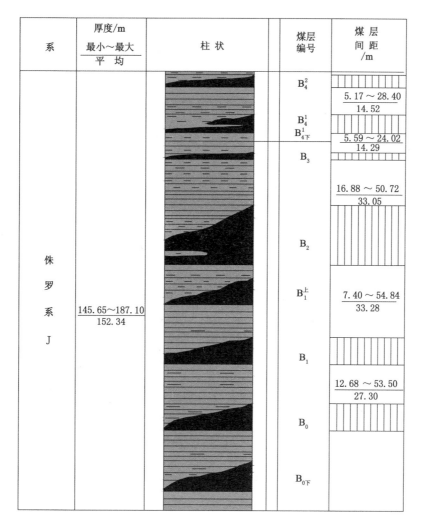

图 2-1　煤层综合柱状图

表 2-1　煤层特征一览表

煤号	煤层厚度/m 最小值～最大值 均值	煤层结构		面积/km²		可采性	稳定性
		含矸层数	类型	赋存	可采		
B_4^2	$\dfrac{1.08\sim4.35}{2.30}$	0～3	简单	19.20	18.69	大部	稳定
B_4^1	$\dfrac{1.13\sim6.49}{3.37}$	0～3	简单	20.13	20.13	全区	稳定
$B_{4下}^1$	$\dfrac{0.55\sim2.37}{1.49}$	0～1	简单	7.71	7.65	全区	稳定
B_3	$\dfrac{0.61\sim2.62}{1.91}$	0	简单	14.16	13.12	大部	较稳定

表 2-1(续)

煤号	煤层厚度/m 最小值～最大值 均值	煤层结构		面积/km²		可采性	稳定性
		含矸层数	类型	赋存	可采		
B_2	$\dfrac{8.62～20.84}{9.50}$	0～4	简单	20.13	20.13	全区	稳定
$B_1^{上}$	$\dfrac{0.28～9.35}{2.66}$	0～2	简单	7.50	5.32	局部可采	不稳定
B_1	$\dfrac{3.55～9.41}{6.71}$	0～3	简单	20.13	20.13	全区	稳定
B_0	$\dfrac{0.71～9.45}{3.99}$	0～4	简单	20.13	19.88	全区	较稳定
$B_0^{下}$	$\dfrac{0.00～10.60}{4.23}$	0～1	简单	9.76	6.14	局部可采	不稳定

2012 年由煤炭科学研究总院北京开采研究所对宽沟煤矿 B_2 煤层顶底板进行冲击倾向性鉴定，判定宽沟煤矿 B_2 煤层顶板属于Ⅲ类，为具有强冲击倾向性的岩层；判定宽沟煤矿 B_2 煤层底板属于Ⅱ类，为具有弱冲击倾向性的岩层。

由此可以看出，B_2 煤层的顶底板均具有冲击倾向性，由于顶板厚度大、整体性好且强度较高，鉴定显示顶板具有强冲击倾向性，这将导致顶板在煤层开采后难以自然垮放，制约了工作面顶板在采空区的自然垮落，必须采取放顶措施以防止顶板发生大规模动力失稳。

2.1.3　煤层赋存特征

B_2 煤层是稳定型的特厚煤层，位于侏罗系中统西山窑组第一段(J_2x^1)的中部，与上部的 B_3 煤层间距平均 33.05 m。全区分布，地表出露于煤矿区南部边界以外。煤层走向 104°～110°，倾向 14°～20°，倾角 12°～16°。煤层厚度稳定，平均 9.50 m，含矸 0～2 层，结构简单，为 31 号不黏煤。B_2 煤层的煤质特征如表 2-2 所列。

表 2-2　B_2 煤层的煤质特征

含煤地层	煤层编号	水分/%	灰分/%	挥发分/%	硫分/%	磷分/%	发热量/(MJ/kg)	煤种
侏罗系中统西山窑组	B_2	3.57	8.25	31.99	0.18	0.014	29.65	31BN

通过对宽沟煤矿 B_2 煤层进行冲击倾向性鉴定和地应力测试，鉴定结果表明 B_2 煤层具有弱冲击倾向性。

2.2　地质构造及水文地质条件

根据地质报告显示：矿区构造受区域构造的影响，总体形态为一走向 NW-SE 向北倾的缓倾斜单斜构造，岩层倾向 14°～20°，倾角 12°～16°。矿区南部基岩露头煤层火烧，除局部地层岩层倾角较陡外，总体来看，岩层沿倾向和走向上产状基本上没有变化。

工作面煤层走向大致为 104°~110°。根据现有地质资料及已掘巷道情况显示：煤层走向和顶底板高程与地质资料有较大的变化，且地质构造复杂，工作面回采范围内有 9 条断层，其中 3 条断层会对工作面回采造成大的影响，而且在煤层中存在有不少褶曲构造及裂隙发育的破碎带，也会对工作面的正常回采带来影响。

W1123 采区属于 11 采区，该采区位于天山北麓中山区，基岩裸露，第四系覆盖较少，地势总体南高北低，地形有利于自然排水。井田内无常年流动的地表水流，水量蒸发强于降水，第Ⅱ含水层透水性较好，富水性较强，井田属顶底板直接或间接进水，水文地质条件属中等~较强富水的矿床。

2.3　矿井开拓方式

宽沟煤矿采用反斜井开拓方式，矿井共有主、副、风三个斜井井筒。主、副斜井建于矿井工业场地内，回风斜井建在工业场地南部 1 km 处井田浅部。宽沟煤矿主斜井井口标高 +1 451.4 m，井筒倾角 15°35′23″，井筒长 712 m，净断面积 10.41 m²。井筒内装备 DTL120/143/2×800 型带式输送机，输送带带宽 1.2 m，带速 3.5 m/s。副斜井井口标高 +1 453.4 m，井底标高 +1 255 m，井筒垂深 198.4 m，倾角 16°30′，井筒斜长 695 m，净断面积 12.51 m²。副斜井安装一台 JK-3×2.2/30E 型单滚筒提升机，井筒内铺设 30 kg/m 钢轨，轨距 900 mm。

2.4　工作面概况

2.4.1　工作面位置及范围

W1123 综放工作面位于矿井 +1 255 m 水平，可采走向长度 1 468 m，倾斜长度 192 m，其工作面联络巷向西 13~745 m 段上部 50 m 为 B_4^1 煤层 1145 采空区，工作面下部为 B_1 实体煤层。设计采高 3.2 m，放煤厚度 6.3 m，采放比为 1 : 1.97，可采面积 282 048 m²，工作面平均倾角 14°，工作面采出率 90.4%。W1123 综放工作面布置如图 2-2 所示。

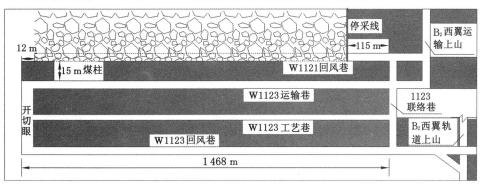

图 2-2　W1123 综放工作面布置

2.4.2　工作面周边关系及开采情况

W1123 综放工作面位于一采区西翼 B_2 煤层中，B_2 煤层上山西翼采区划分两个区段工作面,采用上行综放开采方式,工作面顶板均为坚硬砂岩顶板,节理裂隙不发育,具有冲击倾向性,覆岩存在 B_4 煤层的 W1143 和 W1145 工作面的采空区及遗留煤柱。目前下区段 W1121 工作面已顺利回采完毕,中间留有 15 m 的区段煤柱,与其相邻的上区段 W1123 工作面运输巷、回风巷、工艺巷以及开切巷也已掘进完成,工作面正在回采的过程中,区段划分和采空区分布如图 2-3 所示。

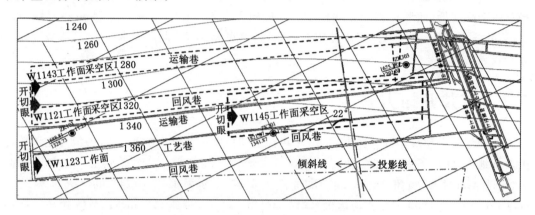

图 2-3　B_2 煤层上山西翼采区平面图

2.4.3　地面相对位置

W1123 综放工作面对应地面标高为 +1 660～+1 820 m,工作面运输巷水平标高为 +1 321～+1 327 m,回风巷水平标高为 +1 365～+1 375 m,方位角为 291°;垂向地面位置位于矿井工业广场西侧,工作面位置及井上下关系如表 2-3 所列。

表 2-3　工作面位置及井上下关系表

水平名称	+1 255 m水平		采区名称	中央采区
地面标高	+1 660～+1 820 m		煤层名称	B_2
地面相对位置	位于矿井工业广场西侧			
回采对地面设施的影响	工作面上方地面为山区,对应地表无建(构)筑物,开采对地面设施无影响			
井下位置及与四邻关系	轨道上山西侧下行 15 m 为 I010201 采空区;联络巷向西 13～745 m 段上部 50 m 为 B_1 煤层 I010405 采空区,下部为 B_1 实体煤层			
可采走向长度/m	1 468	倾斜长度/m	192	可采面积/m²	282 048

2.4.4　工作面参数及开采技术条件

2.4.4.1　工作面参数

(1) 工作面倾斜长度 192 m,可采走向长度 1 468 m,采高 3.2 m,放煤厚度 6.3 m,可采面积 282 048 m²,工作面倾角平均 14°,工作面采出率 90.4%。

(2) 开切巷断面 9.2 m×3.5 m(宽×高),断面积 32.20 m²。

(3) 回风巷断面 4.7 m×3.7 m(宽×高),断面积 15.60 m²。

(4) 运输巷断面 4.7 m×3.4 m(宽×高),断面积 14.19 m²。

(5) 工艺巷断面 4.0 m×2.9 m(宽×高),断面积 11.60 m²。

开切巷为方便液压支架安装采用矩形断面,回风巷和运输巷采用圆弧拱形断面,工艺巷采用矩形断面,巷道采用锚杆、锚网、钢带、锚索、架金属棚(过断层)联合支护形式。

2.4.4.2　开采技术条件

(1) B₂ 煤层具备综采放顶煤开采条件。

(2) 矿井目前建立了地面永久瓦斯抽采系统。

(3) 经过 5 a 的矿压防治实践,矿井积累了丰富的矿压防治经验,特别是在处理坚硬顶板方面。

(4) 煤层最短自然发火期为 52 d。

2.5　本章小结

本章阐述了宽沟煤矿的煤层及顶底板特征,明晰了矿井的主采煤层及顶底板特征,分析了矿井的水文及地质构造条件,并基于矿井当前的开拓方式,系统分析了 W1123 工作面的位置、开采参数及条件。掌握了 B₂ 煤层及顶底板均具有冲击倾向性的特征,但由于顶板厚度大、整体性好且强度较高,鉴定显示顶板具有强冲击倾向性。这将导致顶板在煤层开采后难以自然垮放,制约了工作面顶板在采空区的自然垮落,必须采取放顶措施以防止顶板发生大规模动力失稳。

3 宽沟煤矿煤岩物理力学参数测试

煤与岩石力学特性试验及其定量物理、力学参数的获取对煤矿安全开采具有重要作用。其参数的确定将为支护参数优化、巷道稳定性分析、覆岩运移规律的研究等提供必要的基础数据。同时，也为矿井技术改造，安全改扩建和安全生产、升级与可持续稳态过渡以及今后向深部资源开采与拓展提供参数依据。

3.1 试验目的

根据国际岩石力学学会试验方法委员会和我国《煤矿支护手册》以及煤炭工业(行业)标准的规定，我们利用西安科技大学的陕西省岩层控制重点实验室和西部矿井开采及灾害防治教育部重点实验室先进的精密仪器及装置，全面完成了宽沟煤矿煤与岩石力学特性试验，获得综合的煤和岩石的物理与力学特性及破坏过程定量的力学参数。本试验研究及分析主要包括：① 单向抗压强度测定；② 抗拉强度测定；③ 抗剪强度测定；④ 变形参数测定；⑤ 煤样破坏过程的声发射特征。这些物理与力学参数的定量化确定，为成功进行灾害预报和防治以及最终实现安全开采提供了科学依据与基础数据。

3.2 试验仪器与设备

试验过程中主要采用了 ACS-30 型电子秤、电子数显卡尺、RSM-SY5(T)非金属声波检测仪、WANCE 万能试验机(抗压、抗剪、抗拉)、万能材料试验机引伸计、数字化多通道声发射测试装置、550 万像素索尼数码相机等设备。

3.3 煤岩试样的选取及装运

根据《煤和岩石物理力学性质测定的采样一般规定》(MT 38—1987)，在现场工作人员的协助下，笔者完成了宽沟煤矿地球物理特征、煤炭赋存环境、空间变异特征及开采技术条件等调研，采样充分考虑具有代表性的新鲜煤岩体，最终，对宽沟煤矿 W1123 综放工作面顶板取岩样一块，B₂ 煤层取煤样两块。所有试样用黑色塑料袋密封并运送至西安科技大学西部矿井开采及灾害防治教育部重点实验室。

3.4　煤岩试件制作

　　由于标准试件的制备对参数确定起着决定性作用,因此按国际岩石力学学会推荐标准,并根据西安科技大学实验室实际情况,将试件制备成直径 50 mm 的圆柱形标准试件(表 3-1)。采用 YZB-1 钻孔取样机、DME-2 切磨一体机制备试件。

表 3-1　岩石力学试验及参数标准

序号	试验项目	直径 D/mm	高度 H/mm
1	抗拉	50	100
2	抗剪	50	50
3	抗压	50	25

　　(1) 试件的粗制

　　首先将大块煤岩样固定于 YZB-1 钻孔取样机的工作台上,在熟悉取芯机操作与控制后,开始取样。依次从外到内取样,且每次所取试样的间距不得过大,目的是尽可能避免样本浪费,用大小一定的样品来取出较多的试件。YZB-1 钻孔取样机如图 3-1 所示。

图 3-1　YZB-1 钻孔取样机

　　(2) 柱状试件不规则部分的切割

　　为了试验的方便,应对柱状试件不规则部分进行适当的处理,所以这一环节将把柱状试件放入 DME-2 切磨一体机中进行切割,切去其不规则部分,以便于试件能够在 WANCE 万能试验机上进行试验。在 DME-2 切磨一体机中进行切割以前,应先将试件固定于切割台上,注意固定时应在试件与切割台上的横梁之间加入垫层,以防止试件的损坏,之后关闭切割机进煤窗口,开启机器,切割刀头将会缓慢运动(忌运动过快,以免破坏试件),待到所有试件切割完毕,它将会自动倒退至其出发的位置。DME-2 切磨一体机如图 3-2 所示。

　　(3) 柱状试件端面打磨

图 3-2　DME-2 切磨一体机

完成切割的试件暂不能放置在 WANCE 万能试验机的工作台上,因为其端面在切割后还会有坑洼、槽痕等,尽管从表面上看其影响可能不大,但在进行力学试验时,缺失部分会影响试件的受力状态,因而在上工作台前应对试件端面进行磨光处理。

在进行打磨前,应先熟悉磨光机的工作方式,其工作台可以沿着自身的轨道做往复运动,带有砂轮的部分也可以在垂直于工作台的方向上运动,两者的运动方式比较直观。把试件在工作台上固定好后,将砂轮缓慢与试件端面接近(间距≤2 mm)。先开启砂轮,而后再开启工作台,打磨正式开始,直至端面光滑,停止打磨。至此,试验所用试件制作完毕。加工好的煤岩样如图 3-3 所示。

(a) 煤样　　　　　　　　　　(b) 岩样

图 3-3　加工完成的煤岩试件

3.5　试验过程及测试结果

3.5.1　煤岩体密度测定

依据《岩石真密度测定方法》(MT 39—1987)和《岩石视密度测定方法》(MT 40—1987)

的规定来完成煤岩体密度的测定(图3-4和图3-5)。

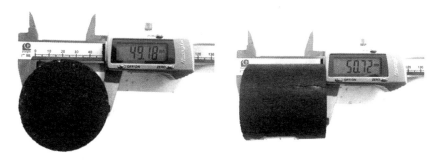

　　　(a) 试件直径的测量　　　　　　　　(b) 试件高度的测量

图 3-4　试件尺寸测定

　　　(a) 煤样质量的测量　　　　　　　　(b) 岩样质量的测量

图 3-5　试件质量测定

　　(1) 主要仪器设备:电子数显尺、电子称量装置。

　　(2) 标准试件规格:采用直径为 50 mm、高 100 mm 的圆柱体。

　　(3) 测定步骤:测试件尺寸(试件直径应在其高度中部量测,取算术平均值)填入记录表内。根据控制变量原则,应测自然状态下的煤岩体试件。

　　(4) 测定结果计算:

$$\rho = g_s/V \tag{3-1}$$

式中　　ρ——岩石的天然密度;

　　　　g_s——试件的天然状态质量;

　　　　V——试件的体积。

　　由表 3-2 可知,宽沟煤矿 W1123 综放工作面顶板岩石密度为 2 587 kg/m³,B₂煤层的煤体密度为 1 337 kg/m³。

表 3-2　煤岩体密度测定记录

煤样密度的测定(自然状态)

试件编号	试件尺寸/mm		试件天然状态质量/kg	天然密度/(10³ kg/m³)	平均天然密度/(10³ kg/m³)
	直径 D	高度 L			
C1	49.36	100.32	0.257	1.339	
C2	49.25	100.28	0.255	1.335	
C3	49.28	99.95	0.257	1.349	
C4	49.34	101.23	0.256	1.323	
C5	49.26	101.25	0.256	1.327	
C6	49.35	100.13	0.256	1.337	
C7	49.26	99.45	0.251	1.325	
C8	49.27	100.74	0.258	1.344	
C9	49.30	100.20	0.254	1.329	
C10	49.29	100.86	0.251	1.305	
C11	49.32	100.09	0.256	1.339	
C12	49.28	101.01	0.256	1.329	
C13	49.28	99.72	0.254	1.336	
C14	49.31	100.15	0.255	1.334	
C15	49.29	98.84	0.252	1.337	
C16	49.33	100.11	0.256	1.339	
C17	49.29	99.83	0.257	1.350	1.337
C18	49.26	100.36	0.256	1.339	
C19	49.26	100.37	0.259	1.354	
C20	49.31	100.22	0.254	1.328	
C21	49.23	100.86	0.257	1.339	
C22	49.28	100.14	0.259	1.357	
C23	49.25	99.84	0.257	1.352	
C24	49.31	100.44	0.258	1.346	
C25	49.30	100.18	0.261	1.366	
C26	49.27	100.39	0.258	1.349	
C27	49.35	100.95	0.256	1.327	
C28	49.29	99.88	0.255	1.339	
C29	49.34	100.07	0.254	1.328	
C30	49.23	100.27	0.258	1.352	
C31	49.31	100.75	0.258	1.342	
C32	49.29	100.70	0.255	1.328	
C33	49.37	100.90	0.253	1.310	
C34	49.26	100.46	0.256	1.338	

表 3-2(续)

顶板岩样密度测定(自然状态)				
试件编号	试件尺寸/mm		试件天然状态	天然密度	平均天然密度
	直径 D	高度 L	质量/kg	/(10^3 kg/m³)	/(10^3 kg/m³)
R1	49.34	100.19	0.483	2.523	
R2	49.27	100.33	0.483	2.526	
R3	49.30	99.89	0.484	2.540	2.587
R4	49.26	100.76	0.509	2.652	
R5	49.31	100.28	0.505	2.639	
R6	49.17	99.98	0.502	2.645	

3.5.2 煤岩体单向抗压试验

岩石单向抗压强度是目前煤矿地下开采过程中使用最广的岩石力学参数,试验过程依据《煤和岩石单向抗压强度及软化系数测定方法》(MT 44—1987)进行,如图 3-6 所示。

(a) WANCE万能试验机

(b) 安装完毕的试件

(c) 抗压试验结束时的试件

(d) 破坏试件特写

图 3-6　煤样抗压强度测试过程

(1)仪器设备:WANCE 万能试验机、万能材料试验机引伸计、数字化多通道声发射测试装置。

(2)标准试件规格:采用直径为 50 mm、高为 100 mm 的圆柱体。

(3)测定步骤。

① 启动主机,打开控制软件。

② 使用软件控制压力机启动,使其处于可用状态。

③ 将试件尺寸输入控制 WANCE 万能试验机的主机内。

④ 选择所用试验标准及需要测量的参数。

⑤ 将试件置于压力机承压板中心,调整球形座使试件上下受力均匀,以 1 mm/min 的速度加载直至破坏。

⑥ 获得初始参数。

(4) 测定结果计算。

试件的抗压强度:

$$R = P/F \tag{3-2}$$

式中　R——试件抗压强度,MPa;

　　　P——试件破坏载荷,N;

　　　F——试件受压面积,mm^2。

具体试验结果见表 3-3 和表 3-4。

表 3-3　自然状态下煤样的抗压强度测定

试件编号	试件尺寸/mm		破坏载荷 P/kN	抗压强度 R/MPa	平均抗压强度 R'/MPa
	直径 D	厚度 L			
C1	49.36	100.32	46.76	24.44	
C14	49.31	100.15	46.97	24.61	23.28
C34	49.26	100.46	39.61	20.80	

表 3-4　饱水状态下煤样的抗压强度测定

试件编号	试件尺寸/mm		破坏载荷 P/kN	抗压强度 R/MPa	平均抗压强度 R'/MPa
	直径 D	厚度 L			
C7	49.26	99.45	28.83	15.14	
C10	49.29	100.86	34.90	18.30	21.01
C19	49.26	100.37	56.40	29.60	

由表 3-3 和表 3-4 可知,宽沟煤矿 B_2 煤层自然状态下的单轴抗压强度为 23.28 MPa,饱水状态下的单轴抗压强度为 21.01 MPa,煤的软化系数为 0.90。

3.5.3　煤岩体抗拉强度测定(劈裂法)

目前广泛采用劈裂法(也称巴西试验法)测定岩石的抗拉强度,试验过程参照《煤和岩石单向抗拉强度测定方法》(MT 47—1987)进行,试件的形状为圆柱体(图 3-7)。

(1) 仪器设备:WE-2T 液压万能试验机、劈裂法试验夹具。

(2) 试件规格:标准试件采用圆盘形,直径 50 mm,厚 25 mm。

(3) 测定步骤。

① 启动主机,打开控制软件。

② 使用软件控制压力机启动,使其处于可用状态。

(a) 原试件   (b) 安装完毕的试件

(c) 抗拉试验结束时的试件   (d) 破坏试件特写

图 3-7　煤样抗拉强度测试过程

③ 将试件尺寸输入控制 WE-2T 液压万能试验机的主机内。

④ 选择所用试验标准及需要测量的参数。

⑤ 通过试件直径的两端,沿轴线方向画两条互相平行的线作为加载基线,把试件放入夹具内,夹具上下刀刃对准加载基线,放入试验机的上下承压板之间,使试件的中心线和试验机的中心线在一条直线上。

⑥ 开动试验机,以 1 mm/min 的速度加载直至破坏。

(4) 测定结果计算。

试件的抗拉强度:

$$R_{\mathrm{L}} = \frac{2P}{3.14DL} \tag{3-3}$$

式中　R_{L}——岩石单向抗拉强度,MPa;

　　　P——试件破坏载荷,N;

　　　D——试件直径,mm;

　　　L——试件厚度,mm。

具体试验结果见表 3-5。

表 3-5　煤样抗拉强度测定

抗拉强度测定(自然状态)				
试件编号	试件尺寸/mm		破坏载荷 P/N	抗拉强度 R_{L}/MPa	平均抗拉强度 R'_{L}/MPa
	直径 D	厚度 L			
C1	49.24	25.60	622.80	0.31	0.70
C2	49.14	26.73	934.20	0.45	
C3	49.13	25.87	2 227.20	1.12	
C4	49.24	25.26	1 774.20	0.91	

表 3-5(续)

试件编号	试件尺寸/mm		破坏载荷 P/N	抗拉强度 R_L/MPa	平均抗拉强度 R'_L/MPa
	直径 D	厚度 L			
C5	49.21	25.92	1 062.60	0.53	
C6	49.20	25.81	859.80	0.43	0.55
C7	49.16	25.97	1 381.20	0.69	

抗拉强度测定(饱水状态)

3.5.4 煤岩体抗剪强度测定

岩石的剪切强度是岩石抵抗剪应力破坏的最大能力,是岩石力学性质中最重要的指标之一,试验过程参照《煤和岩石抗剪试验方法》(MT 48—1987)进行(图 3-8),采用变角板法进行测定。变角板法是利用压力机施加垂直荷载,通过一套特制的夹具使试件沿某一剪切面产生剪切破坏,然后通过静力平衡条件解析剪切面上的法向压应力和剪应力,最终得出岩石的内摩擦角 φ 和内聚力 c。

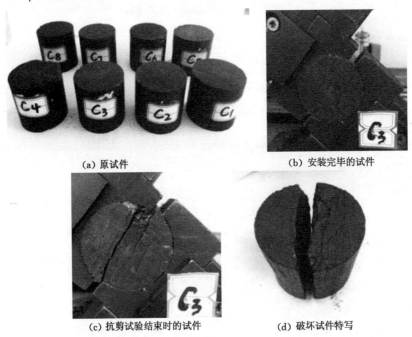

(a) 原试件   (b) 安装完毕的试件

(c) 抗剪试验结束时的试件   (d) 破坏试件特写

图 3-8　煤样抗剪强度测试过程

(1) 仪器设备:WE-60T 液压万能试验机、变角剪切夹具。

(2) 试件规格:标准试件采用直径为 50 mm 的圆柱体,高径比为 2∶1。

(3) 测定步骤。

① 调整剪切夹具为所测角度。

② 启动主机,打开控制软件。

③ 使用软件控制压力机启动,使其处于可用状态。

④ 将试件尺寸、剪切角度等输入控制 WE-60T 液压万能试验机的主机内。

⑤ 选择所用试验标准及需要测量的参数。

⑥ 将试件放入试验机的夹具内,并使试件的顶底与夹具的两边对齐。开始试验,以 1 mm/min 的速度加载直至破坏。

⑦ 重复试验。变换变角板夹具的角度(α),在 45°下,重复 4 组试验,取得不同角度下的破坏载荷。

(4)测定结果计算。

单个试件剪切破坏面上的正应力、剪应力按下式计算:

$$\sigma = \frac{P}{F} \times \cos \alpha \qquad (3-4)$$

$$\tau = \frac{P}{F} \times \sin \alpha \qquad (3-5)$$

式中　σ ——剪切破坏面上的正应力,MPa;

　　　τ ——剪切破坏面上的剪应力,MPa;

　　　P ——试件剪断破坏的载荷,N;

　　　F ——剪切面的面积,mm^2;

　　　α ——试件与水平面夹角,(°)。

具体试验结果见表 3-6 和表 3-7。

表 3-6　煤样在自然状态下的抗剪强度测定

试件编号	试件尺寸/mm		剪切角度/(°)	破坏载荷 P/kN	正应力/MPa	剪应力/MPa
	直径 D	高度 L				
C1	49.26	51.32	45	37.00	10.35	10.35
C2	49.25	51.38	45	44.02	12.30	12.30
C3	49.27	51.30	45	29.59	8.28	8.28
C4	49.26	52.92	45	41.05	11.13	11.13

表 3-7　煤样在饱水状态下的抗剪强度测定

试件编号	试件尺寸/mm		剪切角度/(°)	破坏载荷 P/kN	正应力/MPa	剪应力/MPa
	直径 D	高度 L				
C5	49.27	51.00	45	30.71	8.64	8.64
C6	49.29	52.20	45	31.82	8.74	8.74
C7	49.20	51.37	45	45.24	12.66	12.66
C8	49.24	53.53	45	44.67	11.98	11.98

(5)抗剪强度参数计算。

$$\varphi = \arcsin\left(\frac{K-1}{K+1}\right) \qquad (3-6)$$

$$c = \frac{\sigma_c (1 - \sin \varphi)}{2\cos \varphi} \qquad (3-7)$$

式中　φ——岩石内摩擦角,(°);

　　　c——岩石内聚力,MPa;

　　　σ_c——岩石的抗压强度,MPa;

　　　K——最大主应力与最小主应力关系曲线的斜率。

通过试验数据,计算得出自然状态下煤样的内摩擦角为 24.3°,内聚力为 6.45 MPa;得出饱水状态下煤样的内摩擦角为 23.3°,内聚力为 5.45 MPa。

3.5.5　煤样变形参数测定

了解岩石的变形规律和特性,对于控制岩体变形,解决井巷设计参数不准、巷道掘进和维护困难等实际问题都有重要意义。

在进行煤样变形参数测定时,可参照《煤和岩石变形参数测定方法》(MT 45—1987)进行(图 3-9)。

图 3-9　煤岩试样采用万能材料试验机引伸计测定

(1) 仪器设备:WE-10T 液压万能试验机、万能材料试验机引伸计。

(2) 标准试件规格:采用直径为 50 mm、高为 100 mm 的圆柱体。

(3) 测定步骤。

① 启动主机,打开控制软件。

② 使用软件控制压力机启动,使其处于可用状态。

③ 将试件尺寸输入控制 WE-10T 液压万能试验机的主机内。

④ 选择所用试验标准及需要测量的参数。

⑤ 将试件置于压力机承压板中心,调整球形座使试件上下受力均匀,以 1 mm/min 的速度加载直至破坏。

⑥ 获得位移和变形参数。

(4) 测定结果计算。

① 应力计算:

$$\sigma = \frac{P}{F} \tag{3-8}$$

式中　　σ——应力，MPa；

　　　　P——与应变对应的载荷，N；

　　　　F——试件初始面积，mm²。

② 体积应变计算：

$$\varepsilon_v = \varepsilon_l - 2\varepsilon_d \tag{3-9}$$

式中　　ε_v——体积应变值；

　　　　ε_l——纵向应变值；

　　　　ε_d——横向应变值。

绘制应力-纵向应变曲线和应力-横向应变曲线，如图 3-10 和图 3-11 所示。

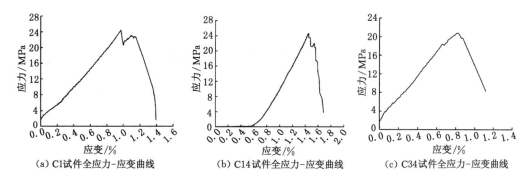

图 3-10　自然状态下煤样试件的全应力-应变曲线

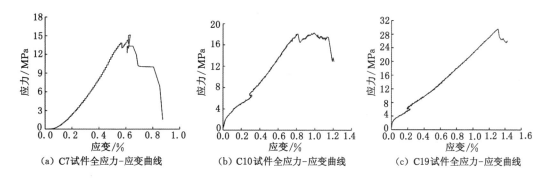

图 3-11　饱水状态下煤样试件的全应力-应变曲线

在应力-纵向应变曲线上，直线段的斜率为切线模量 E_t（弹性模量）。

根据应力-纵向应变和应力-横向应变曲线上对应直线段部分纵向和横向应变的平均值计算泊松比 μ：

$$\mu = \frac{\varepsilon'_d}{\varepsilon'_l} \tag{3-10}$$

式中　　ε'_d——应力-横向应变曲线上对应直线段部分应变的平均值；

　　　　ε'_l——应力-纵向应变曲线上对应直线段部分应变的平均值。

通过煤样力学试验可得：自然状态下煤样试件的弹性模量 E_t 值为2.67 GPa，泊松比 μ 为 0.234；饱水状态下煤样试件的弹性模量 E_t 为 2.10 GPa，泊松比 μ 为 0.217。

3.5.6 B₂煤层顶板物理力学参数测定

为进一步掌握宽沟煤矿 W1123 综放工作面开采范围内的 B₂煤层顶板物理力学参数，在 W1123 综放工作面开采后取顶板岩块并加工岩样，开展 B₂煤层顶板物理力学参数测试，测试结果见表 3-8。通过宽沟煤矿 B₂煤层顶板物理力学试验的结果得到，B₂煤层顶板的单向抗压、抗拉强度分别为 107.56 MPa 和 7.74 MPa，弹性模量 E 为 34.82 GPa，泊松比 μ 为 0.228。可以看出 W1123 综放工作面开采范围内的 B₂煤层顶板平均单向抗压强度超过了 100 MPa，顶板整体较为坚硬，在煤层开采过程中顶板不容易自然垮落。宽沟煤矿 B₂煤层顶板弯曲能量指数为 177.67 kJ，大于 120 kJ，按国家标准《冲击地压测定、监测与防治方法 第 1 部分：顶板岩层冲击倾向性分类及指数的测定方法》（GB/T 25217.1—2010）的规定，该煤层顶板岩层应属Ⅲ类，为具有强冲击倾向性的顶板岩层。

表 3-8 宽沟煤矿 B₂煤层顶板物理力学参数测试结果

序号	单向抗压强度/MPa	单向抗拉强度/MPa	弹性模量/GPa	泊松比 μ
R1	96.72	7.29	31.97	0.282
R2	161.81	7.14	37.29	0.261
R3	87.22	8.02	25.68	0.187
R4	123.92	9.51	28.23	0.202
R5	63.47	9.76	51.20	0.195
R6	112.20	4.72	34.52	0.241
平均值	107.56	7.74	34.82	0.228

3.6 本章小结

本章完成了宽沟煤矿 W1123 综放工作面顶板及煤层物理力学参数的测试，得出宽沟煤矿 B₂煤层顶板岩石的密度为 2 587 kg/m³，B₂煤层顶板的单向抗压、抗拉强度分别为 107.56 MPa、7.74 MPa，弹性模量 E 为 34.82 GPa，泊松比 μ 为 0.228。顶板整体较为坚硬，且具有强冲击倾向性，在煤层开采过程中顶板不容易自然垮落，有发生冲击地压的可能性。B₂煤层的煤体密度为 1 337 kg/m³，煤的软化系数为 0.90。在自然状态下煤样的单轴抗压强度为 23.28 MPa、单轴抗拉强度为 0.70 MPa、弹性模量 E 为 2.67 GPa、泊松比 μ 为 0.234；饱水状态下煤样单轴抗压强度为 21.01 MPa、单轴抗拉强度为 0.55 MPa、弹性模量 E 为 2.10 GPa、泊松比 μ 为 0.217。

4　冲击倾向性顶板特厚煤层重复采动下覆岩"两带"发育规律

煤层的开采必将引起上覆岩层的移动与破断,并在覆岩中形成采动裂隙。随着开采的不断扰动与破坏,岩层中的采动裂隙将进一步发生变化。为实现矿井水资源的保护,有必要对综放工作面采动后覆岩裂隙发育特征与"两带"分布规律进行研究。

针对综放工作面覆岩裂隙演化与保水开采等问题,已有多位学者进行了卓有成效的研究。谢和平等[1]分析了典型开采条件下工作面支承压力的分布规律。纪洪广[2]利用现场高密度电法分析了开采扰动对覆岩不同区域的破坏特征。来兴平等[3]研究了深部复杂应力环境下松软岩层力学特性。钱鸣高等[4]将岩层运动对工作面的影响研究转为开采后岩层运动对岩体内形成空隙的影响研究。周宏伟等[5]通过物理相似材料模拟实验并结合几何理论研究,得出主关键层弯曲前,裂隙总数逐渐减小;主关键层弯曲后,新生裂隙不断增加。翟会超等[6]针对复杂多层采空区进行变形模拟分析并辅以钻孔监测提供裂隙发育程度。袁广祥等[7]通过间距分组和回归分析,发现结构面间距与其频数具有明显与 RQD(岩石质量指标)值相关的幂函数关系。杨永良等[8]利用物理相似材料模拟实验将井下垮落带划分为散热带、氧化升温带、窒息带来研究顶板垮落规律。王金华等[9]通过分析各带的破坏动力机制及其垮落特征,验证并完善了"三带"结构模型。黄庆享等[10]根据特殊保水开采区典型条件,确定了下行裂隙的位置和发育深度。杨晓科等[11]运用 RFPA^{2D} 数值模拟软件分析得到了最小安全防水煤岩柱的尺寸。孙亚军等[12]提出了神东矿区的保水采煤的基本原则。张东升等[13]通过分析浅表层水分布特征与水循环运移规律,探索了新式短壁保水采煤方法。黄汉富等[14]提出在可保区内采用工作面快速推进以及有效的支护技术实现保水开采。马立强等[15]研究发现,以工作面快速推进为核心的长壁工作面保水开采技术在适宜地质条件下能够取得成功。师本强[16]认为隔水保护层厚度满足规定要求就可实现保水开采。来兴平等[17]利用钻孔电视观察系统,确定了煤层开挖后的内塌陷区和裂缝区导水高度的扩大及其空间分布。李勇等[18]通过估计地下洞穴周围岩石的破裂区挖掘应力释放,提出了一种方法来估计由于裂缝的打开而产生的增量变形。伍法权等[19]通过对钻孔图像的观测定量评估了开采扰动区范围。M. Cai 等[20]利用微震数据定量评估开采扰动区内裂隙的长度、密度和发育程度。

通过以上分析可知,已有诸多学者在保水开采方面针对缓倾斜特厚煤层裂隙的发育与"两带"分布进行了研究,但大多是针对地下开采对地面及覆岩变形破坏的影响,对冲击地压矿井重复采动下的覆岩"两带"破坏研究却少有涉及。本章针对宽沟煤矿缓倾斜特厚煤层的综放开采,运用物理相似材料模拟实验的方法,结合钻孔监测、离散元软件分析、微震监测系统研究覆岩的"两带"发育规律,分析特厚煤层重复开采扰动引起的覆岩裂隙发育特征以及"两带"分布规律,为采空区岩层的稳定性研究和保水开采提供了科学依据。

4.1 工程背景

宽沟煤矿井田东西长 9.70 km,南北宽 3.15 km,井田面积约 20.132 5 km^2。矿井现主采 B$_4^1$ 煤层和 B$_2$ 煤层,其中 B$_4^1$ 煤层平均厚度 3.0 m,属较稳定煤层。B$_2$ 煤层倾角为 12°~15°,平均厚度 9.5 m,顶板坚硬,具有冲击倾向性,裂隙节理不发育。

倾向长约 164 m 的 W1143 工作面与倾向长约 175 m 的 W1145 工作面位于 B$_4^1$ 煤层,采用综采一次采全高的开采方法;倾向长约 152 m 的 W1121 工作面与倾向长约 192 m 的 W1123 工作面位于 B$_2$ 煤层,工作面倾角平均 14°,采用综放开采。工作面的开采顺序分别是 W1143 工作面、W1145 工作面、W1121 工作面和 W1123 工作面。

4.2 物理相似材料模拟实验模型设计与覆岩裂隙发育规律测试

4.2.1 模型设计与钻孔电视监测布局

鉴于物理相似材料模拟能更好地反映工作面顶板垮落情况,本次开展缓倾斜特厚煤层及冲击倾向性顶板条件下覆岩物理相似材料模拟实验研究,来揭示裂隙发育特征与"两带"分布规律。模拟实验采用外形尺寸(长×宽×高)为 3.0 m×0.2 m×1.89 m 的平面应变模型架,实验主要物理相似常数中几何相似比为 1:200、容重相似比为 1:1.5、应力相似比为 1:300、时间相似比为 1:14.14。模型顶部铺设一层 5 cm 厚的铁砖实现 40 m 厚地层的等效载荷,采用钻孔电视对工作面回采过程中的覆岩裂隙进行监测。

工作面均采用上行开采方式,其工作面布置平面图如图 4-1 所示,根据工作面布置平面图做出煤层倾斜线与其在 14°倾角下的水平投影线,通过指北针所在方位可知,在水平投影线上沿着煤层底板等高线降低的方向为北偏东 22°。

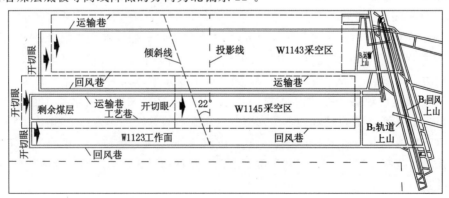

图 4-1 工作面布置平面图

图 4-2 为倾向钻孔电视窥视孔布置。根据物理相似材料模拟实验的需要,模型采用南北方向布置即沿着 1$^\#$ 钻孔指向模型左端的方向为北方向,沿着 2$^\#$ 钻孔指向模型右端的方

向为南方向,该布置与矿井实际方向相反,模型与实际方位有 180° 的偏差。根据钻孔电视监测的需求,沿模型长度均匀布置 2 个窥视孔,孔间距为 100 cm,直径 50 mm,从左至右钻孔编号依次为:1# 钻孔、2# 钻孔。模型中 1# 钻孔贯穿 W1145 工作面和 W1123 工作面,2# 钻孔贯穿 W1143 工作面、孔底靠近 W1121 工作面。

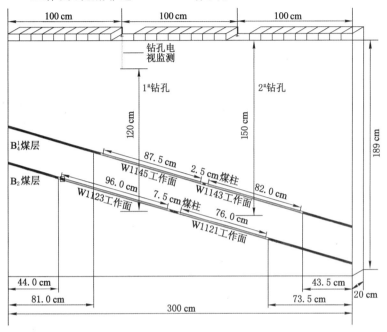

图 4-2　倾向钻孔电视窥视孔布置

实验采用武汉固德科技公司生产的 4D 超高清全智能孔内电视(GD3Q-GA 型),在各工作面回采结束后进行数据采集,如图 4-3 所示。钻孔电视采集流程为:将 30 cm 的高清探头放入窥视孔内,至探头尾部剩余 1 cm 时开始探测(探头窥视误差为 1 cm),通过探头内置摄像机摄取孔壁 120 cm 范围图像,图像数据经电缆传送至控制器和电脑。采集的数据类型主要包括孔内录像和可拼接图像数据,孔内录像可以通过回放观察不同阶段的孔壁破坏情况;拼接图像数据可通过 GDTV 钻孔图像查看器软件进行数字合成,得到一种数字岩芯图像,可任意旋转岩芯进行观察,也可对岩芯图像进行 360° 展开。基于这两种钻孔电视数据解释,对模型覆岩内部岩层破坏状况和裂隙发育状况进行研究,从而得到模型覆岩的破碎范围

图 4-3　钻孔电视的数据采集

和裂隙高度。

4.2.2 覆岩裂隙发育的数量特征

受采动影响后覆岩的裂隙数量能够客观反映岩体受扰的具体程度,本次对钻孔内结构面数量进行对比,利用所测的结构面节理,按照钻孔深度每 10 cm 为测量依据绘制钻孔内的裂隙数量图,如图 4-4 所示。W1143 工作面回采结束后裂隙数量随深度增加由 1 条递增到 5 条,W1145 工作面回采结束后裂隙数量随深度增加由 2 条递增到 5 条,W1121 工作面回采结束后裂隙数量随深度增加由 1 条递增到 5 条,W1123 工作面回采结束后裂隙数量随深度增加由 1 条递增到 6 条。由于关键层的支撑作用,W1143 工作面与 W1145 工作面回采结束后在钻孔 60~70 cm 范围内的裂隙数量均少于上下分段内的裂隙数量;继续开采关键层发生破坏,关键层下方岩层内裂隙被压实,至 W1143 工作面与 W1145 工作面回采结束后,60~70 cm 范围内裂隙数量均为 3 条,明显较少。

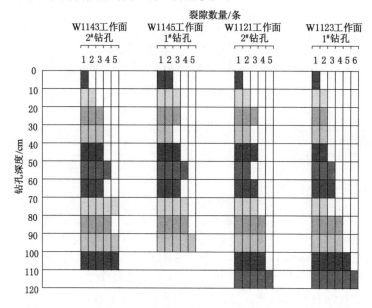

图 4-4　回采结束覆岩裂隙数量图

从图 4-4 可知,受开采扰动影响后,按 10 cm 高度对覆岩进行划分,分析发现裂隙数量基本随深度增加呈递增的趋势,越靠近工作面顶板的覆岩内裂隙数量越多。

4.2.3 覆岩裂隙发育的方向特征

工作面回采结束,钻孔电视窥视的模型覆岩裂隙方位角玫瑰图如图 4-5 所示,在 0°~360°范围内按每 10°为一组绘制出不同方位的裂隙数量。图 4-5(a)中 W1143 工作面回采结束后,2# 钻孔内除了北方向的 3 条裂隙和 248°处的 1 条裂隙外,其余裂隙方向均处于 90°~180°与 270°~360°范围内,其中 120°~130°范围内的裂隙数量最多,达到 5 条。图 4-5(b)中 W1145 工作面回采结束后,1# 钻孔内除了 23°处的 2 条裂隙外,其余裂隙处于 90°~180°与 270°~360°范围内。图 4-5(c)中 W1121 工作面回采结束后,2# 钻孔内裂隙方向基本处于 90°~180°与 270°~360°范围内,其余方位散乱分布着 3 条裂隙,其中 150°~160°与 310°~320°范围内的裂隙数量最多,均为 3 条。图 4-5(d)中 W1123 工作面回采结束后,1# 钻孔存在 10 条裂隙不处于 90°~180°与 270°~360°范围内,由于应力场因岩层挤压带来的变化,使得部分裂隙沿着顺时针方向偏移,靠近 22.5°方位处的裂隙数量变多。

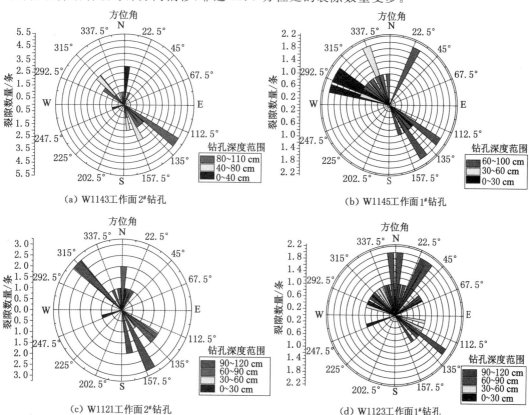

图 4-5   回采结束覆岩裂隙方位角玫瑰图

总的来说,钻孔中裂隙主要分布在两个方位区域内,即 90°~180°与 270°~360°范围内,而模型内钻孔的正 S 方向为实际方位北偏东 23°,故而该矿井内覆岩裂隙主要分布在 292°~382°与 112°~202°两个方位区域内,这说明钻孔内裂隙的形成主要受真方位角为北偏东 23°方向上的采动应力场控制。

4.3 覆岩裂隙发育与"两带"分布的综合分析

4.3.1 覆岩裂隙发育特征

在钻孔电视采集流程结束后,利用监测数据导出孔内覆岩的数字岩芯图、岩芯 360°展开图与确定深度下视频录制的窥视图,通过观测不同孔深范围内的变化情况,对工作面回采结束后覆岩内的岩层变化特征加以分析。

图 4-6 为 W1143 工作面回采结束覆岩 2# 钻孔岩层变化特征。物理相似材料模拟实验 B 煤层顶板在 2# 钻孔深度约 110 cm 处,由图 4-6 可知,在钻孔 0~43.8 cm 范围内,受开采扰动影响较小,未出现岩层下沉和裂隙;在钻孔 43.8~84.5 cm 范围内,岩层产生移动,岩层间出现些许松动与掉渣;在钻孔 84.5~104.4 cm 范围内,岩层此时因沉降而存在部分裂隙,其裂隙深度较小;在钻孔 104.4~110.0 cm 范围内,顶板发生明显离层垮落现象,岩层破坏严

重。由钻孔内的监测可知,垮落带的高度为 5.6 cm,导水裂缝带的高度为 25.5 cm。对应的宽沟煤矿 W1143 工作面开采后,岩层垮落带的高度为 11.2 m,导水裂缝带的高度为 51.0 m。

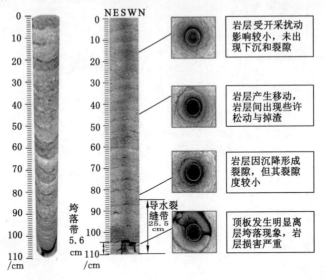

图 4-6　W1143 工作面回采结束覆岩 2# 钻孔岩层变化特征

图 4-7 为 W1145 工作面回采结束覆岩 1# 钻孔岩层变化特征。物理相似材料模拟实验 B$\frac{1}{4}$ 煤层顶板在 1# 钻孔深度约 100 cm 处,由图 4-7 可知,在钻孔 0～46.2 cm 范围内时,岩层受开采扰动影响比较小,未出现岩层下沉和裂隙;在钻孔 46.2～75.3 cm 范围内时,岩层整体产生些许移动,出现一段较细的离层;在钻孔 75.3～94.5 cm 范围内时,岩层因沉降形成大量裂隙,造成岩体的不连续;在钻孔 94.5～100 cm 范围内时,岩层发生离层垮落现象,岩层破坏剧烈,变形较大。由钻孔内的监测可知,垮落带的高度为 5.5 cm,导水裂缝带的高度为 24.7 cm。对应的宽沟煤矿 W1145 工作面开采后,岩层垮落带的高度为 11.0 m,导水裂缝带的高度为 49.4 m。

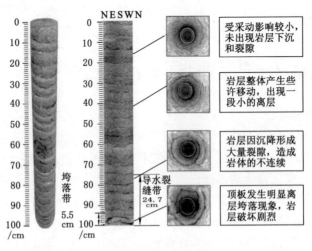

图 4-7　W1145 工作面回采结束覆岩 1# 钻孔岩层变化特征

图 4-8 为 W1121 工作面回采结束覆岩 2# 钻孔岩层变化特征。物理相似材料模拟实验 B₂ 煤层顶板在 2# 钻孔深度约 120 cm 处,由图 4-8 可知,在钻孔 0～26.7 cm 范围内时,受开采扰动影响特别小,发生岩层下沉,形成细小的裂隙;在钻孔 26.7～58.1 cm 范围内时,岩层整体移动,钻孔内出现两条明显的裂隙,各分层下沉量小;在钻孔 58.1～90.4 cm 范围内时,岩层此时因沉降而存在部分裂隙闭合,裂隙深度减小;在钻孔 90.4～120.0 cm 范围内时,顶板发生明显离层垮落现象,岩层破坏明显。由钻孔内的监测可知,垮落带的高度为 29.6 cm,导水裂缝带的高度为 61.9 cm。对应的宽沟煤矿 W1121 工作面开采后,岩层垮落带的高度为 59.2 m,导水裂缝带的高度为 123.8 m。

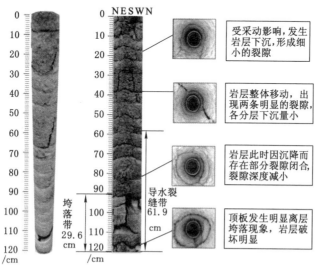

图 4-8　W1121 工作面回采结束覆岩 2# 钻孔岩层变化特征

图 4-9 为 W1123 工作面回采结束覆岩 1# 钻孔岩层变化特征。物理相似材料模拟实验 B₂ 煤层顶板在 1# 钻孔深度约 120 cm 处,由图 4-9 可知,在钻孔 0～37.6 cm 范围内时,受开

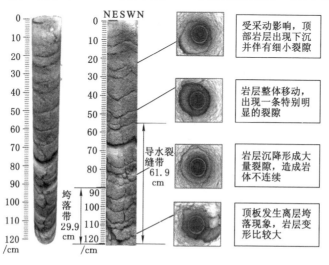

图 4-9　W1123 工作面回采结束覆岩 1# 钻孔岩层变化特征

采扰动影响较小,出现岩层下沉并伴有裂隙;在钻孔 37.6～55.6 cm 范围内时,岩层整体产生移动,出现一条特别明显的裂隙,且离层的裂隙比较多;在钻孔 55.6～90.1 cm 范围内时,岩层因沉降形成大量裂隙,造成岩层之间不连续;在钻孔 90.1～120 cm 范围内时,顶板发生离层垮落现象,岩层变形比较明显。由钻孔内的监测可知,垮落带的高度为 29.9 cm,导水裂缝带的高度为 64.2 cm。对应的宽沟煤矿 W1123 工作面开采后,岩层垮落带的高度为 59.8 m,导水裂缝带的高度为 128.4 m。

利用钻孔电视并结合物理相似材料模拟实验直接观测可知,开采 B_4^1 煤层 W1143 工作面时,覆岩岩层逐渐出现裂隙,至工作面回采结束顶板依旧在发生变化,最后煤层上部岩层突然大面积垮落。开采 B_4^1 煤层 W1145 工作面时,起初因 W1143 工作面的开采而存在部分裂隙,随着工作面推进,裂隙的深度也在逐渐加深,至工作面回采结束时上部岩层已发生大面积垮落。开采 B_2 煤层 W1121 工作面时,由于煤层顶板厚度较大,随着开采覆岩产生较小的下沉,至回采结束时煤层上覆岩层才缓慢下沉到底板,且已经垮落的上覆岩层因此次开采再次产生变化,裂隙加深,空隙加大,顶部覆岩上开下闭型的裂隙变宽。开采 B_2 煤层 W1123 工作面时,随着工作面的开采,煤层顶板下沉使得上部已经垮落的覆岩再次发生变化,裂隙数量变多。倾向模型钻孔电视的分析结果表明:采动覆岩来压过程中多次破裂的演化特征为"逐渐产生—开始扩展—继续破裂—产生闭合—最终稳定"。在开采 B_2 煤层工作面过程中,由于顶板压力,上部覆岩随工作面推进逐渐下沉至煤层底板与岩层接触,接着上部覆岩因周期性来压而依次垮落,直到开采结束破裂岩块间形成稳定的挤压平衡结构,最终趋于稳定。

4.3.2 "两带"分布特征

由物理相似材料模拟实验在工作面回采结束后模型表面测量的高度作出三个主要阶段的"两带"分布图,为方便观察,图中高度加上部分铁砖模拟的 22 m 覆岩进行绘制。B_4^1 煤层 W1143 工作面、W1145 工作面依次回采结束后,"两带"分布如图 4-10 所示。由图 4-10 可知,在 B_4^1 煤层的不同工作面回采结束后,两工作面上方垮落带与裂缝带的高度无明显差异,由于 B_4^1 煤层煤柱的强支撑作用,煤柱上方覆岩比较完整,因而裂缝带未扩展到煤柱上方区域内。

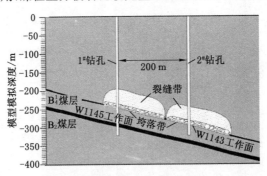

图 4-10 B_4^1 煤层回采结束后"两带"分布图

在 B_2 煤层 W1121 工作面回采结束后,"两带"分布如图 4-11 所示。由图 4-11 可知,B_2 煤层的开采,形成新的垮落破坏,进而使得 W1143 工作面上方的裂缝带发生了明显扩展;由于 B_4^1 煤层煤柱也发生了垮落,使得 W1143 工作面上方的裂缝带整体发生较大扩展且 W1145 工作面右上方区域的裂缝带发生较小的扩展,最终两处裂缝带产生部分重合。

在 B_2 煤层 W1123 工作面回采结束后,"两带"分布如图 4-12 所示。由图 4-12 可知,

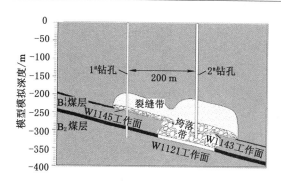

图 4-11　W1121 工作面回采结束后"两带"分布图

W1123 工作面的开采使得"两带"范围继续扩展,至开采结束裂缝带形如"双马鞍形",W1121 工作面与 W1123 工作面上方的两煤层中间均有较大范围的垮落,而 B₂ 煤层煤柱上方因支撑作用存在着"倒三角形"较完整区域。此次下层煤的开采,垮落带形成范围较广而裂缝带向周围的扩展相对较小。

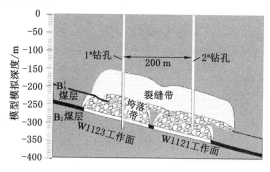

图 4-12　W1123 工作面回采结束后"两带"分布图

在各工作面回采结束后,由钻孔电视监测出各工作面回采结束后覆岩垮落带、导水裂缝带高度如表 4-1 所列。钻孔监测物理相似材料模拟实验结果表明,在 B_4^1 煤层 W1145 工作面回采结束后,垮落带和导水裂缝带的高度分别约为煤层厚度的 3.7 倍、16 倍,B₂ 煤层 W1123 工作面回采结束后,垮落带和导水裂缝带的高度分别约为煤层累计厚度的 4.7 倍、10.2 倍。由于 B_4^1 煤层上方关键层的强支撑作用,在 B₂ 煤层重复采动后,裂隙未发生大范围的扩展,导水裂缝带高度增加较小。

表 4-1　钻孔监测倾向覆岩垮落带、导水裂缝带高度表

工作面	垮落带高度/m	导水裂缝带高度/m
W1143 工作面	11.2	51.0
W1145 工作面	11.0	49.4
W1121 工作面	59.2	123.8
W1123 工作面	59.8	128.4

参考《开采损害学》[21]中的煤层倾角在 0°～54°中厚煤层分层开采时覆岩坚硬情况下

"两带"统计经验计算公式,垮落带高度和导水裂缝带高度计算公式如下:

$$H_c = \frac{100\sum M}{2.1\sum M + 16} \pm 2.5 \qquad (4-1)$$

$$H_f = \frac{100\sum M}{1.2\sum M + 2.0} \pm 8.9 \qquad (4-2)$$

式中　$\sum M$——煤层累计采厚,其值不超过 15 m;

　　　$\pm$——误差允许范围;

　　　H_c——垮落带高度;

　　　H_f——导水裂缝带高度。

B_4^1 煤层中 W1143 工作面与 W1145 工作面煤层平均厚度均为 3.0 m,将其代入式(4-1)与式(4-2)中,至 B_4^1 煤层工作面回采结束其垮落带高度为 13.5 m±2.5 m,导水裂缝带高度为 53.6 m±8.9 m;在 B_2 煤层中 W1121 工作面与 W1123 工作面煤层平均厚度均为 9.5 m,在开采完 B_4^1 煤层中的工作面后继续开采 B_2 煤层中工作面时,煤层的累计厚度为 12.5 m,将其代入式(4-1)与式(4-2)中,至回采结束其垮落带高度为 29.6 m±2.5 m,导水裂缝带高度为 73.5 m±8.9 m。表 4-2 所列为经验情况下倾向覆岩垮落带、导水裂缝带高度。

表 4-2　经验情况下倾向覆岩垮落带、导水裂缝带高度

工作面回采情况	垮落带高度/m	导水裂缝带高度/m
B_4^1 煤层回采结束	11.0~16.0	44.7~62.4
B_2 煤层回采结束	27.1~32.1	64.6~82.4

通过物理相似材料模拟实验得到的倾向覆岩垮落带、导水裂缝带高度与经验公式计算结果比较可以看出:B_4^1 煤层中 W1143、W1145 工作面回采后实际垮落带高度 11.2 m、11.0 m 符合经验计算情况下的 11.0~16.0 m,实际导水裂缝带高度 51.0 m、49.4 m 符合经验计算情况下的 44.7~62.4 m。B_2 煤层的重复采动下垮落带、导水裂缝带平均高度分别为 29.6 m、73.5 m,与钻孔监测结果偏差较大,而导水裂缝带高度经验计算公式[式(4-3)]基本符合物理相似材料模拟实验下重复采动后导水裂缝带的实际高度。

$$H_f = 30\sqrt{\sum M} + 10 \qquad (4-3)$$

将 B_4^1 煤层与 B_2 煤层的累计厚度 $\sum M = 12.5$ m 代入式(4-3)得:重复采动后的导水裂缝带高度为 116.1 m,钻孔监测的导水裂缝带高度 126.1 m 比其高 8.6%,偏差较小,考虑到冲击倾向性顶板比较坚硬,在重复采动下裂隙扩展明显,所以在重复采动时导水裂缝带的经验计算公式[式(4-3)]基本适用。为了验证钻孔电视监测结果是否准确,继续采用离散元数值模拟方法进行冲击倾向性顶板重复采动下的"两带"分析。

4.4　覆岩裂隙发育与"两带"分布的数值模拟

4.4.1　数值计算软件选择

目前应用在采矿工程中的分析软件有 Ansys、3DEC、FLAC 等软件,其中 3DEC 软件适用于分析渐进破坏和失稳,还可模拟复杂的采矿工程及其与力学相关的问题。结合本研究需要对整体结构进行分析的特点,选用离散元计算程序 3DEC 进行数值模拟分析。

4.4.2 计算参数

现场取样和岩石力学试验结果表明,当载荷达到屈服极限后,岩体在塑性流动过程中随变形保持一定残余强度。因此,本次采用理想弹塑性本构模型莫尔-库仑屈服准则来判断岩体的破坏:

$$f_s = \sigma_1 - \sigma_3 \frac{1+\sin\varphi}{1-\sin\varphi} - 2c\sqrt{\frac{1+\sin\varphi}{1-\sin\varphi}} \tag{4-4}$$

式中 σ_1,σ_3——最大和最小主应力;

      c——内聚力;

      φ——内摩擦角。

根据现场地质调查和岩石力学试验结果确定了煤岩力学参数,并在数值模拟计算采用时根据开采实践结果进行了适当折减。本次数值模拟分析的煤岩力学参数如表 4-3 所列。

表 4-3 主要煤岩力学参数

岩层类别	密度/(kg/m³)	剪切模量/GPa	弹性模量/MPa	内聚力/MPa	内摩擦角/(°)	抗拉强度/MPa
砂质泥岩	2 546	4.41	11.20	5.42	30.41	2.42
砂砾岩	2 467	8.50	21.26	16.22	31.74	2.33
泥岩	2 597	3.83	9.80	4.39	30.41	2.28
粗粒砂岩	2 541	10.94	25.82	21.63	29.98	4.48
细粒砂岩	2 618	14.07	34.06	21.38	28.86	3.17
B_4^1 煤	1 304	2.88	7.50	3.81	37.49	1.97
B_2 煤	1 320	1.91	4.93	1.68	29.72	2.21

4.4.3 计算模型

除模拟高度外,宽沟煤矿冲击倾向性顶板特厚煤层重复开采扰动下覆岩破坏特征的数值模拟分析模型中,地层及工作面布局、开采顺序均与前述的物理相似材料模型一致,模型如图 4-13 所示(长 600 m,宽 40 m,高 400 m)。

4.4.4 覆岩裂隙发育分布特征

在 B_4^1 煤层 W1143 工作面与 W1145 工作面回采结束后的垮落带与导水裂缝带的高度基本符合经验计算公式,但 B_2 煤层 W1121 工作面与 W1123 工作面回采后垮落带与导水裂缝带的高度存在差异,因而本次的数值模拟分析仅模拟 B_4^1 煤层开采结束后,B_2 煤层中 W1121 工作面、W1123 工作面回采结束后的"两带"分布情况,验证重复采动下的垮落带和导水裂缝带高度经验计算公式的准确性。

W1121 工作面回采结束后覆岩垮落特征如图 4-14 所示。W1121 工作面推进过程中,裂隙的增加使得覆岩垮落也在不断地产生与扩展,垮落带主要集中在图中灰色线包含的区域内,导水裂缝带主要集中在白色线包含的区域内。至回采结束,由 3DEC 数值模拟分析测得 W1121 工作面回采结束垮落带高度约为 57.3 m,与物理相似材料模拟实验的 59.2 m 相差 1.9 m,较为接近;导水裂缝带高度为 119.5 m,比式(4-3)计算结果 116.1 m 高 2.9%,偏差较小。

图 4-13　数值模拟分析模型

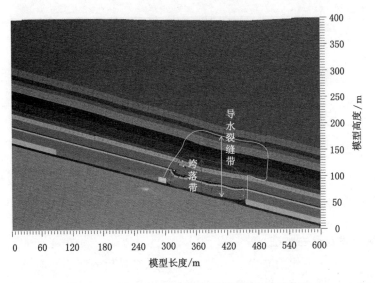

图 4-14　W1121 工作面回采结束后覆岩垮落特征

　　W1123 工作面回采结束后覆岩垮落特征如图 4-15 所示,上覆岩层受采动影响会产生大量的断裂裂隙和离层,由横向观测知,断裂裂隙总是位于采空区两端工作面和开切眼的煤壁上方,呈梯形的弧状分布;由纵向观测知,上部岩层裂隙较少,中部岩层裂隙较多,顶板附近岩层裂隙分布最为集中。垮落带主要集中在图中灰色线包含的区域内,导水裂缝带主要集中在图中白色线包含的区域内。至回采结束,由 3DEC 数值模拟分析测得 W1123 工作面回采结束垮落带高度约为 58.7 m,与物理相似材料模拟实验的 59.8 m 相差 1.1 m,较为接近;导水裂缝带高度为 122.5 m,比式(4-3)计算结果 116.1 m 高 5.5%,偏差较小。

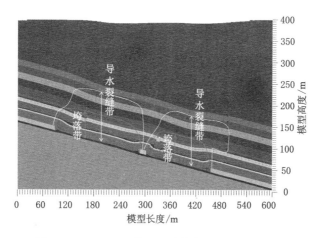

图 4-15　W1123 工作面回采结束后覆岩垮落特征

由数值模拟分析冲击倾向性顶板覆岩垮落带、导水裂缝带高度结果可知,重复采动下垮落带的经验计算公式很可能存在较大偏差,而导水裂缝带实际高度与式(4-3)计算结果偏差小,在重复采动下应尽可能选择式(4-3)来估计导水裂缝带高度。

4.5　微震监测结果验证分析

文献[22]中,作者论证微震系统的实时、连续监测是描述导水通道孕育、发展到最终失稳过程的有效技术手段。文献[23]中,作者研究表明:井-地联合微震监测是将微震技术应用于矿井顶板"两带"探查的新技术,具有部署灵活、定位准确等优势。本次通过物理相似材料模拟实验中布置的 SOS 微震监测仪,对重复采动下覆岩内微震事件释放能量的大小、发生的频次以及产生的位置进行记录。借助微震事件定位情况反演重复采动后覆岩垮落带、导水裂缝带的高度,利用微震监测结果对钻孔电视监测物理相似材料模型、数值模拟分析在重复采动下得出的覆岩垮落带、导水裂缝带结果进行评价,并综合验证经验公式的准确性。

由 W1123 工作面回采结束后覆岩所累积的能量作出微震事件特征图,如图 4-16 所示,

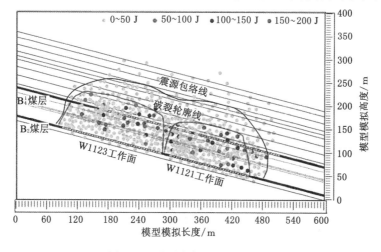

图 4-16　微震事件空间分布特征

按照能量不同将微震事件划分为 0～50 J、50～100 J、100～150 J、150～200 J 四个等级,根据覆岩内微震事件出现的频率和能量集中分布的位置不同绘制出指代垮落带的破裂轮廓线和指代导水裂缝带的震源包络线。

由图 4-16 可知,重复采动后,W1121 工作面、W1123 工作面上部破裂轮廓线内所示的垮落带高度分别为 59.1 m、60.5 m,与钻孔电视监测结果 59.2 m、59.8 m 分别相差 0.3 m、0.7 m,与数值模拟分析结果 57.3 m、58.7 m 均相差 1.8 m,垮落带高度相差较小。用三种方法所得垮落带平均高度为 59.1 m,约为经验公式计算下垮落带高度 29.6 m 的 2 倍,偏差较大。

重复采动后微震监测的 W1121 工作面、W1123 工作面上部震源包络线内所示的导水裂缝带高度分别为 124.6 m、126.2 m,重复采动下采用钻孔电视监测、数值模拟分析、微震监测的导水裂缝带平均高度分别为 126.1 m、121 m、125.4 m,偏差较小且均大于经验计算结果 116.1 m。从矿井实际的不确定性与复杂性考虑,为保证保水开采的顺利进行,三种可行方法中,需采用导水裂缝带高度监测值最大的钻孔电视进行监测。导水裂缝带经验公式[式(4-3)]计算结果提高 8.6% 方能达到钻孔监测的导水裂缝带高度,即 126.1 m。

4.6　本章小结

(1) 宽沟煤矿缓倾斜冲击倾向性顶板特厚煤层重复采动下覆岩内的裂隙数量基本随深度呈递增趋势,且越靠近工作面顶板的覆岩内裂隙数量越多。工作面覆岩在采动后主要受到真方位角为北偏东 23° 方向上的采动应力场作用,使覆岩内的裂隙方向主要集中在 292°～382° 与 112°～202° 两个区域内。

(2) B_4^1 煤层 W1145 工作面回采束后,垮落带和导水裂缝带的高度约为煤层厚度的 3.7 倍、16 倍,具有冲击倾向性顶板的 B_2 特厚煤层重复采动后,垮落带和导水裂缝带的高度约为已采煤层累积厚度的 4.7 倍和 10.2 倍。由于 B_4^1 煤层上方关键层的强支撑作用,重复采动后,裂隙未发生大范围的扩展,导水裂缝带高度增加较小。

(3) 微震监测结果验证了钻孔电视监测与数值模拟分析结果的准确性,在冲击倾向性顶板重复采动下三种分析方法综合分析可知:垮落带平均高度为 59.3 m,约是经验公式计算下垮落带高度 29.6 m 的 2 倍,偏差较大;从矿井实际的不确定性与复杂性考虑,三种可行方法中,需采用导水裂缝带高度监测值最大的钻孔电视进行监测;具有冲击倾向性顶板重复采动下的导水裂缝带高度可采用经验计算公式进行计算,但因冲击倾向性顶板裂隙扩展明显,在运用经验公式估计冲击倾向顶板特厚煤层重复采动下的导水裂缝带高度时,应将计算值提高 8.6% 使其更接近实际高度,以保证保水开采的顺利进行。

5　覆岩运移变形物理相似材料模拟实验结果分析

5.1　覆岩运移规律研究

　　本次物理相似材料模拟实验采用全站仪、百分表和钻孔电视对模型回采过程中工作面覆岩运移进行定期全方位监测,全站仪选用德国莱卡地理系统股份公司生产的全站仪,用来记录模型表面各监测点的坐标,工作面每回采一定距离进行一次记录,回采后坐标与未回采坐标差即为采动位移;百分表选用成都成量工具集团有限公司生产的CZ6-I/WZ6-I型百分表,用来监测模型顶部的下沉值,工作面每回采一定距离进行一次下沉值记录;通过对采动模型表面位移和顶部下沉量进行分析,从而掌握工作面覆岩运移规律,如图5-1所示。

(a) 走向百分表监测

(b) 走向全站仪监测

(c) 倾向百分表监测

(d) 倾向全站仪监测

图 5-1　物理相似材料模拟覆岩运移监测

5.2 走向覆岩运移规律研究

5.2.1 走向覆岩运移监测方案

根据走向物理相似材料模型表面尺寸(500 cm×189 cm,模型与原型相似比为1：200)和工作面不同高度覆岩活动剧烈程度,沿模型垂直高度方向总共布置10排全站仪监测点,靠近工作面的覆岩活动剧烈,排距布置比较密集,远离工作面的覆岩,排距布置比较稀疏,沿模型水平长度方向30～480 cm每隔10 cm布置一个测点,每排布置450个测点,全站仪监测原点布置在模型上方;百分表安装在走向模型顶部的铁砖上,沿模型长度每隔50 cm安装一个百分表,总共安装9个百分表。走向模型全站仪监测点和百分表布置如图5-2所示。

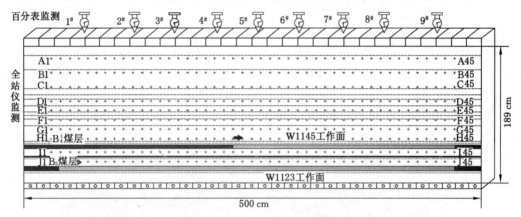

图 5-2 走向模型覆岩运移监测布置

5.2.2 走向 W1145 工作面覆岩运移分析

按照走向物理相似材料模拟实验工作面回采方案,在回采走向模型 B_1^1 煤层的 W1145 工作面时,采用全站仪采集模型表面位移数据并绘制位移云图,通过分析模型表面位移云图,能直观、快速地得出上覆岩层垮落情况,并得出结论。W1145 工作面开切眼位于模型 230 cm 处,图 5-3～图 5-12 为距离开切眼 52 cm、64 cm、96 cm、112 cm、118 cm、124 cm、152 cm、176 cm、200 cm、240 cm 的岩层位移图。

图 5-3 为工作面开采后岩层移动的情况。从图 5-3 可以看出,当工作面开采至距离开切眼 104 m 时,工作面后方顶板岩层出现位移的区域高度达 30 m 左右,随着高度的增加,岩层位移值由 1.5～2.0 m 逐渐减少到 0.5～1.0 m。

从图 5-4 可以看出,当工作面开采至距离开切眼 128 m 时,工作面后方顶板岩层出现位移的区域高度达到 30 m 左右,距工作面前方 4 m 处岩层位移值达到 0.5 m,与距离开切眼 104 m 时岩层位移状态相比,岩层位移影响区域没有发生显著变化。

从图 5-5 可以看出,当工作面开采至距离开切眼 192 m 时,工作面后方顶板岩层出现位移的区域高度达到 85 m 左右,相较距离开切眼 128 m 时岩层位移状态,工作面后方岩层位移值首次达到 2.5～3.0 m,岩层位移值为 1.0～1.5 m 的区域进一步扩大,岩层位移值为 0.5～1.0 m 的区域向上发育了近 24 m 的高度,同时整个岩层位移区域形态发生了较大变化。距工作面前方 4 m 处岩层出现位移现象。

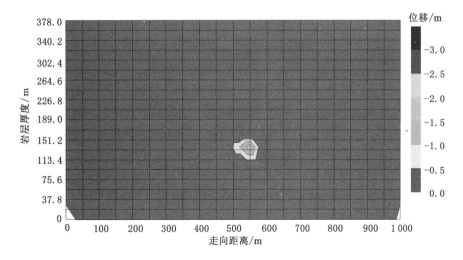

图 5-3　距开切眼 52 cm(实际中 104 m)岩层位移图

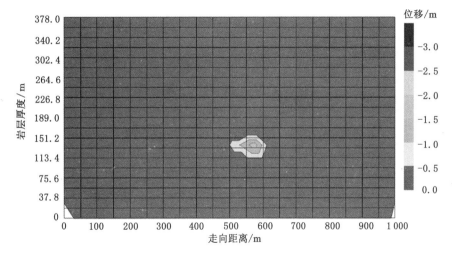

图 5-4　距开切眼 64 cm(实际中 128 m)岩层位移图

从图 5-6 可以看出,当工作面开采至距离开切眼 224 m 时,岩层位移值在 0.5～1.0 m 的区域已经越过工作面上方覆岩高度 100 m 区域。相较距离开切眼 192 m 时岩层位移状态,部分岩层位移值为 0.5～1.0 m 的区域转变为位移值为 1.0～1.5 m 的区域,同时整体岩层位移区域形态进一步发生变化,影响范围进一步扩大,距工作面前方 4 m 处岩层位移值为 0.5～1.0 m。

从图 5-7 可以看出,当工作面开采至距离开切眼 236 m 时,相较距离开切眼 224 m 时岩层位移状态,岩层出现位移的范围迅速向上发展,整体岩层位移区域形态发生较大变化,工作面后方顶板岩层出现位移的区域高度达 221 m 左右,后方距工作面 19 m 的区域岩层位移值较大,达到了 2.5～3.0 m。随着高度上升,岩层位移值由大逐渐向小变化,工作面前方未出现明显的岩层位移。

从图 5-8 可以看出,当工作面开采至距离开切眼 248 m 时,工作面后方顶板岩层位移范

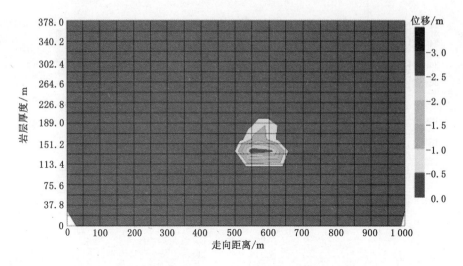

图 5-5　距开切眼 96 cm(实际中 192 m)岩层位移图

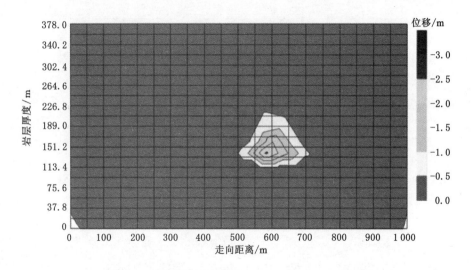

图 5-6　距开切眼 112 cm(实际中 224 m)岩层位移图

围首次达到模型顶部,相比之前岩层位移状态,岩层位移的影响范围继续扩大,整体岩层位移区域形态也发生改变,岩层位移值随着工作面推进而逐渐增大。同时距离工作面前方 6 m 的岩层出现位移现象。

从图 5-9 可以看出,当工作面开采至距离开切眼 304 m 时,工作面后方顶板岩层位移范围达到模型顶部,同时岩层位移区域范围迅速扩大,与距离开切眼 248 m 时岩层位移状态相比,岩层位移值为 0.5～1.0 m 的区域范围增大,岩层位移值为 1.0～1.5 m 的区域继续向上发育,随着高度增加,岩层位移值为 0.5～1.0 m、1.0～1.5 m 及 1.5～2.0 m 的区域呈倒"U"形分布,距工作面前方 8 m 处岩层出现位移现象。

从图 5-10 可以看出,当工作面开采至距离开切眼 352 m 时,后方距工作面 50 m 左右的区域岩层位移值较大,达到 2.5～3.0 m,工作面后方顶板岩层位移范围发展到模型顶部,位移值为 1.0～1.5 m 的区域已经越过工作面上方覆岩高度 205 m,岩层位移值为 0.5～

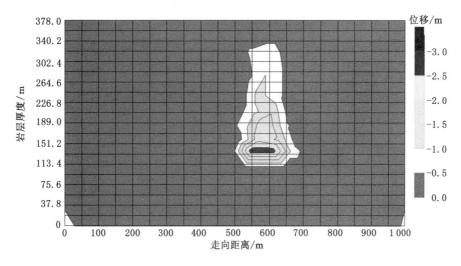

图 5-7　距开切眼 118 cm(实际中 236 m)岩层位移图

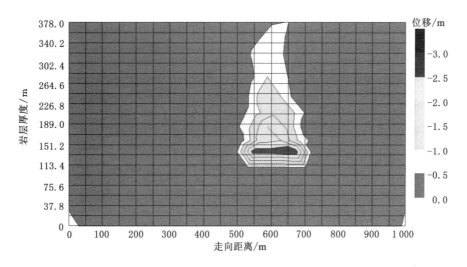

图 5-8　距开切眼 124 cm(实际中 248 m)岩层位移图

1.0 m、1.0～1.5 m 及 1.5～2.0 m 的区域呈倒"U"形分布进一步明显。距离工作面前方 15 m 区域的岩层位移值达到 0.5～1.0 m。

从图 5-11 可以看出,当工作面开采至距离开切眼 400 m 时,后方距工作面 20 m 左右的区域岩层位移值达到 2.0～2.5 m,后方距工作面 100 m 左右的区域岩层位移值达到 2.5 m 以上,岩层位移较大。工作面后方顶板岩层位移值为 1.0～1.5 m 的区域发展至模型顶部,工作面前方近 20 m 区域岩层位移值达到 1.0 m。

从图 5-12 可以看出,当工作面开采至距离开切眼 480 m 时,后方距工作面 30 m 左右的区域岩层位移值达到 2.5 m 以上,顶板位移较大。工作面后方顶板岩层位移值为 1.5～2.0 m 的区域发展至模型顶部,岩层位移区域范围进一步扩大,整体位移形态也进一步发生变化,距离工作面前方 10 m 区域岩层出现位移现象。随着工作面推进结束,岩层整体位移趋于稳定。

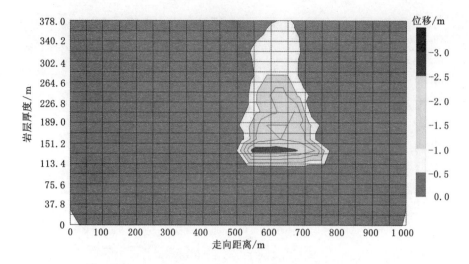

图 5-9　距开切眼 152 cm(实际中 304 m)岩层位移图

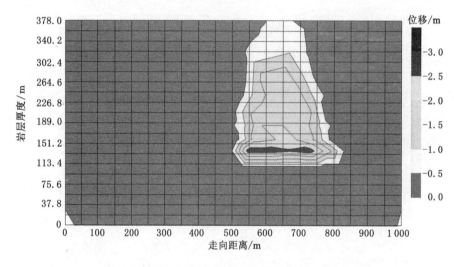

图 5-10　距开切眼 176 cm(实际中 352 m)岩层位移图

综上所述,随着工作面的推进,上覆岩层逐渐破坏,并不断向上扩展,当工作面开采至距离开切眼 224 m 时,位移值为 0.5~1.0 m 的区域迅速向上发展;当工作面开采至距离开切眼 236 m 时,整体岩层位移区域形态发生较大变化;当工作面开采至距离开切眼 248 m 时,工作面后方顶板岩层位移范围首次达到模型顶部;当工作面开采至距离开切眼 304 m 时,岩层位移区域呈倒"U"形分布;当工作面开采至距离开切眼 352 m 时,岩层位移值为 1.0~1.5 m 的区域迅速发展并越过工作面上方覆岩高度 205 m,岩层位移区域呈倒"U"形分布进一步明显;当工作面开采至距离开切眼 400 m 时,岩层位移值为 1.0~1.5 m 的区域达到模型顶部;当工作面开采至距离开切眼 480 m 时,岩层位移值为 1.5~2.0 m 的区域达到模型顶部;随着工作面推进,上覆岩层不断下沉,岩层位移影响区域也逐渐变大。随着工作面继续推进,岩层逐渐压实采空区,并最终趋于稳定。

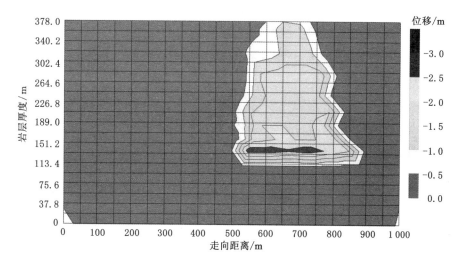

图 5-11　距开切眼 200 cm(实际中 400 m)岩层位移图

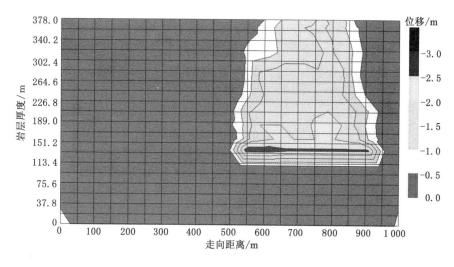

图 5-12　距开切眼 240 cm(实际中 480 m)岩层位移图

5.2.3　走向 W1145 工作面覆岩顶部下沉值分析

图 5-13 为 W1145 工作面回采模型顶部下沉特征,由图可知,当工作面推进 248 m 时,地表开始产生下沉,主要下沉发生在 400～700 m 范围内,其中 6# 观测点产生最大下沉值 0.48 m。随着开采距离的不断增加,下沉盆地逐渐加宽,下沉曲线逐渐向工作面推进方向移动,工作面上方岩层位移明显,而采空区后部上方岩层位移逐渐缓和,岩层趋于稳定;当推进距达 480 m(W1145 回采结束)时,监测结果表明模型顶部下沉发生在 400～900 m 之间,最大下沉主要发生在 560～720 m 之间,最大下沉值为 1.4 m。

5.2.4　走向 W1123 工作面覆岩运移分析

按照走向物理相似材料模拟实验工作面回采方案,在回采走向模型 B₂ 煤层中的 W1123 工作面时,采用全站仪采集模型表面位移数据并绘制位移云图,通过分析模型表面位移云图,能直观、快速地得出上覆岩层垮落情况以及相关结论。W1123 工作面开切眼位

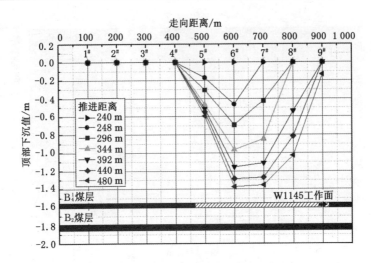

图 5-13　W1145 工作面回采模型顶部下沉特征

于模型 38 cm 处,图 5-14～图 5-31 为距离开切眼 44.4 cm、73.2 cm、87.6 cm、106.8 cm、121.2 cm、130.8 cm、145.2 cm、150.0 cm、159.6 cm、188.4 cm、193.2 cm、198.0 cm、226.8 cm、255.6 cm、294.0 cm、318.0 cm、342.0 cm、432.0 cm 的岩层位移图。

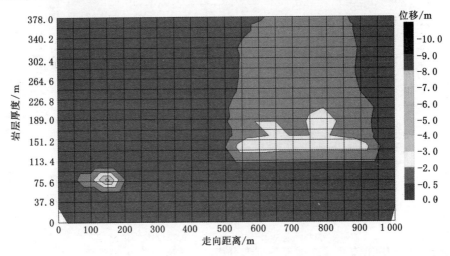

图 5-14　距开切眼 44.4 cm(实际中 88.8 m)岩层位移图

从图 5-14 可以看出,当工作面开采至距离开切眼 88.8 m 时,工作面后方顶板岩层出现位移的区域高度达 36 m 左右,随着高度增加,岩层位移值由 4.0～5.0 m 逐渐减小到 0.5～2.0 m,距工作面前方 35 m 处岩层出现位移现象。

从图 5-15 可以看出,当工作面开采至距离开切眼 146.4 m 时,工作面后方顶板岩层出现位移的区域高度达 40 m 左右,相较距离开切眼 88.8 m 时岩层位移状态,工作面后方岩层位移值首次达到 8.0～9.0 m,岩层位移值为 3.0～4.0 m 的区域进一步扩大。随着高度增加,岩层位移值呈下降趋势。

从图 5-16 可以看出,当工作面开采至距离开切眼 175.2 m 时,岩层位移值为 0.5～

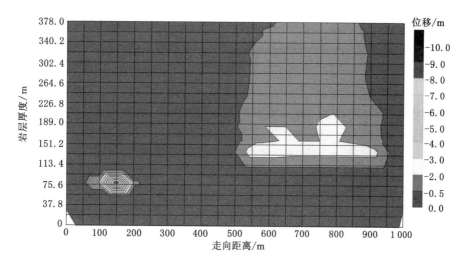

图 5-15　距开切眼 73.2 cm(实际中 146.4 m)岩层位移图

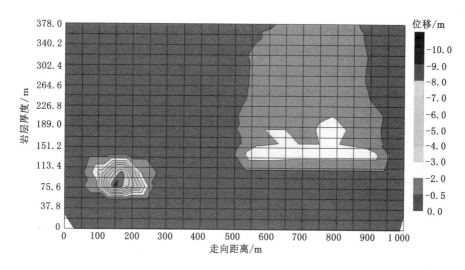

图 5-16　距开切眼 87.6 cm(实际中 175.2 m)岩层位移图

2.0 m 的区域已经越过工作面上方覆岩高度 64 m 的区域。工作面后方岩层位移值达到 8.0~9.0 m 的区域迅速扩大,整个岩层位移区域形态也发生了较大变化。距工作面前方 6 m 处岩层位移值为 0.5~2.0 m。

从图 5-17 可以看出,当工作面开采至距离开切眼 213.6 m 时,工作面后方顶板岩层出现位移的区域高度达 68 m 左右,工作面后方岩层位移值为 9.0~10.0 m 的区域进一步扩大,已经越过工作面上方覆岩高度 40 m 的区域,岩层位移云图形态呈环状分布。距工作面前方 10 m 处岩层出现位移现象。

从图 5-18 可以看出,当工作面开采至距离开切眼 242.4 m 时,工作面后方顶板岩层出现位移的区域高度达 145 m 左右,相较距离开切眼 213.6 m 时岩层位移状态,工作面后方岩层位移值为 0.5~2.0 m 的区域迅速向上发育,已经越过工作面上方覆岩高度 145 m 的区域,工作面后方岩层位移值为 7.0~8.0 m 的区域越过工作面上方覆岩高度 85 m 的区

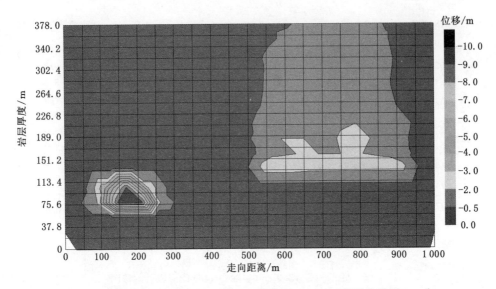

图 5-17　距开切眼 106.8 cm(实际中 213.6 m)岩层位移图

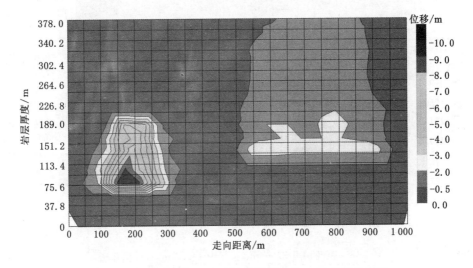

图 5-18　距开切眼 121.2 cm(实际中 242.4 m)岩层位移图

域,岩层位移范围迅速扩大,整个岩层位移区域形态发生了较大的变化,随着高度增加,不同岩层位移值的区域呈倒"U"形分布。距工作面前方 8 m 处岩层位移值为 1.0 m 左右。

从图 5-19 可以看出,当工作面开采至距离开切眼 261.6 m 时,工作面后方顶板岩层出现位移的区域高度达 200 m 左右,部分岩层位移值为 0.5~2.0 m 的区域转变为位移值为 2.0~3.0 m 的区域,同时整体岩层位移区域形态进一步发生变化,影响范围进一步扩大,不同岩层位移值的区域呈倒"U"形分布形态进一步明显。距工作面前方 3 m 处岩层出现位移现象。

从图 5-20 可以看出,当工作面开采至距离开切眼 290.4 m 时,工作面后方顶板岩层出现位移的区域高度达 208 m 左右,相较距离开切眼 261.6 m 时岩层位移状态,工作面后方岩层位移值为 2.0~3.0 m 的区域迅速向上发育,已经越过工作面上方覆岩高度 189 m 的区域,工作面后方岩层位移值为 3.0~4.0 m 的区域越过工作面上方覆岩高度 180 m 的区

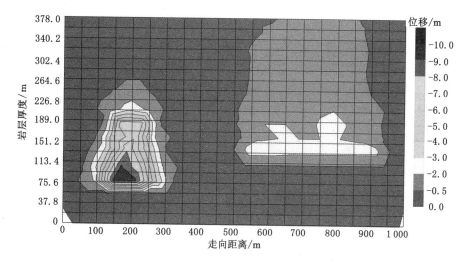

图 5-19　距开切眼 130.8 cm(实际中 261.6 m)岩层位移图

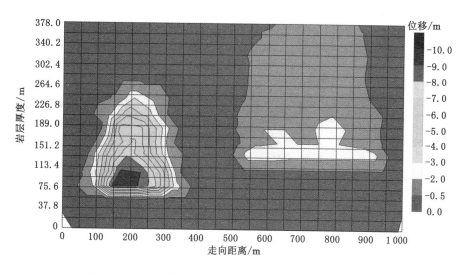

图 5-20　距开切眼 145.2 cm(实际中 290.4 m)岩层位移图

域。距工作面前方 8 m 处岩层位移值达到 0.5～2.0 m。

从图 5-21 可以看出,当工作面开采至距离开切眼 300.0 m 时,工作面后方顶板岩层出现位移的区域高度达 265 m 左右,同时岩层位移区域继续扩大,相较距离开切眼 290.4 m 时岩层位移状态,工作面后方岩层位移值为 0.5～2.0 m 的区域向上发育较为明显,向上扩展了 38 m,工作面后方岩层位移值为 2.0～3.0 m 的区域向上扩展了 28 m,不同岩层位移值的区域呈倒"U"形分布形态明显。

从图 5-22 可以看出,当工作面开采至距离开切眼 319.2 m 时,工作面后方顶板岩层位移范围达到模型顶部,相较距离开切眼 300.0 m 时岩层位移状态,工作面后方岩层位移值为 0.5～2.0 m 的区域扩展较大,其他岩层位移值的区域扩展范围较小,整个岩层位移区域形态发生了较大变化,不同岩层位移值的区域依然呈倒"U"形分布。

从图 5-23 可以看出,当工作面开采至距离开切眼 376.8 m 时,相较距离开切眼 319.2 m

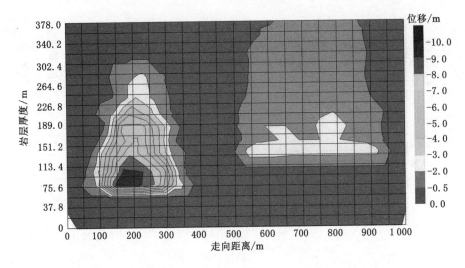

图 5-21　距开切眼 150.0 cm(实际中 300.0 m)岩层位移图

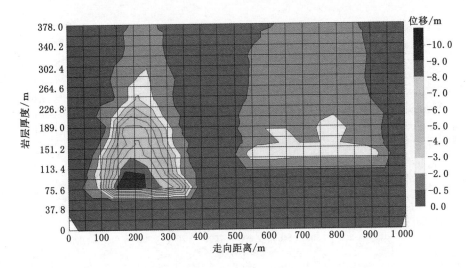

图 5-22　距开切眼 159.6 cm(实际中 319.2 m)岩层位移图

时岩层位移状态,工作面后方岩层位移值为 2.0~3.0 m 的区域迅速向上发展了 37 m,已越过工作面上方 274 m 的位置,工作面后方岩层位移值达到 7.0~8.0 m 的区域也迅速扩大,岩层位移区域进一步扩大,整体岩层位移区域形态没有发生较大变化。

从图 5-24 可以看出,当工作面开采至距离开切眼 386.4 m 时,工作面后方岩层位移值为 2.0~3.0 m 的区域达到模型顶部,距工作面上方 120 m 的区域岩层位移值较大,达到 7.0~8.0 m,W1123 和 W1145 工作面岩层位移区域没有发生贯通。

从图 5-25 可以看出,当工作面开采至距离开切眼 396.0 m 时,位移云图显示 W1123 工作面和 W1145 工作面发生贯通,在 W1123 工作面和 W1145 工作面的相互影响下,岩层位移值为 0.5~2.0 m 的区域范围迅速扩大,位移值为 2.0~3.0 m 的区域也快速扩大,并且主要向 W1145 工作面方向扩展,位移值为 3.0~4.0 m 的区域也向 W1145 工作面方向扩展。

从图 5-26 可以看出,当工作面开采至距离开切眼 453.6 m 时,位移云图显示岩层位移值

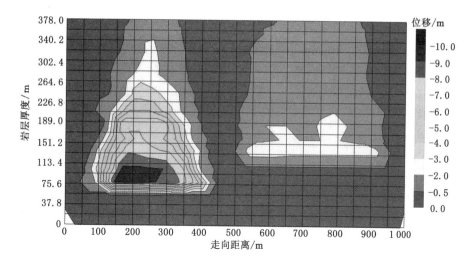

图 5-23 距开切眼 188.4 cm(实际中 376.8 m)岩层位移图

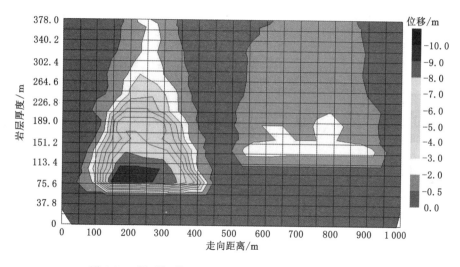

图 5-24 距开切眼 193.2 cm(实际中 386.4 m)岩层位移图

为 2.0～3.0 m 的区域与 W1145 岩层位移区域贯通且达到模型顶部,岩层位移值为 3.0～4.0 m 的区域范围进一步扩大,达到工作面上方 208 m 的位置,岩层位移值为 4.0～5.0 m 的区域迅速向工作面方向发展,与 W1145 工作面影响区域贯通。

从图 5-27 可以看出,当工作面开采至距离开切眼 511.2 m 时,相较距离开切眼 453.6 m 时岩层位移状态,岩层位移值为 2.0～3.0 m 的区域和 3.0～4.0 m 的区域继续扩大。从距离开切眼 76 m 到 450 m 之间的岩层位移值没有发生较大变化,由此可以推断这部分岩层位移已趋于稳定。

从图 5-28 可以看出,当工作面开采至距离开切眼 588.0 m 时,位移值为 2.0～3.0 m 的区域和位移值为 3.0～4.0 m 的区域持续扩大。工作面前方 4 m 区域出现岩层位移现象。

从图 5-29 可以看出,当工作面开采至距离开切眼 636.0 m 时,岩层位移值为 8.0～9.0 m 的区域迅速向 W1145 工作面方向扩张,位移值为 2.0～3.0 m 的区域和位移值为 3.0～4.0 m

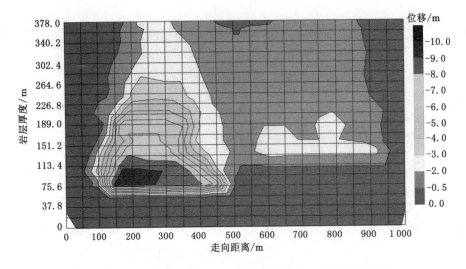

图 5-25　距开切眼 198.0 cm(实际中 396.0 m)岩层位移图

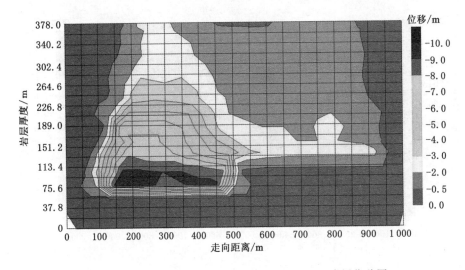

图 5-26　距开切眼 226.8 cm(实际中 453.6 m)岩层位移图

的区域进一步扩大,并且占据整个岩层位移区域的较大部分。工作面前方 6 m 区域出现岩层位移现象。

从图 5-30 可以看出,当工作面开采至距离开切眼 684.0 m 时,位移云图显示位移值为 2.0～3.0 m 的区域进一步扩大,而且可以观察出,工作面上方岩层经过两次扰动,位移值为 4.0～5.0 m 的区域迅速向上发展,达到工作面上方 241 m 的位置,不同岩层位移值的区域呈倒"W"形分布形态。

从图 5-31 可以看出,当工作面开采至距离开切眼 864.0 m 时,位移云图显示位移值为 2.0～3.0 m 的区域进一步扩大,距离工作面后方 120 m 的区域岩层位移值达到 9.0 m 以上。随着工作面继续推进,工作面上方岩层进一步扰动,位移值为 4.0～5.0 m 的区域继续向上发展并达到工作面上方 285 m 的位置,不同岩层位移值的区域呈倒"W"形分布形态进一步明显,距离工作面一定范围,岩层位移趋于稳定。

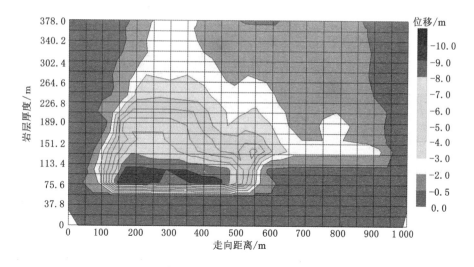

图 5-27　距开切眼 255.6 cm(实际中 511.2 m)岩层位移图

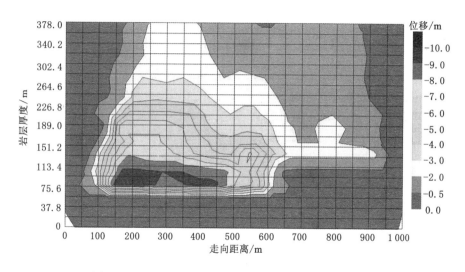

图 5-28　距开切眼 294.0 cm(实际中 588.0 m)岩层位移图

综上所述,可以看到随着工作面的推进,上覆岩层逐渐破坏,并不断向上扩展,当工作面开采至距离开切眼 319.2 m 时,工作面后方顶板岩层位移范围达到模型顶部,整个岩层位移区域形态发生较大变化;当工作面开采至距离开切眼 396.0 m 时,岩层位移值为 0.5～2.0 m 的区域迅速扩大,在工作面前方与 W1145 工作面影响区域贯通,随后,在 W1123 工作面和 W1145 工作面的相互影响下,岩层位移值为 2.0～3.0 m 的区域快速扩大,并且主要向 W1145 工作面方向扩展,位移值为 3.0～4.0 m 的区域也向 W1145 工作面方向扩展;当工作面开采至距离开切眼 684.0 m 时,岩层位移值为 2.0～3.0 m 的区域进一步扩大,位移值为 4.0～5.0 m 的区域达到工作面上方 241 m 处,不同岩层位移值的区域呈倒"W"形分布形态。随着工作面继续推进,上覆岩体继续下沉并逐渐压实采空区,最终趋于稳定。

5.2.5　走向 W1123 工作面覆岩顶部下沉值分析

图 5-32 为实体煤下 W1123 工作面回采模型顶部下沉特征,由图可知,模型走向 600～

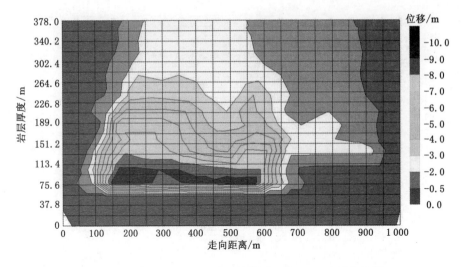

图 5-29　距开切眼 318.0 cm(实际中 636.0 m)岩层位移图

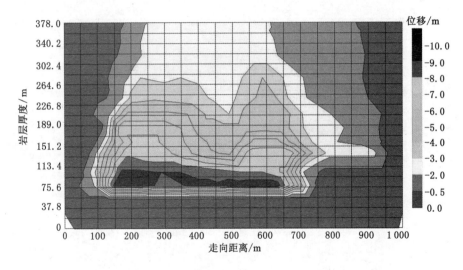

图 5-30　距开切眼 342.0 cm(实际中 684.0 m)岩层位移图

900 m 范围的曲线表示上部 W1145 工作面开采所形成的下沉盆地,当工作面推进 319.2 m 时,模型顶部开始产生下沉,主要下沉发生在 100~400 m 范围内,最大下沉值发生在 2# 观测点,最大下沉值为 0.8 m;随着工作面继续推进,下沉盆地的盆底部分沿推进方向逐渐扩展,当工作面由 376.8 m 推进至 405.6 m 时,4# 观测点下沉加剧,下沉值达到 1.7 m 左右;随着工作面继续推进,工作面上方(4#、5# 观测点)岩层移动趋于明显,而采空区后方岩层(2# 观测点)移动趋于稳定;当工作面推进 463.2 m 时,模型顶部下沉主要发生在 100~600 m 之间,顶部 2# 观测点附近产生最大下沉值 2.6 m。

　　图 5-33 为 W1123 工作面进入采空区模型顶部下沉特征,由图可知,当工作面推进 492.0~578.4 m 时,随着开采距离的不断增加,下沉曲线平缓移动,其盆底部分逐渐加宽并向工作面推进方向平缓下移,而主要下沉区域保持不变(100~600 m);当工作面推进 607.2 m 时,曲线形态发生较大变化,下沉曲线继续向推进方向延伸,其中 6# 观测点开始下

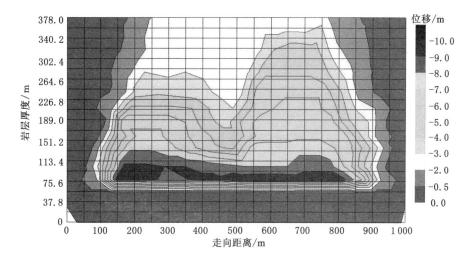

图 5-31　距开切眼 432.0 cm(实际中 864.0 m)岩层位移图

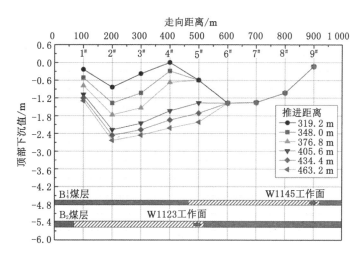

图 5-32　实体煤下 W1123 工作面回采模型顶部下沉特征

沉且移动明显,而 5$^\#$ 观测点继续下移至 3.1 m,成为最大下沉点,采空区后方的岩体基本保持稳定;当工作面推进 636.0 m 时,7$^\#$ 观测点开始下移,在 W1145 工作面开切眼附近(5$^\#$ 观测点)产生最大下沉值 3.2 m,模型顶部主要下沉发生在 100～800 m 的区域。

图 5-34 为采空区下 W1123 工作面回采模型顶部下沉特征,由图可知,当工作面推进 664.8 m 时,7$^\#$ 观测点开始产生下移,主要下沉发生在 400～800 m 区域内,最大下沉点仍在上工作面切眼位置,下沉值为 3.3 m;当工作面推进 722.4 m 时,下沉盆地逐渐加宽,下沉曲线逐渐向工作面推进方向移动,工作面上方岩层移动明显,而采空区后上方岩层移动逐渐缓和,岩层趋于稳定,如图中 400～500 m 的区域;当工作面推进 751.2 m 时,8$^\#$ 观测点开始下移,下沉继续加宽并向工作面推进方向偏移,主要下沉的区域为 400～900 m;当工作面推进 780.0～837.6 m 时,下沉曲线稳步下移,主要下沉区域保持不变。当工作面回采结束(推进864.0 m)时,可以发现采空区后上方岩层逐步趋于稳定,下沉盆地宽度基本保持不变,其下沉值达 4.1 m,主要下沉的区域为 400～900 m。

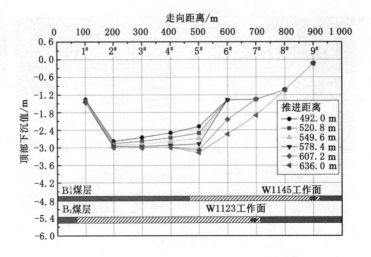

图 5-33　W1123 工作面进入采空区模型顶部下沉特征

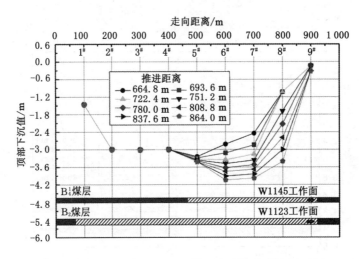

图 5-34　采空区下 W1123 工作面回采模型顶部下沉特征

5.3　倾向覆岩运移规律研究

5.3.1　倾向覆岩运移监测方案

　　根据倾向物理相似材料模型表面尺寸(300 cm×189 cm,模型与原型相似比为 1∶200)和工作面不同高度的覆岩活动剧烈程度,沿模型垂直岩层方向总共布置 10 行全站仪监测点,靠近工作面的覆岩活动剧烈,行距布置比较密集,远离工作面的覆岩较稳定,行距布置比较稀疏,沿模型岩层倾向长度方向每隔 10 cm 布置一个测点,下侧 7 行每行布置 26 个测点,上侧 3 行分别布置 7 个、13 个和 20 个测点,全站仪监测原点布置在模型上方;百分表安装在倾向模型顶部的铁砖上面,沿模型长度每隔 30 cm 安装一个百分表,总共安装 9 个百分表。倾向模型全站仪监测点和百分表布置如图 5-35 所示。

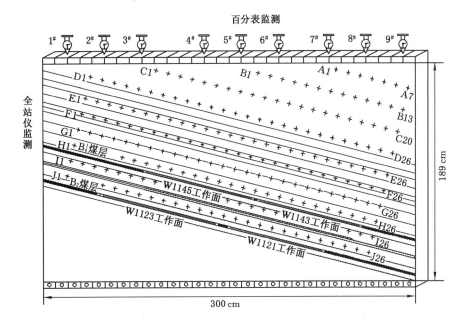

图 5-35　倾向模型全站仪监测点和百分表布置

5.3.2　倾向 B_4^1 煤层工作面覆岩垂直位移分析

按照倾向物理相似材料模拟实验工作面煤层回采方案,在回采倾向模型 B_4^1 煤层的 W1143 和 W1145 工作面时,采用全站仪采集模型表面位移数据并绘制覆岩位移云图,通过分析模型表面位移云图,可直观、快速地得出上覆岩层位移特征。

图 5-36 为 B_4^1 煤层 W1143 工作面回采结束岩层位移图,由图可知,当 B_4^1 煤层下区段 W1143 工作面沿倾向回采结束,工作面上方直接顶和基本顶垮落,岩层产生较大的垂直位移(1.0~2.5 m),位移值为中间大两端小,呈现一种覆岩的倾斜拱形破坏;直接顶和基本顶垮落诱发上部关键层及其所控制的岩层产生较小的垂直位移(0.5~1.0 m),垂直位移呈现为跨度较小的拱形,与下部跨度较大的位移拱组成一个大的覆岩位移拱,拱顶高度为 76 m 左右。

图 5-37 为 B_4^1 煤层 W1145 工作面回采结束岩层位移图,由图可知,当 B_4^1 煤层上区段 W1145 工作面沿倾向回采结束,工作面直接顶和基本顶垮落,诱发上方关键层破断,产生较大的垂直位移(2.5~3.0 m);上区段关键层破断诱发覆岩垮落与下区段覆岩垮落拱连接,形成一个跨度更大的覆岩垮落位移拱,拱的高度为 113 m 左右。

5.3.3　倾向 B_4^1 煤层工作面覆岩顶部下沉值分析

由上面的 B_4^1 煤层覆岩垂直位移分析可知,模型 B_4^1 煤层 W1143 和 W1145 工作面沿倾向回采结束后,工作面直接顶和基本顶垮落导致覆岩关键层破断,从而诱发关键层所控制的岩层产生较小的垂直位移,覆岩产生垂直位移的高度为煤层上方 113 m,垂直位移未抵达覆岩顶部,通过百分表显示覆岩顶部未产生下沉。

5.3.4　倾向 B₂ 煤层工作面覆岩垂直位移分析

按照倾向物理相似材料模拟实验工作面煤层回采方案,在回采倾向模型 B₂ 煤层的 W1121 和 W1123 工作面过程中,运用全站仪采集模型表面垂直位移数据并绘制覆岩位移

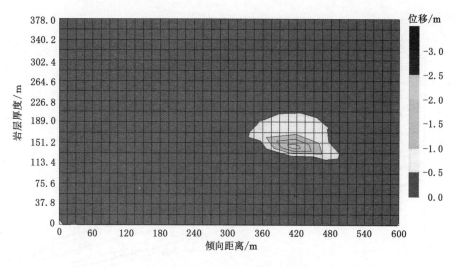

图 5-36 B_4^1 煤层 W1143 工作面回采结束岩层位移图

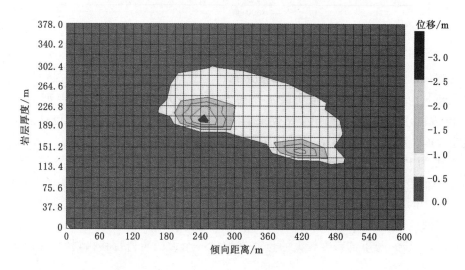

图 5-37 B_4^1 煤层 W1145 工作面回采结束岩层位移图

云图,通过分析模型表面位移云图,可直观、快速地得出工作面上覆岩层垂直位移特征。

图 5-38 为 B_2 煤层 W1121 工作面回采结束岩层位移图,由图可知,当 B_2 煤层下区段 W1121 工作面沿倾向回采结束,工作面覆岩主关键层破断垮落,诱发所控制覆岩大面积垮落,形成位移值较大(4.0～10.0 m)的位移云图分布,覆岩呈现一种三角垮落形态,垮落高度为 80 m;当下部岩层垮落后,上部覆岩受到垮落的影响向下运动,产生较小的垂直位移(1.0～2.0 m),上部岩层垂直位移呈现倾斜梯形直通覆岩顶部。

图 5-39 为 B_2 煤层 W1123 工作面回采结束岩层位移图,由图可知,当 B_2 煤层上区段 W1123 工作面沿倾向回采结束,工作面覆岩主关键层弯曲变形,诱发所控制的覆岩产生较小的垂直位移(1.0～2.0 m),形成 W1123 工作面覆岩位移云图。

5.3.5   倾向 B_2 煤层工作面覆岩顶部下沉值分析

按照倾向物理相似材料模拟实验监测方案,在 B_2 煤层工作面沿倾向回采过程中,采用

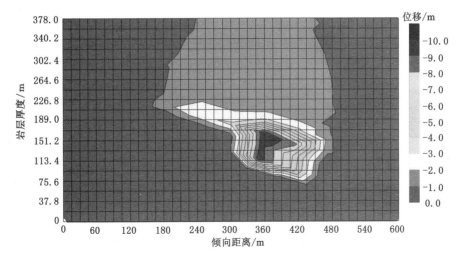

图 5-38 B₂ 煤层 W1121 工作面回采结束岩层位移图

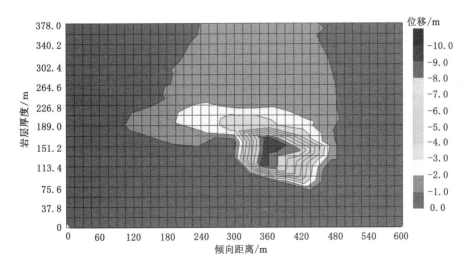

图 5-39 B₂ 煤层 W1123 工作面回采结束岩层位移图

百分表监测覆岩顶部的下沉值,工作面不同推进距离会导致模型顶部覆岩产生不同程度的下沉,采集不同推进距离覆岩顶部下沉值,绘制模型顶部的下沉曲线,得出模型顶部岩层随着工作面的下沉特征。

图 5-40 为 W1121 工作面回采过程中覆岩顶部下沉特征,由图可知,在 W1121 工作面回采过程中,由于工作面覆岩垂直位移达到模型顶部,模型覆岩顶部开始下沉,下沉区域主要位于 W1121 工作面的正上方,当工作面推进 30.4 m 时,底部岩层的下沉值为 0.4 m 左右,随着工作面继续向前开采,底部岩层的下沉值逐渐增加,下沉曲线整体下移,工作面推进 121.6 m 时,3#、8# 观测点开始下沉,曲线整体向工作面推进方向偏移,下沉盆地处在工作面的正上方,其最大下沉值为 0.8 m,当工作面推进 152 m 后,基本顶开始垮落,下沉曲线移动明显,主要下沉范围 120～540 m,其最大下沉值为 1.2 m 左右,曲线整体呈现不对称的形态。

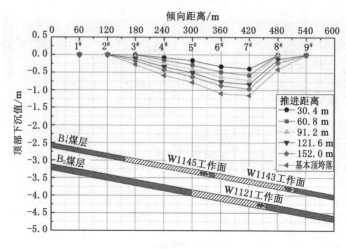

图 5-40　W1121 工作面回采过程中覆岩顶部下沉特征

图 5-41 为 W1123 工作面回采过程中覆岩顶部下沉特征，由图可知，最大下沉区域主要位于 W1121 工作面的正上方，当工作面推进 32.4 m 时，在 120～360 m 范围内的岩层下移明显，曲线整体偏向上山，随着工作面继续向前开采，当推进 97.2 m 时，2# 观测点开始下移，底部岩层的下沉值逐渐增加，下沉曲线整体下移，在工作面推进方向曲线整体下移明显，而在采空区后方下移略小，下沉盆地逐渐加宽，但仍处在 W1121 工作面的上方，其最大下沉值为 1.6 m，当工作面回采结束（推进 162.0 m）时，其最大下沉量为 1.8 m，主要下沉范围为 60～540 m，曲线整体呈现不对称的形态，下沉盆地偏向下山方向，影响范围偏向上山方向。

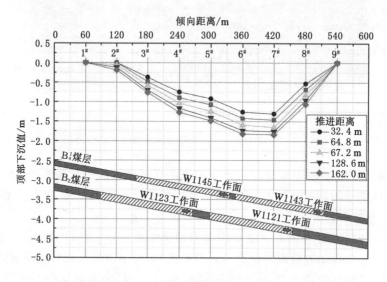

图 5-41　W1123 工作面回采过程中覆岩顶部下沉特征

5.3.6　倾向不同煤柱宽度覆岩垂直位移分析

按照倾向物理相似材料模拟实验工作面煤层回采方案，在倾向模型 B_2 煤层中的 W1121 和 W1123 工作面回采结束时，进行不同煤柱宽度留设实验，在实验的过程中，采用全站仪采集模型表面位移数据并绘制覆岩位移云图，通过分析模型表面位移云图，可直观、快速地得出不同煤柱宽度时上覆岩层位移特征。

图 5-42 为煤柱 15 m 时岩层垂直位移图,由图可知,当 B_2 煤层 W1121 和 W1123 工作面回采结束后,工作面上方直接顶和基本顶垮落,呈现一种覆岩的倾斜拱形破坏;直接顶和基本顶垮落诱发上部关键层及其所控制的岩层产生垂直位移 1.0~2.0 m,呈现倾斜梯形直通覆岩顶部。

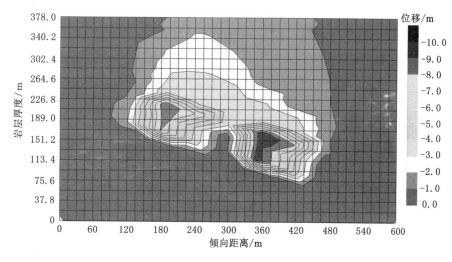

图 5-42 煤柱 15 m 时岩层垂直位移图

图 5-43 为煤柱 8 m 时岩层垂直位移图,相比于煤柱宽 15 m 时岩层位移状态,整体岩层位移区域形态发生较大变化,位移值为 2.0~3.0 m 的区域继续扩大,迅速向上发展至模型顶部,同时部分岩层位移值为 2.0~3.0 m 的区域转变为位移值为 3.0~4.0 m 的区域,说明该区域岩层位移值逐渐增大。

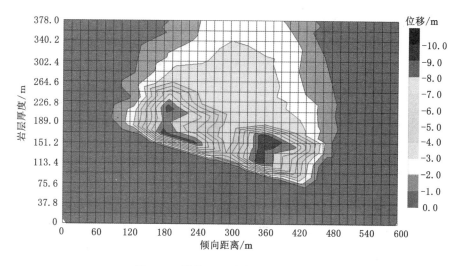

图 5-43 煤柱 8 m 时岩层垂直位移图

5.3.7 倾向不同煤柱宽度覆岩顶部下沉值分析

按照倾向物理相似材料模拟实验监测方案,在 B_2 煤层 W1123 工作面回采结束时,进行不同宽度煤柱留设实验,在实验中,采用百分表监测覆岩顶部的下沉值,工作面不同推进距离会导致模型顶部覆岩产生不同程度的下沉,采集不同推进距离覆岩顶部下沉值,绘制模型顶部的下沉曲线,得出模型顶部岩层随着工作面的下沉特征。

图 5-44 为不同煤柱宽度覆岩顶部下沉特征,由图可知,随着煤柱宽度减小,上覆岩层逐渐破坏,并不断向上扩展,当煤柱宽度为 30 m 时,岩层运移波及覆岩顶部,其最大下沉值达 1.9 m,影响范围 60～540 m,煤柱两侧岩层较完整;当煤柱宽度为 15～25 m 时,影响范围大致不变,但可观察到下沉曲线均匀下降,煤柱两侧裂隙逐渐增加,但煤柱内侧完整性较好,具有一定支承能力;当煤柱宽度为 13～15 m 时,其下沉曲线先保持不变,后急剧下降,煤柱两侧岩层状态呈现"破裂—稳定—突然破碎",说明煤柱在 15 m 左右时还具备部分支承能力;当煤柱宽度为 8～13 m 时,可以观察到煤柱严重破坏,下沉曲线在煤柱附近下降值增加,上覆岩体继续下沉并逐渐压实采空区,最终趋于稳定,主要下沉范围为 60～540 m。下沉曲线整体呈不对称分布,最大下沉区域偏向下山方向。

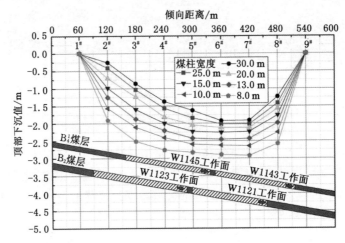

图 5-44　不同煤柱宽度覆岩顶部下沉特征

5.4　本章小结

本次物理相似材料模拟实验采用全站仪、百分表对模型回采过程中工作面覆岩运移进行全方位监测,分析得出了物理相似模型不同煤层工作面沿走向和倾向回采时覆岩运移变形规律,具体结论如下:

(1) 走向物理相似材料模型在回采 W1145 工作面过程中,覆岩的运移都呈现倒"U"形分布形态,随着工作面推进,上覆岩体不断下沉,岩层位移影响区域也逐渐变大。回采 W1123 工作面过程中,当工作面开采至距离开切眼 396 m 时,岩层位移值为 0.5～2.0 m 的区域迅速扩大,在工作面前方与 W1145 工作面影响区域贯通;在 W1123 工作面和 W1145 工作面的相互影响下,岩层位移的区域迅速扩大,并且主要向 W1145 工作面方向扩展;随着工作面继续推进,上覆岩体继续下沉并逐渐压实采空区,最终趋于稳定。

(2) 倾向物理相似材料模型回采 B_4^1 煤层,W1143 工作面上方直接顶和基本顶垮落呈现一种覆岩的倾斜拱形破坏;直接顶和基本顶垮落诱发上部关键层及其所控制的岩层产生较小的垂直位移,垂直位移呈现为跨度较小的拱形,与下部跨度较大的位移拱组成一个大的覆岩位移拱,拱顶高度为 76 m 左右。W1145 工作面回采结束岩层位移图显示上区段关键层破断诱发覆岩垮落与下区段覆岩垮落拱连接,形成一个跨度更大的覆岩垮落位移拱,垮落拱横跨上区段和下区段工作面覆岩,拱顶高度为 113 m 左右。

(3)煤柱留设 15 m 时在工作面上方直接顶和基本顶垮落,呈现一种覆岩的倾斜拱形破坏;煤柱留设 8 m 时相比于煤柱宽 15 m 时岩层移动状态,整体岩层位移区域形态发生较大变化,位移值为 2.0~3.0 m 的区域继续扩大,迅速向上发展至模型顶部。

(4)W1145 工作面沿走向推进 248 m 时,地表开始产生下沉,主要下沉发生在 400~700 m 的区域,随着开采距离的不断增加,下沉盆地逐渐加宽,下沉曲线逐渐向工作面推进方向移动,工作面上方岩层位移明显,而采空区后上方岩层位移逐渐缓和,岩层趋于稳定。W1123 工作面沿走向推进 319.2 m 时,模型顶部开始产生下沉,主要下沉发生在 100~400 m 的区域,最大下沉值为 0.8 m,随着工作面继续推进,下沉盆地的盆底部分沿推进方向逐渐扩展,工作面上方岩层位移趋于明显,而采空区后方岩层位移趋于稳定。

(5)倾向 B_4^1 煤层回采结束后工作面直接顶和基本顶垮落导致覆岩关键层破断,从而诱发关键层所控制的岩层产生较小的垂直位移,垂直位移未抵达覆岩顶部,通过百分表显示覆岩顶部未产生下沉。由倾向 B_2 煤层覆岩垂直位移分析可知,在 W1121 工作面回采过程中,模型覆岩顶部开始下沉,下沉区域主要位于 W1121 工作面的正上方。W1123 工作面回采过程中,最大下沉区域主要位于 W1121 工作面的正上方,随着工作面的推进下沉曲线整体偏向上山,底部岩层的下沉值逐渐增加,在工作面推进方向曲线整体下移明显,而在采空区后方下移略小。W1123 工作面开采结束后,下沉曲线整体呈现不对称的形态,下沉盆地偏向下山方向,影响范围偏向上山方向。

(6)不同煤柱宽度覆岩顶部下沉特征,当煤柱宽度为 30 m 时,岩层运移波及覆岩顶部,其最大下沉值达 1.9 m,煤柱两侧岩层较完整;当煤柱宽度为 15~25 m 时,影响范围大致不变,但可观察到下沉曲线均匀下降,煤柱两侧裂隙逐渐增加;当煤柱宽度为 13~15 m 时,其下沉曲线先保持不变,后急剧下降,煤柱两侧岩层状态呈现"破裂—稳定—突然破碎";当煤柱宽度在 8~13 m 时,可以观察到煤柱严重破坏,下沉曲线在煤柱附近下降值增加,上覆岩体继续下沉并逐渐压实采空区,最终趋于稳定。

6 工作面矿压规律的物理相似材料模拟实验研究

6.1 工作面矿压规律监测布置

本次物理相似材料模拟实验采用支架压力传感器和底板压力传感器对模型回采过程中工作面周围压力变化进行实时监测,其中支架压力传感器选用汉中精测电器有限责任公司生产的 CL-YB-141 测力传感器,传感器的额定工作阻力为 32.00 MPa,用来监测覆岩垮落时工作面的来压变化;底板压力传感器选用实验室测力传感器,传感器额定工作阻力为 35.00 MPa,用来监测工作面煤层回采后采空区及两侧实体煤的底板压力变化,通过对支架压力和底板压力进行分析,可以得到模型工作面回采顶板来压和采空区及工作面超前底板压力分布规律,从而掌握模型工作面回采过程中矿压显现规律。物理相似材料模拟工作面矿压显现监测如图 6-1 所示。

(a) 走向支架压力监测　　　　　　　　(b) 走向底板压力监测

(c) 倾向支架压力监测　　　　　　　　(d) 倾向底板压力监测

图 6-1 物理相似材料模拟工作面矿压显现监测

6.2 走向工作面矿压规律研究

6.2.1 走向工作面矿压监测方案

根据物理相似材料模拟走向实验方案,走向模型布置两个工作面(W1145 和 W1123 工作面),需要两个支架压力传感器,在工作面回采之前,对工作面煤层开切眼,安装支架压力传感器,升高支架压力至工作面的模拟初撑力,按照工作面的模拟日推进度进行回采,类似于实际工作面回采工艺,模拟工作面的一个回采工艺循环包括:升架—回采—移架—升架;底板压力传感器并排安装在模拟岩层的最底层,在模型铺装之前进行安装,走向模型长度为 500 cm(模拟 1 000 m),总共安装 69 个底板压力传感器。走向压力传感器布置如图 6-2 所示。

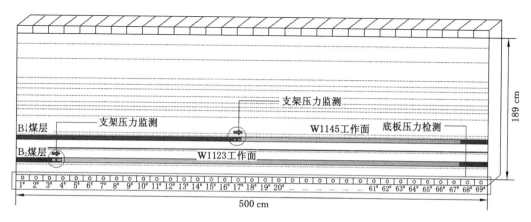

图 6-2 走向压力传感器布置

6.2.2 走向 W1145 工作面矿压监测结果分析

根据矿井工作面煤层实际开采顺序,在走向模型中,先回采 B_4^1 煤层 W1145 工作面,按照回采方案,在走向模型 B_4^1 煤层距左边界 460 m 处开切眼(16 m),安装支架压力传感器,升高支架压力至支架模拟初撑力(12.90 MPa),开始回采 W1145 工作面,每次回采距离为 8 m,回采至模型 B_4^1 煤层距右边界 60 m 结束,总共回采 480 m。

图 6-3 为 W1145 工作面直接顶初次垮落特征,由图可知,工作面回采 56 m 移架前,支架压力增大至 14.87 MPa,移架后下位直接顶突然垮落,支架压力降低,属于工作面下位直接顶初次来压;随着工作面继续向前回采,下位直接顶周期性垮落,支架压力呈现周期性增大,工作面回采 104 m 移架后,上位直接顶初次垮落,工作面支架压力升高至 15.47 MPa,属于上位直接顶初次来压;上位直接顶垮落后工作面继续回采,支架压力随之减小。

W1145 工作面回采 112 m 时,底板原始压力为 10.50 MPa,工作面前方 200 m 受到采动影响,底板压力升高,压力峰值出现在工作面前方 100 m 左右,峰值大小 12.30 MPa 左右,采空区压力降低至 7.80 MPa,采空区后方 200 m 的煤体底板压力升高,峰值出现在后方 60 m 左右,峰值大小为 12.70 MPa 左右。

图 6-4 为 W1145 工作面基本顶初次垮落特征,由图可知,工作面直接顶初次垮落后,随着工作面继续向前推进,直接顶将呈现周期性垮落,基本顶走向跨度将增大,当工作面回采

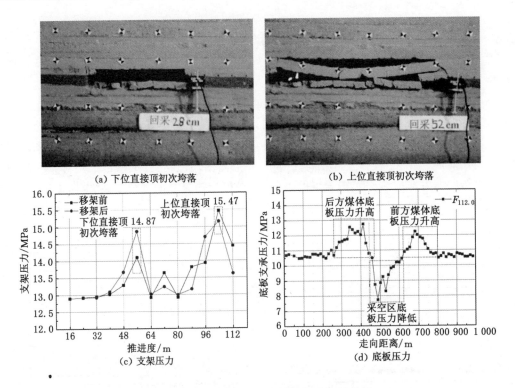

(a) 下位直接顶初次垮落　　　　　　　(b) 上位直接顶初次垮落

(c) 支架压力　　　　　　　　　　　(d) 底板压力

图 6-3　W1145 工作面直接顶初次垮落特征

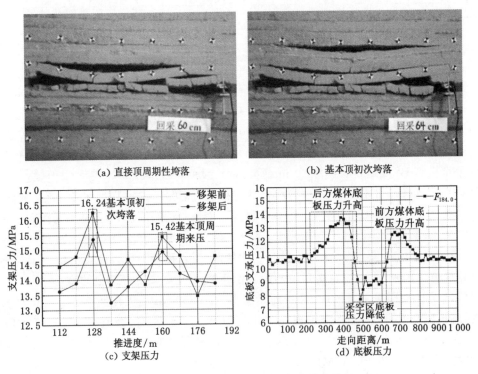

(a) 直接顶周期性垮落　　　　　　　(b) 基本顶初次垮落

(c) 支架压力　　　　　　　　　　　(d) 底板压力

图 6-4　W1145 工作面基本顶初次垮落特征

128 m 移架后,基本顶走向达到极限,工作面的基本顶初次垮落,支架压力增大至
16.24 MPa,属于工作面基本顶初次来压;基本顶初次垮落后,在工作面向前推进的过程中,
基本顶和直接顶将呈现周期性垮落,支架压力呈现周期性增大的现象,属于直接顶和基本顶
周期来压阶段。

W1145 工作面回采 184 m 时,底板原始压力为 10.50 MPa,工作面前方 200 m 左右受
到采动影响,底板压力升高,压力峰值出现在工作面前方 20 m 左右,峰值大小为 12.51 MPa
左右,采空区压力降低至 7.61 MPa,采空区后方 250 m 的煤体底板压力升高,峰值出现在后
方 60 m 左右,峰值大小为 13.72 MPa 左右。

图 6-5 为 W1145 工作面覆岩关键层初次垮落特征,由图可知,工作面直接顶和基本顶
初次垮落后,随着工作面继续向前推进,直接顶和基本顶将呈现周期性垮落,覆岩关键层走
向跨度将随之增大,当工作面回采 192 m 移架后,覆岩关键层走向跨度达到极限,关键层初
次垮落,支架压力增大至 17.17 MPa,属于覆岩关键层初次垮落;覆岩关键层垮落后,在工作
面向前推进的过程中,有关键层控制的上覆岩层将随之垮落,当工作面回采 224 m 时,覆岩
垮落至 90 m 岩层,随着工作面继续回采,工作面覆岩垮落高度将继续增加。

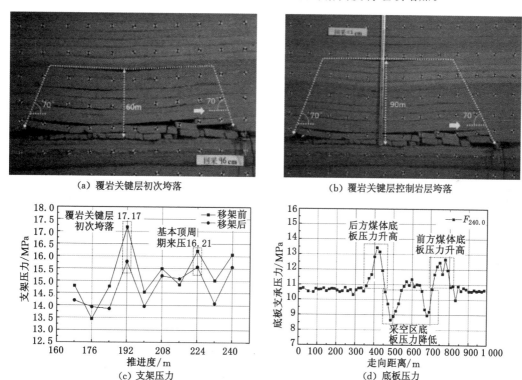

(a) 覆岩关键层初次垮落　　　　　　　　　(b) 覆岩关键层控制岩层垮落

(c) 支架压力　　　　　　　　　　　　　　(d) 底板压力

图 6-5　W1145 工作面覆岩关键层初次垮落特征

W1145 工作面回采 240 m 时,底板原始压力为 10.50 MPa,工作面前方 100 m 左右受
到采动影响,底板压力升高,压力峰值出现在工作面前方 70 m 左右,峰值大小为 12.80 MPa
左右,前端采空区和后端采空区压力降低至 8.50 MPa 和 9.00 MPa,中部采空区压力值稳
定在 11.20 MPa,采空区后方 100 m 的煤体底板压力升高,峰值出现在后方 60 m 左右,峰值

大小为13.50 MPa左右。

图6-6为W1145工作面回采过程中覆岩垮落形态特征,由图可知,工作面上覆岩层关键层垮落后,随着工作面继续向前推进,上覆岩层垮落高度上升,当工作面回采248 m移架前,覆岩垮落至模型顶部,采空区覆岩形成一个梯形垮落形态,两端岩层破断线为梯形两个斜边;在覆岩垮落至模型顶部后,随工作面继续向前回采,工作面直接顶、基本顶和关键层呈现周期性垮落破断,工作面支架也将形成大小不一的周期性来压,工作面上覆岩层也将周期性垮落破断,工作面上方覆岩的破断线随着覆岩垮落不断向前移动,当工作面回采480 m时,W1145工作面回采结束,两端破断线的岩层垮落角分别为78°和74°,采空区上覆垮落岩层形成一个较大等腰梯形垮落形态。

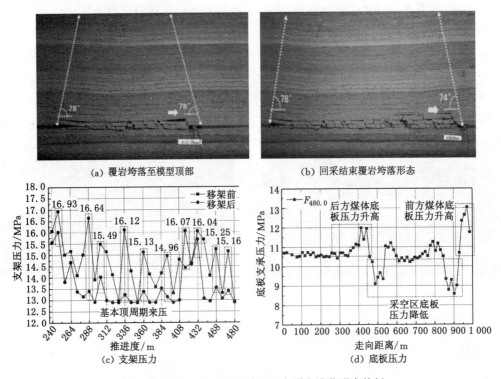

(a) 覆岩垮落至模型顶部

(b) 回采结束覆岩垮落形态

(c) 支架压力

(d) 底板压力

图6-6　W1145工作面回采过程中覆岩垮落形态特征

W1145工作面回采结束时,底板原始压力为10.50 MPa,采空区右侧60 m边界煤柱受到采动影响,底板压力升高,压力峰值出现在右侧60 m边界煤柱中部,峰值大小13.10 MPa左右,前端采空区和后端采空区压力降低至9.00 MPa和8.50 MPa,中部采空区底板压力值呈驼峰状,整体稳定在10.50～11.30 MPa,采空区后方100 m的煤体底板压力升高,峰值出现在后方60 m左右,峰值大小为12 MPa左右。

走向W1145工作面顶板垮落数据见表6-1。如图6-7所示,在走向B_4^1煤层W1145工作面回采过程中,随着工作面直接顶垮落,工作面基本顶的横向跨距不断增大,当工作面回采128 m时,达到基本顶的极限跨距,基本顶初次来压,来压大小为16.24 MPa,基本顶垮落高度为40 m。基本顶初次来压后,随着工作面的推进,支架后方悬着的基本顶与已经破断的基本顶岩块铰接构成稳定的组合岩梁,当工作面推进160 m时,悬着的基本顶破断,组合梁结构回转失稳,形成基本顶二次周期来压,来压大小为 15.42 MPa,来压步距为 32 m。基本顶周期来压后,工作面回采 192 m 时,工作面上覆岩层主关键层初次垮落,形成工作面较大的来压(17.17 MPa),来压后,覆岩垮落高度达到 60 m;随着工作面继续推进,工作面基本顶来压呈现周期性,共发生 14 次周期来压,来压大小介于 14.96～17.17 MPa,除初次来压步距 128 m 外,其余来压步距介于 16～40 m,其中基本顶岩层垮落形成工作面小的来压,主关键岩层垮落形成工作面大的来压。随着工作面基本顶及其上方的主关键岩层周期性垮落,诱发主关键岩层所控制岩层的垮落高度逐渐上升,当工作面回采 248 m 时,覆岩垮落至模型顶部。

表 6-1　走向 W1145 工作面顶板垮落数据统计

周期来压次数/次	1	2	3	4	5	6	7
开采长度/m	128	160	192	224	248	288	304
基本顶垮落步距/m	128	32	32	32	24	40	16
覆岩垮落高度/m	30	40	60	90	300	300	300
周期来压次数/次	8	9	10	11	12	13	14
开采长度/m	336	360	392	416	432	456	472
基本顶垮落步距/m	32	24	32	24	16	24	16
覆岩垮落高度/m	300	300	300	300	300	300	300

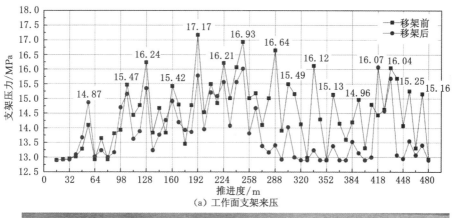

(a) 工作面支架来压

(b) 工作面支架来压位置分布

图 6-7　W1145 工作面回采过程中支架来压特征

6.2.3 走向 W1123 工作面矿压监测结果分析

根据矿井工作面煤层实际开采顺序,在走向模型中,B_1^1 煤层 W1145 工作面回采结束后,按照回采方案,在走向模型 B_2 煤层距左边界 76 m 处开切眼(12 m),安装支架压力传感器,升高支架压力至支架模拟初撑力(25.9 MPa),开始回采 W1123 工作面,每次回采距离为 2.4 m,回采至模型 B_2 煤层距右边界 60 m 结束,总共回采 864 m。

图 6-8 为 W1123 工作面顶板初次垮落特征,由图可知,工作面自开切眼回采 88.8 m 移架前,直接顶初次垮落,支架压力升高至 27.89 MPa,为工作面直接顶初次来压,来压步距 88.8 m;随着工作面继续向前回采,直接顶周期性垮落,支架呈现周期性来压,来压步距 19.2 m 左右;当工作面回采 146.4 m 移架后,覆岩基本顶垮落,支架压力升高至 28.18 MPa,为覆岩基本顶初次来压,来压步距 146.4 m。

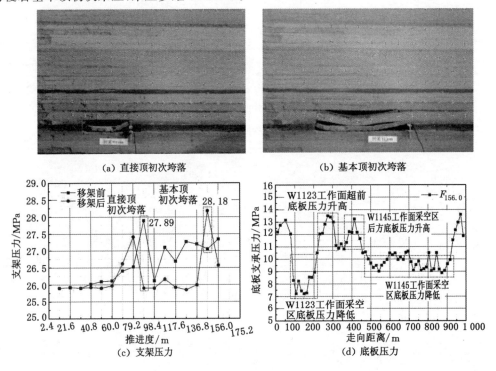

(a) 直接顶初次垮落   (b) 基本顶初次垮落

(c) 支架压力   (d) 底板压力

图 6-8 W1123 工作面顶板初次垮落特征

W1123 工作面回采 156 m 时,底板原始压力为 10.50 MPa,采空区底板压力值减小至 7.00 MPa,采空区后方边界煤柱底板压力升高,压力峰值出现在边界中部,峰值大小为 13.20 MPa 左右,工作面前方 100 m 受到采动影响,底板压力升高,压力峰值出现在工作面前方 60 m 左右,峰值大小为 13.50 MPa 左右,与 W1145 工作面采空区后方煤体底板峰值相距 100 m,形成了一个类似"驼峰"的底板压力区。

图 6-9 为 W1123 工作面覆岩亚关键层初次垮落特征,由图可知,工作面基本顶初次垮落后,随着工作面向前回采,支架压力降低,当工作面回采 175.2 m 移架后,支架压力突然升高至 28.85 MPa,覆岩亚关键层破断垮落,关键层所控制的岩层垮落至覆岩 46 m 高的岩层,工作面继续回采,顶板周期性垮落,覆岩垮落高度上升,支架周期性来压,来压步距 19.2 m 左右,当工作面回采 213.6 m 时,支架压力升高至 28.44 MPa,亚关键层所控制的岩

层全部垮落,垮落高度为 80 m。

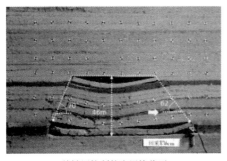

（a）亚关键层控制的岩层垮落至 46 m

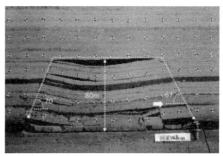

（b）亚关键层控制的岩层垮落至 80 m

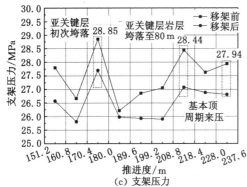

（c）支架压力

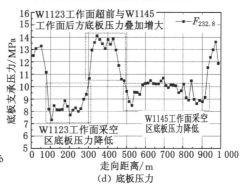

（d）底板压力

图 6-9　W1123 工作面覆岩亚关键层初次垮落

W1123 工作面回采 232.8 m 时,底板原始压力为 10.50 MPa,采空区底板压力值减小至 7.00 MPa,采空区后方边界煤柱底板压力升高,压力峰值位置不变,峰值大小为 13.20 MPa 左右,工作面前方 100 m 左右受到采动影响,底板压力升高,与 W1145 采空区后方煤体压力升高区底板压力叠加,形成了一个更高双峰值的"驼峰"压力增高区,双峰值大小约为14 MPa。

图 6-10 为 W1123 工作面覆岩主关键层初次垮落特征,由图可知,工作面亚关键层初次垮落后,随着工作面向前回采,工作面支架周期性来压,来压步距 19.2 m 左右,工作面回采 242.4 m 移架前时,支架压力升高至 28.80 MPa,在向前移架后,压力降低,覆岩主关键层破断垮落,关键层所控制的岩层垮落至覆岩 114 m 高的岩层;随着主关键层垮落后,工作面继续回采,支架压力降低,回采 261.6 m 移架前时,压力突然升高至 28.23 MPa,在向前移架后,主关键层所控制的岩层进一步垮落,垮落高度为 160 m,支架压力降低。

W1123 工作面回采 280.8 m 时,底板原始压力为 10.50 MPa,采空区底板压力降低至 7.00 MPa,且中部压力降低值略小于两端,采空区后方边界煤柱底板压力升高,压力峰值大小和位置保持不变,峰值大小增大至 13.00 MPa 左右,工作面前方底板压力升高,与 W1145 工作面采空区后方煤体升高的底板压力相互叠加,形成了一个单峰值的双重叠加压力升高区,峰值大小约为 16.00 MPa。

图 6-11 为 W1123 工作面覆岩垮落高度上升阶段特征,由图可知,工作面主关键层垮落后,随着工作面向前回采,覆岩下位顶板周期性垮落,诱发上覆岩层垮落高度进一步上升,当

(a) 主关键层控制的岩层垮落至 114 m

(b) 主关键层控制的岩层垮落至 160 m

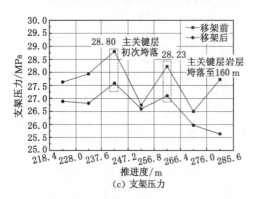

(c) 支架压力

(d) 底板压力

图 6-10　W1123 工作面覆岩主关键层初次垮落特征

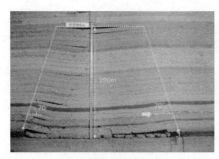

(a) 工作面覆岩垮落至 190 m

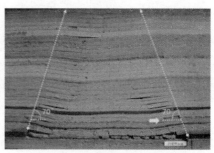

(b) 工作面覆岩垮落至模型顶部

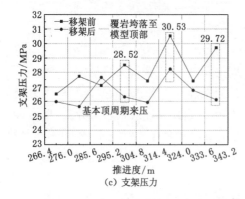

(c) 支架压力

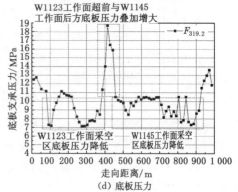

(d) 底板压力

图 6-11　W1123 工作面覆岩垮落高度上升阶段特征

工作面回采 300 m 时,覆岩垮落高度为 190 m,工作面移架前支架压力为 28.52 MPa,移架后的支架压力减小;当工作面回采 319.2 m 移架前时,支架压力增大到 30.53 MPa,在工作面移架后,上覆岩层垮落至模型顶部,支架压力也随之降低。

W1123 工作面回采 319.2 m 时,底板原始压力为 10.50 MPa,采空区 150~230 m 范围内的底板压力略有升高,两端底板压力降低至 7.00 MPa,采空区后方边界煤柱底板压力升高,压力峰值出现在 25 m 处,峰值大小为 13.00 MPa 左右,工作面前方底板升高压力与 W1145 采空区后方煤体升高的底板压力相互叠加,形成了一个单峰值的双重叠加压力升高区,峰值出现在 W1145 采空区后方 60 m 处,压力约为 19.00 MPa。

图 6-12 为 W1123 工作面在高应力区回采覆岩垮落特征。在 W1145 工作面回采后方 100 m 处煤体底板压力增高,当下方 W1123 工作面回采到压力增高区域时,工作面支架来压整体呈现增大趋势,当工作面回采 300 m 移架前,距离上部覆岩采空区 84 m,支架压力为 28.52 MPa;当工作面回采 376.8 m 移架前,距离上部覆岩采空区 7.0 m,支架压力为 31.73 MPa,支架压力相对较高。W1123 工作面覆岩垮落角 74°,其破断线与 W1145 工作面采空区后方覆岩破断线方向交叉,覆岩形成一个"倒梯形"承载结构,增大下方支架压力和底板压力。

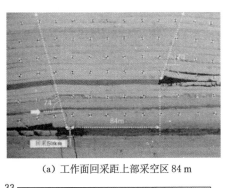

(a) 工作面回采距上部采空区 84 m　　　　(b) 工作面回采距上部采空区 7 m

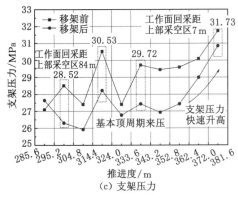

(c) 支架压力

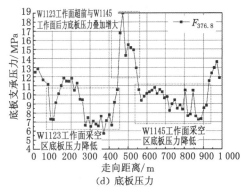

(d) 底板压力

图 6-12　W1123 工作面在高应力区回采覆岩垮落特征

W1123 工作面回采 376.8 m 时,底板原始压力为 10.50 MPa,采空区 150~230 m 范围内的底板压力升高至 12.00 MPa,两端底板压力降低至 6.00 MPa,采空区后方边界煤柱底板压力升高,压力峰值出现在 25 m 处,峰值大小为 13.00 MPa 左右,工作面前方底板压力升高区与 W1145 工作面采空区后方煤体底板压力升高区相互叠加,形成了一个单峰值的双重叠加压力升高区,峰值出现在 W1145 工作面采空区交界位置,其压力达到 19.00 MPa,压力值相对较大。

图 6-13 为 W1123 工作面通过高应力区覆岩垮落特征,当工作面回采 386.4 m 时,在工作面移架前,支架处于 W1145 工作面采空区的交界(回采 386.4 m)之下,其压力值达到 31.95 MPa,支架瞬间被压死,降架后覆岩随之向下运动,工作面上方覆岩产生垂直的剪切裂隙,沟通工作面和上方采空区;在工作面去掉支架后,在前方一个开采步距重新装上支架,上方覆岩"倒梯形"承载结构突然垮落,两侧采空区破断线闭合,由于垮落后的岩层与工作面上方的岩层存在铰接结构,移架后的压力值仍为 108 N;随着工作面继续回采,垮落岩层与工作面覆岩铰接岩层失稳垮落,工作面支架压力降低,在回采的过程中呈现周期性来压。

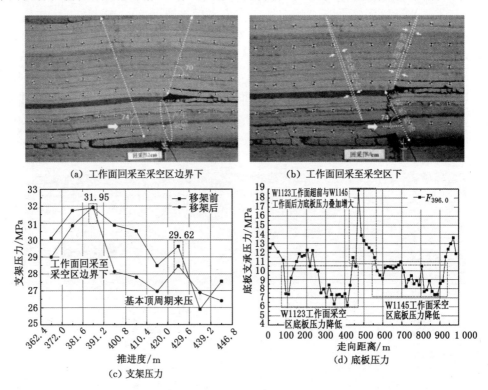

（a）工作面回采至采空区边界下   （b）工作面回采至采空区下

（c）支架压力   （d）底板压力

图 6-13　W1123 工作面通过高应力区覆岩垮落特征

W1123 工作面回采 396.0 m 时,底板原始压力为 10.50 MPa,采空区 150～250 m 范围内的底板压力升高至 12.20 MPa,两端底板压力降低至 6.00 MPa,采空区后方边界煤柱底板压力升高,压力峰值出现在 25 m 处,峰值大小为 13.00 MPa 左右,工作面前方底板压力升高区与 W1145 工作面采空区后方煤体底板压力升高区相互叠加,形成了一个峰值的双重叠加压力升高区,峰值仍然在 W1145 工作面采空区交界位置,即下方 W1123 工作面正在回采的位置,底板压力值为 19.0 MPa。

图 6-14 为 W1123 工作面采空区下回采覆岩垮落特征,由图可知,工作面通过 W1145 工作面后方采空区交界位置,在采空区下方进行回采,工作面处于一种应力释放环境,支架周期来压减小,来压步距增大,当工作面回采 453.6 m 时,距离上部采空区边界 69.6 m,工作面移架前支架压力为 27.32 MPa,当工作面回采 511.2 m 时,距离上部采空区边界 127.2 m,工作面上部主要承载岩层(亚关键层)破断垮落,诱发上部采空区破断岩层向下运

动,支架压力升高为 30.53 MPa,上部采空区边界岩层破断线重新张开,与下方工作面覆岩承载岩层破断线(破断脚)形成一定的夹角。

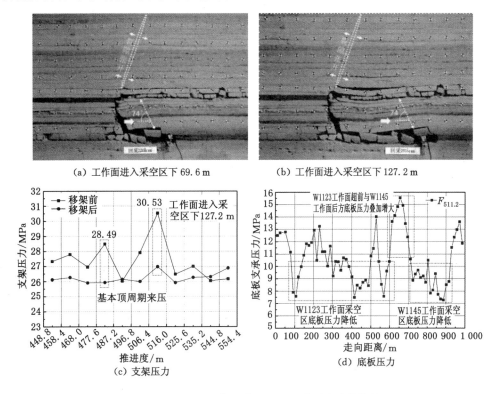

(a) 工作面进入采空区下 69.6 m　　　　(b) 工作面进入采空区下 127.2 m

(c) 支架压力　　　　　　　　　　　　(d) 底板压力

图 6-14　W1123 工作面采空区下回采覆岩垮落特征

　　W1123 工作面回采 511.2 m 时,底板原始压力为 10.50 MPa,采空区 150～360 m 范围内的底板压力升高至 13.20 MPa,两端底板压力降低至 7.30 MPa,采空区后方边界煤柱底板压力升高,压力峰值出现在 51 m 处,峰值大小为 12.90 MPa 左右,工作面前方 112 m 范围内的底板压力升高,压力峰值出现在工作面前方 60 m,峰值大小为 15.50 MPa,工作面后方采空区压实区(500～540 m)由于承受破断后的铰接亚关键层传递的覆岩载荷,结合上方采空区边界铰接结构传递的上部覆岩载荷,底板压力升高,压力峰值为 14.00 MPa。

　　图 6-15 为 W1123 工作面诱发覆岩采空区垮落特征,由图可知,工作面在采空区下进行回采,覆岩亚关键层主要承受上部采空区破断岩层载荷,对上部载荷运动起控制作用,随着工作面回采,直接顶和基本顶周期性垮落,诱发亚关键层破断垮落,上部采空区破断岩层进一步垮落,在工作面回采 588 m 时,覆岩亚关键层再次回转垮落,上部采空区垮落至 166 m,工作面支架压力较小,由于上部采空区岩层属于破断松散岩层,不易形成承载结构,随工作面回采,垮落高度上升较快,当工作面回采 636 m 时,采空区覆岩垮落至模型顶部,工作面移架后支架压力为 29.80 MPa,覆岩亚关键层诱发上部采空区松散岩层进一步垮落,由于岩层的轻度和完整性不同,岩层垮落时产生的破断线和破断角也不相同,下方亚关键层破断线较后且破断角较大,上方松散岩层的破断线较前且破断角较小,形成两种相互联系不同的覆岩垮落系统。

　　W1123 工作面回采 636 m 时,采空区 150～250 m 范围内的底板压力升高至

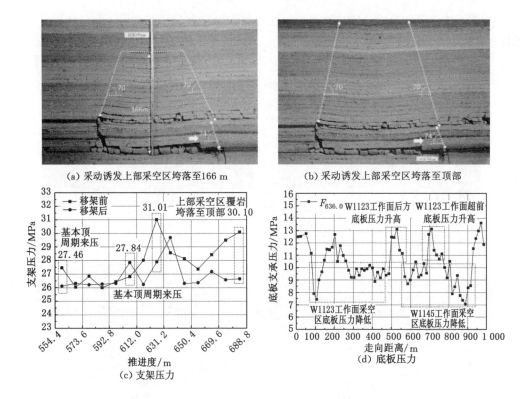

图 6-15　W1123 工作面诱发覆岩采空区垮落特征

12.60 MPa,两端底板压力降低至 7.40 MPa,采空区后方边界煤柱底板压力升高,压力峰值出现在 51 m 位置,峰值大小为 12.80 MPa 左右,工作面前方 60 m 范围内的底板压力升高,压力峰值靠近工作面,峰值大小为 13.10 MPa,工作面后方采空区(500～560 m)压实区由于承受上方采空区边界铰接结构传递的上部覆岩载荷,结合破断后的铰接亚关键层传递的覆岩载荷,底板压力升高,压力峰值为 13.10 MPa。

图 6-16 为 W1123 工作面回采覆岩采空区垮落特征,由图可知,随着采空区覆岩垮落至模型顶部,工作面继续向前回采,直接顶和基本顶周期性垮落,诱发覆岩亚关键层周期性破断失稳,上部采空区岩层随之周期性垮落,在工作面回采的过程中,工作面支架会呈现大小不一的周期来压,当直接顶和基本顶垮落时,支架周期来压较小,来压步距为 19.2～28.8 m;当亚关键层及所控制的上覆岩层垮落时,支架周期来压较大,来压步距为 38.4～48.0 m。在覆岩垮落时,由于覆岩的破断回转,上部采空区松散岩层会在工作面上方形成两条岩层破断线,后方的破断线角度偏小,前方的破断线与亚关键层破断线耦合连接,当工作面回采结束时,上部采空区形成一个梯形覆岩垮落形态。

W1123 工作面回采结束时,B_2 煤层左侧边界煤柱前方压实采空区的底板由于承受上覆边界破断铰接岩层传递的载荷,底板压力会升高,压力峰值为 14.10 MPa;B_4^1 煤层左侧实体煤前方压实采空区的底板同样受到边界破断铰接岩层传递的载荷,底板压力升高,压力峰值为 13.00 MPa,B_2 煤层右侧边界煤柱后方压实采空区底板同样压力值增大,压力峰值达到 15.40 MPa,其余采空区底板由于上方煤体回采和覆岩载荷转移,压力值降低至 7.20 MPa,W1123 工作面两侧边界煤柱底板受到未垮落岩层载荷和覆岩结构传递的载荷,底板压力升高。

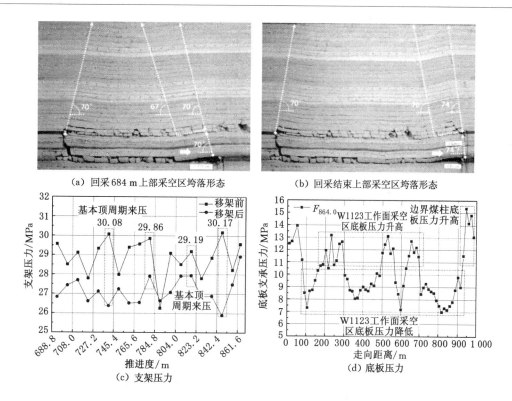

(a) 回采684 m上部采空区垮落形态　　　　(b) 回采结束上部采空区垮落形态

(c) 支架压力　　　　　　　　　　　　(d) 底板压力

图 6-16　W1123 工作面回采覆岩采空区垮落特征

走向 W1123 工作面顶板垮落数据统计见表 6-2。如图 6-17 所示,在走向 B_2 煤层 W1123 工作面回采过程中,随着工作面直接顶垮落,工作面基本顶的横向跨距不断增大,当工作面回采 146.4 m 时,达到基本顶的极限跨距,基本顶初次来压,来压大小为 28.18 MPa,基本顶垮落高度为 28 m,基本顶初次来压过后,随着工作面推进,支架后方悬着的基本顶与已经破断的基本顶岩块铰接构成稳定的组合岩梁,当工作面回采 175.2 m 时,工作面上覆岩层亚关键层初次垮落,带动悬着的基本顶破断,组合梁结构回转失稳,形成工作面较大的周期来压(28.85 MPa),来压过后,覆岩垮落高度达到 46 m;随着工作面继续回采,基本顶经历过几次周期来压后,当工作面回采 242.4 m 时,工作面上覆岩层主关键层初次垮落,形成工作面较大的周期来压(28.80 MPa),来压过后,覆岩垮落高度达到 114 m;在工作面继续推进过程中,工作面基本顶来压呈现周期性,共发生 20 次周期来压,来压大小为 27.46~32.95 MPa,除初次来压步距 146.4 m 外,其余来压步距介于 9.6~48.0 m,其中基本顶岩层垮落形成工作面小的来压,工作面上覆岩层亚关键层和主关键层垮落造成工作面大的来压;下部 B_2 煤层回采过程中,W1123 工作面分别在上部 B_4^1 煤层实体煤区、实体煤支承压力升高区和采空区下回采时会形成不同的来压特征,在实体煤区下(0~290.4 m)回采,共发生 6 次周期来压,来压大小为 28.18~28.85 MPa,来压步距为 19.2~38.4 m,岩层垮落高度达 190 m;在实体煤支承压力升高区下(290.4~386.4 m)回采,共发生 3 次周期来压,来压大小为 29.72~31.95 MPa(当工作面回采 386.4 m 时,工作面支架压力达到支架所能承受的最大压力 31.95 MPa),来压步距介于 19.2~48.0 m,岩层垮落高度达到模型顶部;在采空区下(386.4~864.0 m)回采,共发生 11 次周期来压,来压人小为 27.46~31.01 MPa,来压步距为 9.6~38.4 m。

表 6-2　走向 W1123 工作面顶板垮落数据统计

周期来压次数/次	1	2	3	4	5	6	7	8	9	10
开采长度/m	146.4	175.2	213.6	242.4	261.6	290.4	319.2	338.4	386.4	424.8
基本顶垮落步距/m	146.4	28.8	38.4	28.8	19.2	28.8	28.8	19.2	48.0	38.4
覆岩垮落高度/m	28	46	80	114	160	190	352	352	352	352
周期来压次数/次	11	12	13	14	15	16	17	18	19	20
开采长度/m	482.4	511.2	559.2	607.2	626.4	684	741.6	780	818.4	847.2
基本顶垮落步距/m	28.8	14.4	24.0	24.0	9.6	28.8	28.8	19.2	19.2	14.4
覆岩垮落高度/m	352	352	352	352	352	352	352	352	352	352

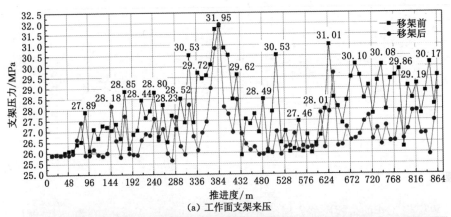

(a) 工作面支架来压

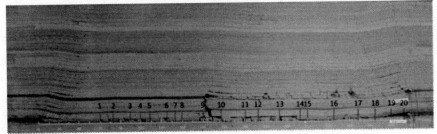

(b) 工作面支架来压位置分布

图 6-17　W1123 工作面回采过程中支架来压特征

6.3　倾向工作面矿压规律研究

6.3.1　倾向工作面矿压显现监测方案

　　根据物理相似材料模拟倾向实验方案,倾向模型布置 4 个工作面(W1143、W1145、W1121 和 W1123),对 4 个工作面先后进行回采,使用一个支架压力传感器,在工作面回采之前,对工作面煤层开切眼,安装支架压力传感器,升高支架压力至工作面的模拟初撑力,每个工作面分 10 次进行回采,类似于走向模型工作面回采工艺,倾向模拟工作面的一个回采工艺循环同样包括:升架—回采—移架—升架;在一个工作面回采结束后,拆掉支架进行下一个工作面回采,底板压力传感器并排安装在模拟岩层的最底层,在模型铺装之前进行安装,倾向模型长度为 300 cm(模拟 600 m),总共安装 60 个底板压力传感器。走向压力传感器布置如图 6-18 所示。

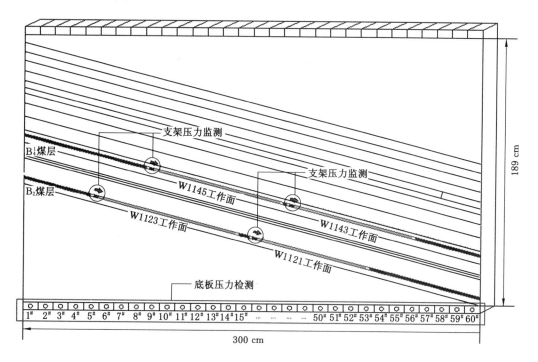

图 6-18　倾向压力传感器布置

6.3.2　倾向 B_4^1 煤层工作面矿压监测结果分析

根据矿井工作面煤层实际开采顺序,在倾向模型工作面回采之前,先掘进工作面的回风巷和运输巷,再进行工作面回采,工作面均由回风巷向运输巷方向回采,工作面的回采顺序为:W1143→W1145→W1121→W1123;按照回采方案,在倾向模型工作面两侧掘进回风巷和运输巷,从回风巷向开切眼安装支架压力传感器,升高支架压力至支架模拟初撑力,向运输巷方向开始回采工作面,每个工作面回采 10 次,倾向模型 4 个工作面总共回采 40 次。

图 6-19 为 W1143 工作面回采后覆岩垮落特征,由图可知,工作面在回采 98.4 m 移架后,支架压力增大至 29.98 MPa,移架后下位直接顶突然垮落,支架压力升高,属于工作面下位直接顶初次来压;随着工作面继续向前回采,下位直接顶周期性垮落,支架压力呈现周期性增大,工作面回采完以后,下位直接顶完全垮落,工作面支架压力升高至 30.24 MPa。W1143 工作面回采完以后,工作面采空区底板压力降低,工作面两侧压力升高,压力峰值为 11.20 MPa 左右,采空区压力降低至 8.50 MPa。

图 6-20 为 W1145 工作面回采后覆岩垮落特征,由图可知,工作面在回采 105.0 m 移架前,支架压力增大至 27.51 MPa,移架后下位直接顶突然垮落,支架压力降低,属于工作面下位直接顶初次来压;随着工作面继续向前回采,下位直接顶周期性垮落,支架压力呈现周期性增大,工作面回采完以后,下位直接顶完全垮落,工作面支架压力升高至 28.80 MPa。W1145 工作面回采完以后,工作面采空区底板压力降低,工作面两侧压力升高,其中上侧煤

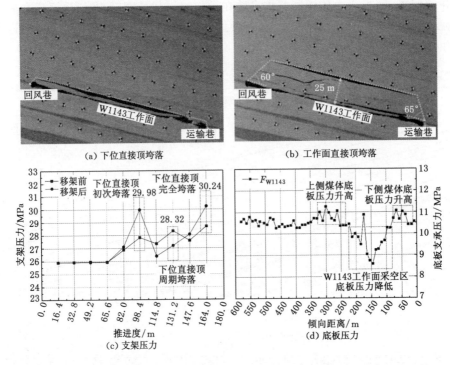

图 6-19　W1143 工作面回采后覆岩垮落特征

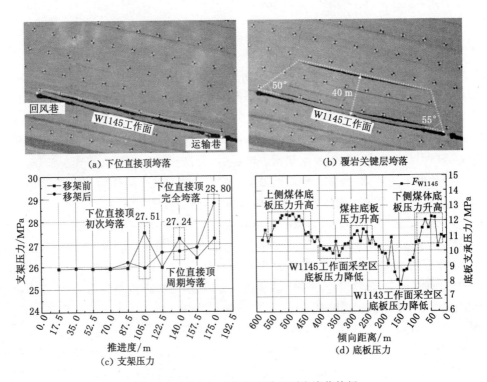

图 6-20　W1145 工作面回采后覆岩垮落特征

体底板压力升高幅度大于煤柱底板压力升高幅度,上侧煤体底板压力峰值为 12.50 MPa 左右,煤柱底板压力峰值为 11.50 MPa,采空区压力降低至 9.70 MPa。

6.3.3 倾向 B_2 煤层工作面矿压监测结果分析

图 6-21 为 W1121 工作面回采后覆岩垮落特征,由图可知,工作面在回采过程中,由于上部 B_1^1 煤层区段煤柱强支承压力,在煤柱垂直下方顶板形成较大的集中应力,随着工作面推进,顶板在高集中应力作用下发生弯曲,顶板上方亚关键层随着顶板弯曲不断积聚能量,使得工作面支架压力升高,当工作面回采 60.8 m 移架后,支架压力增大至 27.15 MPa,移架后顶板产生裂隙,支架压力继续升高,当工作面回采结束时,采空区顶板在煤柱下侧产生了较明显的裂隙,支架压力达到 30.05 MPa,由于采空区顶板产生了较大的变形以及亚关键层积聚很大的弹性能,在工作面移架后,采空区顶板突然垮落,垮落高度为 72 m,在垮落岩层的上方形成平衡拱,将覆岩重量向两侧煤体转移。W1121 工作面回采结束后,工作面采空区底板压力降低,工作面两侧压力升高,其中上侧煤体底板压力升高幅度大于下侧煤体底板压力升高幅度,上侧煤体底板压力峰值为 15.00 MPa 左右,下侧煤体底板压力峰值为 14.00 MPa,采空区压力降低至 7.00 MPa。

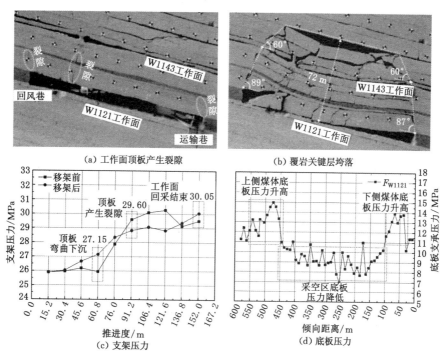

图 6-21 W1121 工作面回采后覆岩垮落特征

图 6-22 为 W1123 工作面回采后覆岩垮落特征,由图可知,在工作面回采 97.2 m 移架前,支架压力增大至 27.27 MPa,移架后直接顶弯曲下沉,支架压力降低;随着工作面继续向前回采,支架压力缓慢降低,工作面回采 162 m 移架前,压力突然增高,此时回采结束,顶板产生裂隙,支架压力增大至 27.92 MPa。W1123 工作面回采结束后,工作面采空区底板压力降低,工作面两侧压力升高,其中上侧煤体底板压力峰值为 14.60 MPa,煤柱底板压力峰值为 12.00 MPa,采空区压力降低至 5.80 MPa。

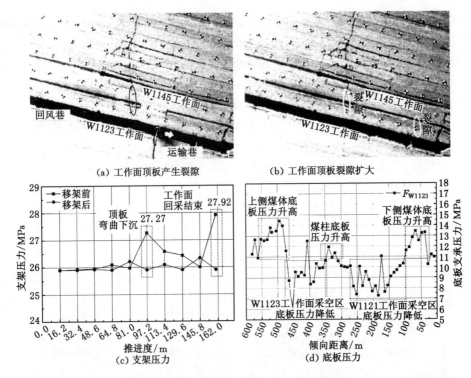

（a）工作面顶板产生裂隙　　　（b）工作面顶板裂隙扩大

（c）支架压力　　　（d）底板压力

图 6-22　W1123 工作面回采后覆岩垮落特征

6.3.4　倾向不同煤柱宽度矿压监测结果分析

按照倾向物理相似材料模拟实验方案，在 W1123 工作面回采结束后，进行 B_2 煤层不同宽度区段煤柱留设实验，煤柱留设宽度包含：30 m、25 m、20 m、15 m、13 m、10 m 和 8 m，在 W1123 工作面回采结束后，区段煤柱宽度为 30 m，煤柱留设从 30 m 向 8 m 进行。

图 6-23 为 30 m 煤柱覆岩垮落特征，由图可知，在上区段 W1123 工作面回采结束时，B_2 煤层区段煤柱宽度为 30 m，煤柱承受来自上区段 W1123 工作面采空区倾斜岩梁和下区段 W1121 工作面采空区覆岩平衡拱传递的载荷，区段煤柱形成较大的支承压力，下区段工作面采空区的底板仅仅平衡拱内部垮落岩层的重量，支承压力较小，上区段 W1123 工作面顶板未垮落，采空区底板没有承受任何岩层重量，底板支承压力小。

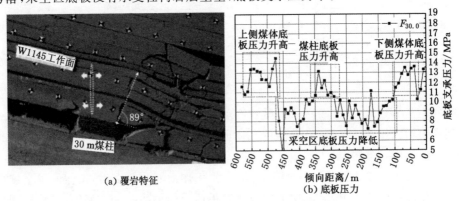

（a）覆岩特征　　　（b）底板压力

图 6-23　30 m 煤柱覆岩垮落特征

图 6-24 为 25 m 煤柱覆岩垮落特征,由图可知,在 B_2 煤层留设 25 m 区段煤柱时,上区段 W1123 工作面采空区顶板岩层弯曲下沉,在区段煤柱上侧产生拉裂隙,下区段 W1121 工作面采空区覆岩以及垮落岩层无明显运动,采空区底板支承压力无明显变化,由于区段煤柱宽度变窄,覆岩载荷不变,煤柱底板压力稍微升高,煤柱内部能量积聚。

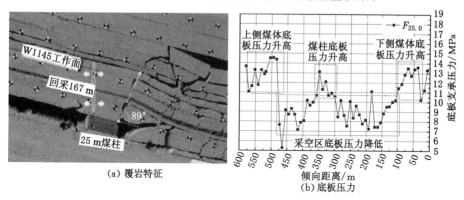

图 6-24　25 m 煤柱覆岩垮落特征

图 6-25 为 20 m 煤柱覆岩垮落特征,由图可知,在 B_2 煤层留设 20 m 区段煤柱时,上区段 W1123 工作面采空区顶板弯曲下沉,在区段煤柱上侧产生较为明显的裂隙,下区段 W1121 工作面采空区破断岩层没有明显的运动,采空区底板压力无变化,煤柱宽度相对变窄,上覆岩层重量无变化,煤柱底板支承压力升高。

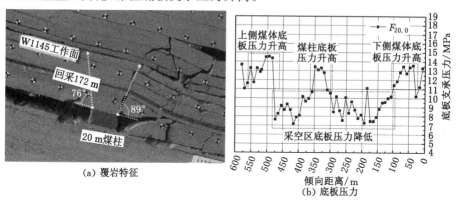

图 6-25　20 m 煤柱覆岩垮落特征

图 6-26 为 15 m 煤柱覆岩垮落特征,由图可知,在 B_2 煤层留设 15 m 区段煤柱时,上区段 W1123 工作面采空区顶板弯曲挠度以及倾斜跨度达到极限,采空区顶板破断垮落,破断岩层与上下两侧岩层铰接形成稳定结构,顶板岩层垮落使采空区底板压力升高,覆岩载荷转移,下侧区段煤柱底板压力略有减小,下区段 W1121 工作面采空区覆岩无明显运动,采空区底板支承压力无明显变化。

图 6-27 为 13 m 煤柱覆岩垮落特征,由图可知,在 B_2 煤层留设 13 m 区段煤柱时,靠近煤柱上区段 W1123 工作面采空区破断岩层回转,采空区底板支承压力略有升高,下区段 W1121 工作面采空区覆岩无明显的运动,区段煤柱宽度由于煤柱宽度变窄,覆岩载荷无变化,煤柱内部弹性能积聚,底板压力稍微升高。

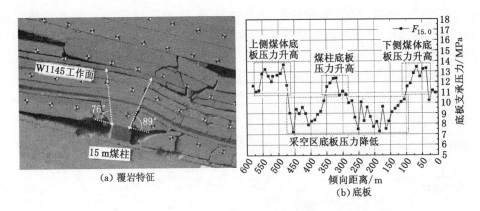

图 6-26　15 m 煤柱覆岩垮落特征

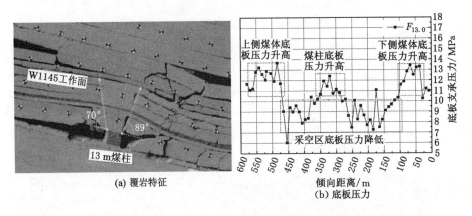

图 6-27　13 m 煤柱覆岩垮落特征

图 6-28 为 10 m 煤柱覆岩垮落特征，由图可知，在 B_2 煤层留设 10 m 区段煤柱时，靠近煤柱上区段采空区破断岩层回转，采空区底板支承压力略有升高，下区段采空区覆岩无明显的运动，区段煤柱宽度由于变窄，底板压力稍微升高，煤柱内部弹性能积聚。

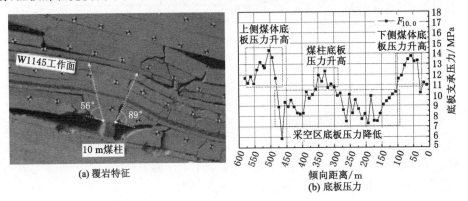

图 6-28　10 m 煤柱覆岩垮落特征

图 6-29 为 8 m 煤柱覆岩垮落特征，由图可知，在 B_2 煤层留设 8 m 区段煤柱时，由于承受其上方双拱结构传递的覆岩重量，以及在煤柱形成的过程中积聚大量的弹性能，加之煤柱

宽度较小，使得煤柱在极大的载荷和双拱结构破断释放的巨大能量共同作用下区段煤柱破坏失稳，区段煤柱上方覆岩迅速下沉，两侧靠近煤柱采空区被压实，煤柱底板支承压力降低，两侧采空区底板压力升高。

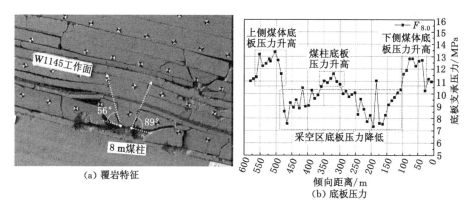

图 6-29　8 m 煤柱覆岩垮落特征

　　综上所述，工作面煤层沿倾向进行回采时，在覆岩垂直应力和倾斜挤压力作用下，覆岩不易垮落，容易形成覆岩大结构，倾向 B_4^1 煤层下区段 W1143 工作面回采结束后，当移除支架一段时间后基本顶垮落(图 6-30)，主关键层在重力和倾斜构造应力共同作用下形成倾斜平衡拱结构承载上覆岩层的重量，当上区段工作面回采结束时，由于工作面上方主关键层承受载荷超过其承载极限而发生破断，破断后的关键块并未垮落失稳，与上下两侧岩层铰接，组成铰接平衡拱结构，依然具有一定的控制作用和承载能力，上区段铰接平衡拱结构与下区段平衡拱结构组成双拱结构共同承载上覆岩层的重量，并将上覆岩层的载荷传递至 B_4^1 煤层上下侧煤体和中间区段的煤柱。

　　倾向 B_2 煤层下区段 W1121 工作面回采过程中，上煤层区段煤柱在垂直下方形成了较高的集中应力，在 W1121 工作面回采结束后，沿倾向工作面顶板在集中应力作用下产生很大变形挠度，岩层中的亚关键层积聚了很大弹性能，当移除工作面支架后，在极大载荷和能量作用下，亚关键层及其所控制的岩层突然破断垮落，导致上方煤层区段煤柱及所支承的双拱结构的拱脚垮落，在 W1121 工作面垮落岩层上方形成新的铰接平衡拱结构，将覆岩的重量传递至两侧的岩层上；在 B_2 煤层上区段 W1123 工作面回采结束后，由于上区段工作面埋深较浅和下区段工作面回采对覆岩载荷的释放作用，以及工作面覆岩坚硬亚关键层的存在，采空区顶板仍保持较好的完整性和强度，形成一种完整的倾斜岩梁结构，与下区段铰接平衡拱结构将上覆岩层的重量传递至上下侧煤体和中间区段煤柱上。

　　在 B_2 煤层上区段 W1123 工作面回采结束后，形成 30 m 区段煤柱，支承着覆岩上区段倾斜岩梁和下区段铰接拱结构传递的岩层重量；当区段煤柱宽度为 15 m 时，上区段工作面的顶板倾斜岩梁结构的跨度和变形挠度达到极限，采空区顶板从中部破断垮落，垮落高度至主关键层，在岩层垂直重力和倾斜挤压力的作用下，主关键层下方岩层与两侧岩层组成一种稳定的平衡拱结构，与下区段覆岩平衡拱组成双拱结构，共同承受上部岩层的重量，将岩层的载荷传递至上下侧煤体和中间的区段煤柱；当区段煤柱宽度为 8 m 时，在双拱结构传递的极大载荷和内部积聚的巨大能量共同作用下区段煤柱破坏失稳，两侧工作面采空区连为

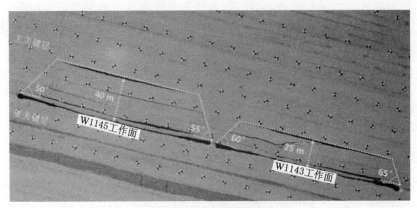

(a) 倾向B₁煤层工作面回采

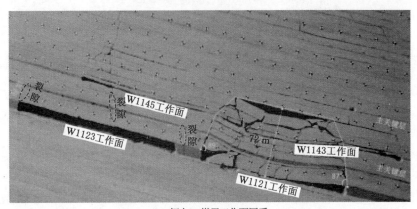

(b) 倾向 B₂煤层工作面回采

图 6-30　倾向煤层回采覆岩结构演化特征

一体,上方覆岩迅速下沉,破断的主关键块形成临时的铰接结构整体下沉,主关键层上方覆岩破坏高度迅速向上发展,抵达模型顶部,此时覆岩中已不存在大的结构,主关键层上方覆岩直接以载荷的形式作用于采空区,煤柱两侧采空区被压实,如图 6-31 所示。

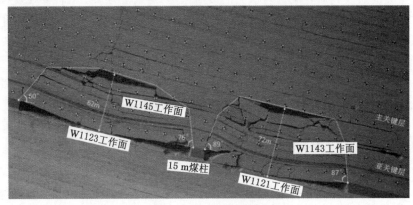

(a) 倾向 B₂煤层15 m区段煤柱

图 6-31　倾向煤层回采煤柱时的覆岩结构演化特征

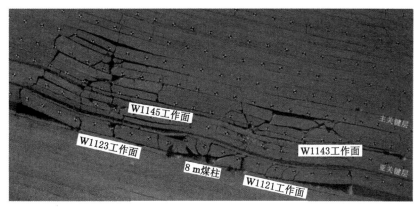

(b) 倾向 B₂ 煤层 8 m 区段煤柱

图 6-31　（续）

6.4　本章小结

在物理相似材料模拟实验中采用照相机、支架压力传感器和底板压力传感器等设备，对模型回采过程中工作面周围压力变化进行实时监测，得出以下结论：

（1）在走向物理相似材料模型回采 W1145 工作面过程中，采空区上覆岩层存在拱形大结构以及两端存在铰接岩梁结构，将覆岩大部分重量传递至采空区后方的煤体和工作面前方的煤体，从而在采空区后方煤体和工作面前方形成应力升高区，工作面前方的应力升高区也是超前支承压力区，超前支承压力峰值主要出现在 60 m 左右处，超前支承压力影响范围主要为煤壁前方 100 m 范围内。在 W1123 工作面回采过程中，覆岩也形成相应的拱形结构，超前支承压力影响范围主要为煤壁前方 100 m 范围内；当工作面在实体煤支承压力升高区下回采时，超前支承压力峰值主要出现在 60 m 左右处，超前支承压力影响范围主要为煤壁前方 100 m 范围内；当工作面在采空区下回采时，超前支承压力峰值主要出现在 60 m 左右处，超前支承压力影响范围主要为煤壁前方 110 m 范围内。

（2）在倾向物理相似材料模型回采 B_2^1 煤层过程中，在覆岩垂直应力和倾斜挤压力作用下，覆岩不易垮落，容易形成覆岩大结构，W1143 工作面回采结束后，当移除支架一段时间后基本顶垮落。主关键层在重力和倾斜构造应力共同作用下形成倾斜平衡拱结构承载上覆岩层的重量，当上区段工作面回采结束时，由于工作面上方主关键层承受载荷超过其承载极限而发生破断，破断后的关键层并未垮落失稳，与上下两侧岩层铰接，组成铰接平衡拱结构，依然具有一定的控制作用和承载能力，上区段铰接平衡拱结构与下区段平衡拱结构组成双拱结构共同承载上覆岩层的重量，并将上覆岩层的载荷传递至 B_2^1 煤层上下侧煤体和中间区段的煤柱。倾向 B₂ 煤层下区段在 W1121 工作面回采结束后，沿倾向工作面顶板在集中应力作用下产生很大变形挠度，当移除工作面支架后，在极大载荷和能量作用下，亚关键层及其所控制的岩层突然破断垮落，导致上方煤层区段煤柱及所支承的双拱结构的拱脚垮落；在 B₂ 煤层 W1123 工作面回采结束后，采空区顶板保持较好的完整性和强度，形成一种完整的倾斜岩梁结构，与下区段铰接平衡拱结构将上覆岩层的重量传递至上下侧煤体和中间区段煤柱上。

（3）不同煤柱宽度的矿压显现规律显示：当区段煤柱宽度为 15 m 时，采空区顶板从中部破断垮落，垮落高度至主关键层，在岩层垂直重力和倾斜挤压力的作用下，主关键层下方岩层与两侧岩层组成一种稳定的平衡拱结构，与下区段覆岩平衡拱组成双拱结构，共同承受上部岩层的重量；当区段煤柱宽度为 8 m 时，区段煤柱破坏失稳，两侧工作面采空区连为一体，上方覆岩迅速下沉，破坏高度迅速向上发展，抵达模型顶部，此时主关键层上方覆岩直接以载荷的形式作用于采空区，煤柱两侧采空区被压实。

7　重复采动下覆岩破断规律及冲击危险性研究

随着我国矿井开采深度和开采强度的增加,动力灾害发生频率和强度都在逐年增加,矿山安全、高效开采受到严重制约[24]。以煤矿为例,坚硬顶板是诱发动力灾害的主要因素之一,在煤层开采后顶板不易垮落,产生工作面悬顶距过大、应力集中、能量集聚等现象,一旦顶板出现垮落将会引发冲击地压、岩爆等危及井下设备安全和工作人员生命的灾难[25-27]。这种动力灾害具有发生频次高、突发性强、来压剧烈和破坏范围广等特点,给矿井安全生产带来严重威胁[28-31]。为此国内外学者进行了深入研究,潘一山等[32]在对我国冲击地压分布状况研究基础上,将冲击地压分为煤体压缩型、顶板断裂型和断层错动型,并对其发生机理进行了研究;蓝航等[33]通过对现场工作面冲击地压监测分析,获得了冲击地压发生机理,认为坚硬厚层顶板是冲击地压发生的主要力源;吕进国等[34]通过对断层诱发冲击地压的典型案例分析,发现坚硬顶板受断层切割后,易造成顶板大面积运动,为冲击地压的发生提供了动载条件;庞绪峰[35]通过对坚硬顶板孤岛工作面冲击地压发生机理研究,阐释了坚硬顶板孤岛工作面在不同情况下、不同区域的冲击地压机理及其判别准则;李新华等[36]分析了坚硬直接顶下采煤工作面冲击地压的能量来源和致灾机理,得到坚硬直接顶周期破断引起的动载增大了工作面冲击地压危险的结论。

在冲击地压预防方面,近年来国内外学者运用了多种监测方法和技术手段,为冲击地压的预测和防治奠定了良好的基础。文献[37～40]基于声发射监测,分析了坚硬顶板破断过程中声发射特征,并从声发射能量分布和波形变化等方面,提出了利用声发射信号作为工作面发生冲击地压的前兆信息,建立了基于声发射特征为指标的冲击地压预测方法;文献[41～43]基于微震、电磁辐射等监测,结合工作面压力特征,建立了冲击地压多指标预测与评价系统,在现场工程实践中取得了较好效果;文献[44～45]介绍了数值模拟在冲击地压灾害模拟中的应用,结果表明数值模拟对冲击地压能够起到很好的模拟效果。

上述学者在实验室研究、数值模拟和现场实测方面取得了丰硕的成果,但目前对坚硬顶板工作面冲击地压预防研究多侧重于单一煤层,对于多煤层重复采动下坚硬顶板破断规律和冲击地压预防探究相对较少。基于以上分析,本章以宽沟煤矿 W1123 工作面开采为背景,采用物理相似材料模拟的方法监测了 W1123 工作面开采过程中声发射特征,通过数值模拟揭示了 W1123 工作面开采过程中应力演化规律,并结合现场资料,对坚硬顶板工作面重复开采下覆岩破断和冲击危险区进行了研究。

7.1　工程背景

图 7-1 为宽沟煤矿工作面布置平面示意图。宽沟煤矿位于新疆昌吉回族自治州呼图壁

县雀尔沟镇,地理坐标为:东经 $86°27'12''\sim86°34'27''$,北纬 $43°45'08''\sim43°47'33''$。采用煤层下行、区段上行式的开采顺序。W1143、W1145 工作面位于 B_4^1 煤层,该煤层已开采完毕。W1121、W1123 工作面位于 B_2 煤层,W1121 工作面为已开采完毕,W1123 工作面正在开采,两层煤之间的距离约为 42.9 m。由于 W1145 工作面较短,W1123 工作面上方将有一部分实体煤和一部分采空区,这给 W1123 工作面坚硬顶板的控制带来了困难。以 W1123 工作面综放开采为例,进行了物理相似材料模拟实验。B_2 煤层全厚 $5.05\sim14.58$ m,平均11.3 m,倾角 $12°\sim14°$。W1123 工作面位于 B_2 煤层西翼,走向长 1 468 m,倾向长 192 m,埋深 $370\sim416$ m,采用区段上行式综采放顶煤开采。W1123 工作面直接顶板平均厚度7.6 m,主要由细砂岩和粉砂岩组成,其单轴抗压强度为 93.55 MPa,属于坚硬、难软化岩石;基本顶平均厚度为 8.5 m,主要成分为粗砂岩,单轴抗压强度为 115.25 MPa,属于坚硬、难软化岩石;底板为泥岩,平均厚度为 5.76 m,主要为粉砂岩,属软岩。

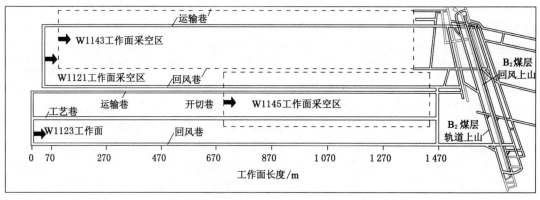

图 7-1　宽沟煤矿工作面布置平面示意图

7.2　监测原理及实验模型构建

7.2.1　声发射监测原理与监测装置

图 7-2 为物理相似材料模拟实验声发射监测系统图。本次实验配备了 SAEU2S 声发射监测系统,用于监测煤层开采过程中覆岩破断释放能量的大小和声发射事件的数量,通过对声发射信号监测分析,可以揭示工作面开采过程中覆岩破断规律,为开采过程中冲击地压发生的危险性进行评估。

7.2.2　物理相似材料模型构建与声发射监测布局

以宽沟煤矿 W1123 工作面为背景建立,如图 7-3 所示的物理相似材料实验模型。具体为采用 5.0 m×0.3 m×2 m(长×宽×高)的平面应变模型架,构建尺寸为 5.0 m×0.3 m×1.89 m(长×宽×高)的实验模型,模型的几何相似比为 1∶200(模型∶原型)。实验前开展岩石力学试验,获取煤岩样的物理力学参数,确定合理的相似材料配比,实验模型铺装时采用河沙、大白粉、熟石膏、云母、水等主要材料,在对煤层进行配比时加入粉煤灰,岩层之间用云母分开后夯实。由于模型框架高度有限,实验无法模拟工作面实际埋深。因此,有必要在模型架顶部铺装铁砖来代替未模拟的覆岩荷载。根据相关换算,在模型架顶部平均铺一层铁砖(厚 10 cm),代替 40 m 未模拟岩层。

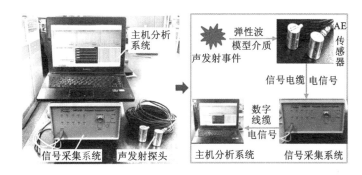

图 7-2　物理相似材料模拟实验声发射监测系统图

图 7-3　宽沟煤矿 W1123 工作面物理相似材料模型

图 7-4 为实验模型示意图。在实验模型中,首先开采位于 B_2 煤层上部的 W1145 工作面,待 W1145 工作面开采结束且覆岩破坏稳定后,开始回采 W1123 工作面,在 B_2 煤层距模型左边界 38 cm 处开切眼,在距模型右边界 30 cm 处停止开采。由于 W1145 工作面较短,在 W1123 工作面上方将有一部分固体煤(192 cm)和一部分采空区(240 cm),由于现场开采中,W1145 工作面每天开采 8 m,根据 1:200(模型:原型)的几何相似比,实验中 W1145 工作面每次开采 4 cm,共开采 60 次。W1145 工作面开采结束后,开始开采 W1123 工作面。由于现场开采中,W1123 工作面每天开采 2.4 m,所以实验中 W1123 工作面每次开采 1.2 cm,共开采 360 次。对采动过程中覆岩破断的声发射信号进行监测分析,可以揭示工作

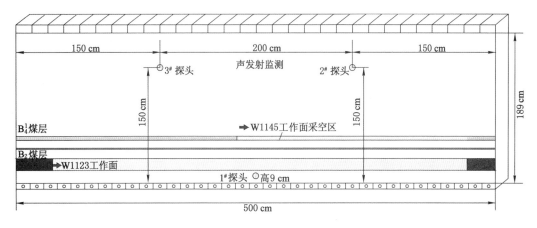

图 7-4　实验模型示意图

面开采过程中覆岩破断规律,为评估冲击地压发生的可能性提供依据。

由于模型开采过程中对工作面顶板影响较大,为准确监测覆岩破坏时声发射信号特征,在 B_2 煤层下方埋 1 个声发射探头,在 B_2 煤层顶板上方埋 2 个声发射探头。实验前对声发射装置进行了调试。设定门槛值为 40 dB,采样频率为 10 MHz,滤波频率为 20~100 kHz,声发射传感器通过耦合剂嵌入模型中。

7.3 基于声发射监测的覆岩破断模拟

7.3.1 声发射大能率事件的定义

通过对工作面开采过程中覆岩破坏释放能量大小和破坏声发射事件数进行监测分析,可以反映工作面开采过程中覆岩破断情况,从而掌握模型工作面在开采扰动条件下的岩层运动规律。声发射事件数(n)与煤岩体的非线性变形间存在以下关系[46]:

$$n = a(\frac{d\varepsilon_v}{dt})b \tag{7-1}$$

式中 a, b ——常数,b 一般大于 1;

ε_v ——煤岩体体积应变。

冲击性煤岩体在达到扩容应力后,即当:

$$\frac{\partial \varepsilon_v}{\partial \sigma_1} = 0 \tag{7-2}$$

煤岩体变形进入非线性扩容阶段(式中 σ_1 为最大主应力),体积开始迅速扩张,微裂隙不断扩展向大的断裂发展,声发射事件数(n)明显增加。煤岩体声发射事件数及强度增加,说明煤岩体中内应力增大,因此可以采用实测声发射参量确定煤岩体开采扰动下的冲击危险性。

声发射事件能率 E_r 的变化速度反映单位推进度内声发射平均能量的波动,其相应表达式为:

$$E_r = \frac{E_i}{N_i} \tag{7-3}$$

式中 E_i ——第 i 次推进度内声发射能量总和;

N_i ——第 i 次推进度内声发射振铃计数总和,本次实验 i 取 1~360 次。

$\overline{E_r}$ 表示开采过程中声发射平均能率,其相应表达式为:

$$\overline{E_r} = \overline{\sum_{i=1}^{360} \frac{E_i}{N_i}} \tag{7-4}$$

对于煤岩体单位推进度内声发射能率 E_r 的变化速度,其相应偏差值 X_i 表达式为:

$$X_i = \frac{E_r - \overline{E_r}}{\overline{E_r}} \times 100\% \tag{7-5}$$

将式(7-3)和式(7-4)代入式(7-5)得:

$$X_i = \frac{\frac{E_i}{N_i} - \overline{\sum_{i=1}^{360} \frac{E_i}{N_i}}}{\overline{\sum_{i=1}^{360} \frac{E_i}{N_i}}} \times 100\% \tag{7-6}$$

上述分析采用声发射连续监测法获得数据,通过对工作面开采过程中声发射事件能率及声发射能率偏差值分析,可以对冲击危险性程度进行理论划分[47-48]。

对本次实验声发射监测数据统计分析可得,开采过程中声发射平均能率 $\overline{E_r} = 2.04\ mV \cdot \mu s/N$,将 $E_{ri} \leqslant 2.04\ mV \cdot \mu s/N$ 代入式(7-5),得 $X_i \leqslant 0$,认为此时工作面无冲击危险性。

对 W1123 工作面开采过程中声发射能率分布统计,若将声发射能率 E_r 位于 $0 \sim 4.08\ mV \cdot \mu s/N$ 对应区间作为置信区间,对应的置信水平和显著水平分别为 90% 和 10%,综上将声发射能率 $E_r = 4.08\ mV \cdot \mu s/N$ 作为本次实验声发射大能率事件临界值,将 $2.04\ mV \cdot \mu s/N < E_{ri} \leqslant 4.08\ mV \cdot \mu s/N$ 代入式(7-5),可得 $0 < X_i \leqslant 1$,认为此时工作面存在弱冲击危险性。

考虑到实验中声发射能率 E_r 最大值为 $5.59\ mV \cdot \mu s/N$ 等情况,将 3 倍声发射平均能率 $6.12\ mV \cdot \mu s/N$ 作为临界值,将 $4.08\ mV \cdot \mu s/N < E_{ri} \leqslant 6.12\ mV \cdot \mu s/N$ 代入式(7-5),可得 $1 < X_i \leqslant 2$,认为此时工作面有强冲击危险性。

由以上分析将 4 倍声发射平均能率 $8.16\ mV \cdot \mu s/N$ 作为临界值,将 $6.12\ mV \cdot \mu s/N < E_{ri} \leqslant 8.16\ mV \cdot \mu s/N$ 代入式(7-5),可得 $2 < X_i \leqslant 3$,认为此时工作面有极强冲击危险性。

为了更直观地表示工作面冲击危险性划分,用下式概括:

$$C_r = \begin{cases} X_i \leqslant 0 & \text{无冲击危险性} \\ 0 < X_i \leqslant 1 & \text{弱冲击危险性} \\ 1 < X_i \leqslant 2 & \text{强冲击危险性} \\ 2 < X_i \leqslant 3 & \text{极强冲击危险性} \end{cases} \tag{7-7}$$

式中 C_r——冲击危险性程度。

煤岩体发生冲击地压时,E_r 值会出现突变,其变化速率用声发射能率偏差值 X_i 表示,以往研究认为声发射 E_r 值变化幅度大于 $3\ mV \cdot \mu s/N$ 的突变,对煤岩体冲击地压有较好的预测,考虑本次实验声发射平均能率为 $2.04\ mV \cdot \mu s/N$ 等情况,将本次实验声发射能率超过 $3\ mV \cdot \mu s/N$ 的事件定义为有冲击危险性事件,将声发射能率超过 $4.08\ mV \cdot \mu s/N$ 的事件定义为有强冲击危险性事件和大能率事件,以此来分析物理相似材料模拟实验中大能率事件发生的区域及规律。

7.3.2 W1123 工作面声发射大能率事件分布特征

图 7-5 为 W1123 工作面开采过程中声发射能率分布特征。由图 7-5 可以看出,W1123 工作面开采过程中声发射能率值分布范围在 $0 \sim 5.59\ mV \cdot \mu s/N$ 之间,声发射能率平均值为 $2.04\ mV \cdot \mu s/N$,声发射能率值大于 $3\ mV \cdot \mu s/N$ 的有 25 次,其中在 B_4^1 实体煤下开采过程中有 21 次,占比为 84%,在 B_4^1 采空区下开采过程中有 3 次,占比为 12%;声发射能率值大于 $4.08\ mV \cdot \mu s/N$ 的事件有 9 次,均发生在 B_4^1 实体煤下开采过程中。声发射能率值大于 $3\ mV \cdot \mu s/N$ 的事件主要集中在 B_4^1 实体煤下开采过程,位于 $82.4 \sim 231.2\ cm$ 之间。

图 7-6 为 W1123 工作面开采过程中声发射能率偏差值分布特征。由图 7-6 可知,W1123 工作面开采过程中声发射能率偏差值在 $-0.97 \sim 1.62$ 范围内波动,声发射偏差值最小为 -0.97,声发射能率偏差值最大为 1.62,两者之间的差值为 2.59,声发射能率偏差值大于 1 的事件有 9 次,全部发生在 B_4^1 实体煤下,B_4^1 采空区下开采过程中声发射能率偏差值大多小于 0(无冲击危险性),只有个别位置声发射能率偏差值大于 0,但均小于 1(有低冲击危

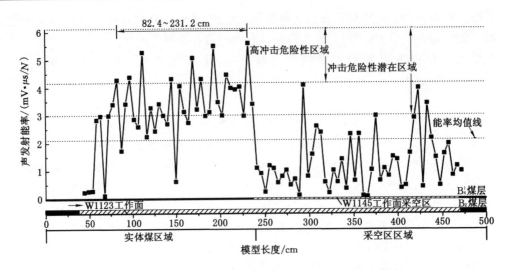

图 7-5　W1123 工作面开采过程中声发射能率 E_i 分布特征

险），声发射能率值整体变化趋势为沉寂—活跃—沉寂，这种趋势在采空区下表现得尤为明显。

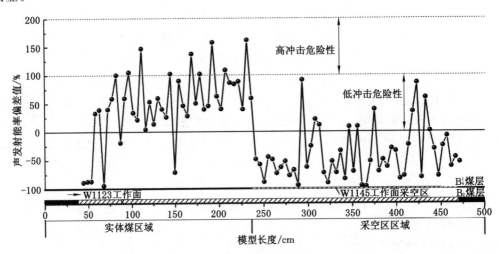

图 7-6　W1123 工作面开采过程中声发射能率偏差值 X_i 分布特征

　　表 7-1 显示了 W1123 工作面声发射大能率事件的分布位置及相应的声发射能率偏差值。由表 7-1 可以看出，声发射大能率事件（声发射能率大于 4.08 mV·μs/N）全部发生在 B_4^1 实体煤下开采过程中，总计 9 次。结合图 7-5 和图 7-6 分析可得，工作面在 B_4^1 实体煤下开采时声发射能率较大，声发射能率多位于均值线以上的高位状态，工作面声发射能率偏差值大多位于 0 值以上的高位状态，声发射能率偏差值变化趋势与模型整体变化趋势一致，表现为"沉寂—活跃—沉寂"趋势，其中工作面在模型 192.8～231.2 cm 开采过程中，声发射能率偏差值发生两次大的突跃，计算可得此时声发射能率均大于 5.5 mV·μs/N，结合模拟工作面开采位置可知，该区域位于 B_4^1 煤层 W1145 工作面开切巷附近。为了掌握 W1123 工作面重复开采过程中不同区域覆岩破坏规律与工作面推进

过程的关系,对 W1123 工作面在 B_4^1 实体煤和采空区开采过程中覆岩破坏释放的能量和声发射事件进行了监测。

表 7-1　W1123 工作面声发射大能率事件发生位置及其偏差值

距离/cm	能率 E_r/(mV·μs/N)	能率偏差值 X_i/%
82.4	4.28	109.80
96.8	4.38	114.71
111.2	5.27	158.33
144.8	4.32	111.76
168.8	5.07	148.53
178.4	4.32	111.76
192.8	5.50	169.61
207.2	4.46	118.63
231.2	5.59	174.02

注:距离是声发射大能率事件发生点到模型左端的距离。

7.3.3　W1123 工作面覆岩破断规律及声发射特征

图 7-7 为 W1123 工作面开采过程中的声发射信号特征。通过对 W1123 工作面采动过程中覆岩破断释放能量和声发射事件的监测,有助于掌握采动影响下覆岩的运移规律。

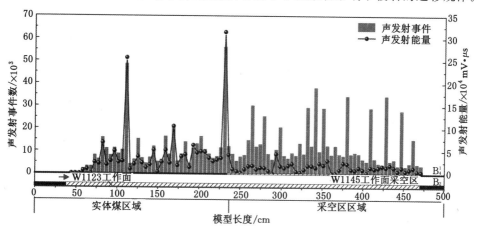

图 7-7　W1123 工作面开采过程中的声发射信号特征

(1) B_4^1 实体煤下开采过程中声发射信号特征

由图 7-7 可知,工作面在 B_4^1 实体煤下开采初期声发射信号较弱,随工作面向前推进,声发射信号逐渐增强,当工作面开采至距模型左端 82.4 cm 附近时,声发射信号出现明显波动,声发射总能量达到了 $6.84×10^4$ mV·μs;总事件数达到了 $1.6×10^4$ 个。从开采情况看,工作面在模型 82.4 cm 附近开采时,直接顶出现初次垮落。之后一段距离开采过程中声发射信号缓慢增强,当工作面开采至距模型左端 111.2 cm 附近时,声发射信号出现突变,声发射总能量值达到了 $2.57×10^5$ mV·μs;总事件数达到了 $4.87×10^4$ 个。从开采情况来看,工作面在模型 111.2 cm 附近开采时,基本顶出现初次垮落,并伴随来压现象,工作面上覆岩层局部出现较大运移。在之后一段距离开采过程中,声发射信号波动明显,总体呈现"沉寂—活跃—沉寂"的变化特征。

图 7-8 为 W1123 工作面在距离模型左端 231.2 cm 附近开采时覆岩破坏特征。结合开采情况,此时工作面位于 B_4^1 实体煤与采空区交界处,当工作面在此时间点附近开采时,覆岩自上而下出现剪切断裂,将工作面与上层采空区连接起来。工作面来压明显,出现顶板支护困难等来压现象。在此阶段开采过程中,声发射信号再次出现跳跃突变,声发射总能量值和总事件数达到模型开采过程中的最大值,分别为 3.14×10^5 mV·μs 和 5.62×10^4 个。

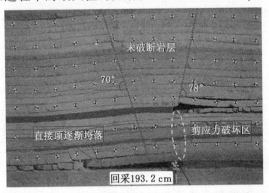

图 7-8 W1123 工作面开采至模型 193.2 cm 时覆岩破坏特征

(2) B_4^1 采空区下开采时声发射信号特征

工作面在上分层采空区下开采初期,声发射信号较弱,当工作面开采至距模型左端 264.8 cm 附近时,声发射信号出现明显波动,声发射总能量值达到了 1.74×10^4 mV·μs,总事件数达到了 3.03×10^4 个,结合工作面开采情况,此时工作面直接顶出现破断垮落。当工作面在模型 293.6 cm 附近开采时声发射信号出现明显变化,声发射总能量值达到了 1.06×10^4 mV·μs,总事件数达到了 4.32×10^4 个,结合工作面开采情况,此时工作面直接顶和基本顶相继发生垮落,诱发上分层采空区压实岩层重新开裂,覆岩运移较剧烈。之后工作面开采过程中声发射信号总体呈周期性波动,表现为单位推进度内声发射总事件数较多、总能量值较小的"高频次低能量"特征,这与工作面上分层采空区压实岩层重新开裂有关。当工作面开采至距模型左端 356.0 cm 附近时,声发射总能量值达到了 1.24×10^4 mV·μs,总事件数达到了 2.89×10^4 个,结合工作面开采情况,此时工作面离层已经发育至模型顶部,之后开采过程中声发射信号波动逐渐减弱并趋于稳定。

综上所述,W1123 工作面在 B_4^1 实体煤下开采过程中,声发射信号波动明显,声发射大能率事件集中出现在模型 82.4 cm 至模型 231.2 cm 范围内,随着工作面推进,声发射信号总体呈"沉寂—活跃—沉寂"的变化趋势。在实体煤下开采过程中,声发射能量值相对较高,反映出实体煤下开采过程中,覆岩破断释放能量较大,容易诱发冲击地压。随着工作面向 B_4^1 采空区下推近,声发射信号逐渐增强,当工作面推进至 W1145 开切巷附近时,声发射信号达到模型开采过程中的最大值。之后工作面在 B_4^1 采空区下开采,声发射信号总体表现为单位推进度内声发射总事件数较多、总能量值较低的"高频次低能量"特征,这与 W1123 工作面在上分层采空区下开采时,上分层采空区压实岩层受开采扰动引起裂隙的重新开裂有关。为了验证 82.4~231.2 cm 范围内的声发射监测结果,笔者继续采用 RFPA 有限元数值模拟方法分析了该地区的应力演化规律。

7.4   覆岩破断过程中应力及声发射分布特征的数值模拟

7.4.1   数值模拟软件的选择及模型建立

RFPA^{2D}(reality failure process analysis 2D)可以计算并动态演示材料从受载到破裂的完整过程,整个系统具有较强的开放性和可扩展性,特别适合于研究局部破坏过程引起的应力重分布对进一步变形破坏过程的影响,以及岩石破坏过程的声发射特性。由于本书需要分析整体结构的特点和应力变化情况,所以选用二维有限差分程序 RFPA^{2D}进行数值计算和分析。

根据宽沟煤矿 W1123 工作面顶底板岩性,对覆岩做均匀化处理,建立尺寸为 500 cm×189 cm 的 RFPA^{2D}数值计算模型(图 7-9)。模型基元取 0.5 cm×0.2 cm,数值模型总基元数共 9.45×10^{5}个。在模型构建过程中充分考虑工作面实际情况,覆岩之间设有层理,模型侧面限制水平移动,底面限制垂直移动,模型底部布置一条应力监测线,用来监测开挖过程中模型应力变化特征,模型开挖与物理相似材料模拟实验一致。

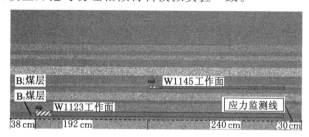

图 7-9   数值计算模型

7.4.2   数值模拟结果分析

图 7-10 显示了工作面开采至模型 82.4 cm 时的数值模拟结果。由图 7-10 可以看出,当工作面开采到模型 82.4 cm 附近时,工作面上方的顶板将在煤壁附近受到破坏。此时,声发射信号明显,破坏点处的声发射将集中在模型工作面及采空区上方,说明断裂将继续沿覆岩节理和层理扩展发育。

由图 7-10 监测线上应力分布特征可知,工作面推进至模型 82.4 cm 附近时,在监测线 Ⅰ、Ⅲ、Ⅴ区域均有应力集中现象,图中 F_3、F_4 是 W1145 工作面残余应力峰值,F_1 为 W1123 工作面残余应力峰值,F_2 是 W1123 工作面超前支承压力峰值,大小为 0.85 MPa,出现在Ⅲ区域 102.4 cm 附近,超前工作面 20 cm 左右。

图 7-11 显示了工作面开采至模型 111.2 cm 时的数值模拟结果。由图 7-11 可以看出,当工作面推进至模型 111.2 cm 附近时,覆岩破坏点向上发育,破坏点声发射数量增加,上覆岩层出现垮落。随着工作面的推进,在监测线 Ⅰ、Ⅲ、Ⅴ区域仍有应力集中现象出现,其中Ⅰ、Ⅴ区域应力变化不大,Ⅲ区应力有所增加,F_2 应力值增加到 1.25 MPa,较上次监测应力值增加 0.40 MPa,此时 F_2 位于Ⅲ区域 124.5 cm 附近,超前工作面 13.3 cm 左右。

图 7-12 显示了工作面开采至模型 231.2 cm 时的数值模拟结果。由图 7-12 可以看出,当工作面开采至模型 231.2 cm 附近时,在监测线 Ⅰ、Ⅲ、Ⅴ区域仍有应力集中现象,其中Ⅰ、

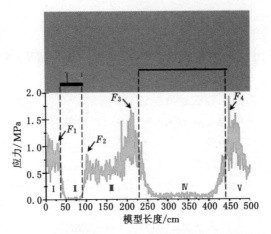

图 7-10 开采至模型 82.4 cm 时声发射和应力特征

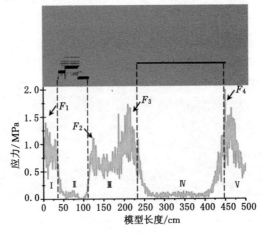

图 7-11 开采至模型 111.2 cm 时声发射和应力特征

Ⅴ区域应力变化不大,Ⅲ区域应力增加明显,最大应力达到了 7.10 MPa,此时 F_2 位于Ⅳ区域 233 cm 附近,超前工作面 1.8 cm 左右。

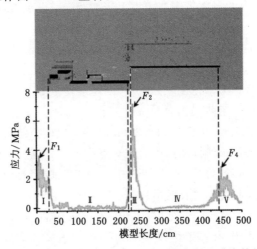

图 7-12 开采至模型 231.2 cm 时声发射和应力特征

图 7-13 显示了工作面开采至模型 250.4 cm 时的数值模拟结果。由图 7-13 可以看出，当工作面开采至模型 250.4 cm 附近时,覆岩逐渐发生破坏失稳,破坏点声发射数量明显增加。当工作面推进至模型 250.4 cm 附近时,在监测线 I、III、V 区域应力集中现象依旧存在,其中III区域应力值下降明显,F_2 应力值下降至 3.60 MPa,较上次监测应力值下降 3.50 MPa,此时 F_2 位于IV区域 251.6 cm 附近,超前工作面 1.2 cm 左右。

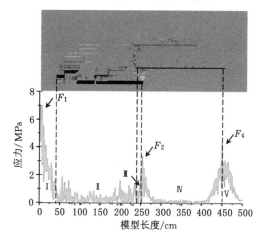

图 7-13　开采至模型 250.4 cm 时声发射和应力特征

利用数值模拟方法再现了 B_4^1 实体煤下开采过程中工作面的应力变化特征。结果表明,在 B_4^1 实体煤下开采过程中,W1123 工作面前方煤壁超前支承压力与 B_4^1 采空区残余应力叠加作用下,覆岩破碎时释放出更多的能量,易诱发冲击地压。从而解释并验证相似模拟实验工作面在 B_4^1 实体煤下开采过程中声发射大能率事件集中发生的原因。

7.5　工作面冲击危险性区域分析与验证

7.5.1　工作面冲击危险区域分析

以上实验结果表明,由于 W1123 工作面顶板坚硬,开采初期声发射信号不明显。当工作面开采至 82.4 cm 附近时,超前支承压力增大,声发射信号增大,声发射大能率事件开始出现,声发射能率达到 4.28 mV·μs/N,冲击地压危险性程度 C_r 值达到 1.09,表明工作面冲击地压危险性开始显现。当工作面在 82.4～111.2 cm 开采时,超前支承压力迅速增大,声发射信号明显波动,声发射能率大于 4.08 mV·μs/N 的事件发生 2 次,冲击地压危险性程度 C_r 值最大达到了 1.58,工作面开采中动压现象明显。工作面在 111.2～231.2 cm 开采过程中,W1123 工作面超前支承压力与 W1145 工作面采空区残余应力叠加,使工作面超前支承压力峰值不断增大,声发射信号明显增强,声发射能率大于 4.08 mV·μs/N 的事件共出现 6 次,其中工作面在 231.2 cm 附近开采时,W1123 工作面超前支承压力增大,与 W1145 工作面采空区残余应力重叠为单峰应力,使 W1123 工作面压力显现,声发射信号再次出现明显波动,出现声发射大能率事件,声发射能率达到 5.59 mV·μs/N,冲击地压危险性程度 C_r 达到 1.74,具有较高的冲击地压危险性。基于以上研究结果,认为 W1123 工作面在 B_4^1 实体煤下开采时具有较高的冲击地压危险性,岩爆危险区主要位于模型的 82.4～

231.2 cm 范围内；认为煤层坚硬顶板和工作面由实体煤向采空区开采过程中的应力集中是诱发 W1123 工作面冲击地压的主要因素。

7.5.2 工程实践验证及建议

根据现场微震能量分布特点，对上述分析结果进行了验证。具体方法是根据几何相似比 1：200（模型：原型）对实验室模型进行扩展，将实验室能量分布特征与现场微震能量分布特征在距离 W1145 工作面开切巷同等长度处进行比较，得到图 7-14。图 7-14 中柱状图为现场能量峰值，折线为实验室能量峰值。从图 7-14 可以看出，现场能量分布与实验室能量分布位置吻合程度较高。随着工作面开采位置接近 W1145 工作面开切巷，能量峰值均呈增长态势，这与 W1123 工作面接近 W1145 工作面开切巷时，冲击地压危险性逐渐增大的结论是一致的。在 W1145 工作面开切巷后，现场能量和实验室能量均呈明显下降趋势，这与工作面在 B_4^1 实体煤下开采时冲击地压危险性较高的结论相吻合。在 W1123 工作面推进过程中，峰值能量大于 1×10^6 J 的事件共发生 11 次，其中峰值能量大于 2×10^6 J 的事件共出现 8 次，分别位于 480～540 m，550～600 m 和 650～700 m 三个区域，如图中虚线框区域，而在物理相似材料模拟实验中，该区域均出现了大的能量事件，这说明在 W1145 工作面开切巷附近产生了能量集聚，这将增加冲击地压灾害事件的发生。

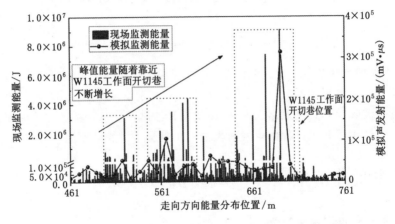

图 7-14　W1123 工作面实际回采过程中微震监测的事件分布

建议对存在冲击危险区域的工作面顶板加强管理，一方面是减小工作面顶板的悬露面积；另一方面是降低煤壁前方的应力集中。具体可在工作面前方的上覆岩层中实施超前深孔预裂爆破、上下端头超前切顶爆破，在控制覆岩破断步距的同时降低高应力的积聚；开采期间工作面卸压应以煤层深孔松动爆破、煤体卸压爆破、大直径空孔为主，提高顶煤的冒放性，同时降低覆岩破断释放能量向工作面空间的传导效率。

7.6　本章小结

（1）通过对物理相似材料模拟实验 W1123 工作面声发射数据统计分析，发现 W1123 工作面开采过程中声发射大能率事件集中出现在 B_4^1 实体煤下，位于模型 82.4～231.2 cm 之间，工作面在 B_4^1 采空区下开采过程中声发射能率多位于均值线以下的低位状态，B_4^1 采空区下声发射信号总体表现为单位推进度内总事件数较多、总能量值较低的"高频次低能量"

特征。

（2）通过数值模拟的应力分布监测，得到模型 82.4～231.2 cm 为应力叠加区域，随着工作面由 B_4^1 实体煤向采空区下推进，W1123 工作面超前支承压力与上分层工作面残余应力叠加，峰值应力不断增加，最终在 B_4^1 煤层 W1145 工作面开切巷附近达到最大值，形成单一的高应力峰值，与物理相似材料模拟中此区域声发射大能率事件频发相印证。

（3）W1123 工作面冲击危险是由工作面顶板坚硬及重复采动过程中应力集中等因素共同作用的结果，建议对该区域工作面采取必要防控措施，保障矿井的安全生产。

8 重复采动下覆岩破断角演化规律及其卸压应用研究

采煤工作面顶板为坚硬顶板时,基本顶的初次来压步距激增,造成工作面上方大面积悬顶,一旦垮落伴随有强烈的周期性来压和明显的动力现象,具有垮落面积大、冲击性强等显著特点,容易造成设备严重损坏和危及生产人员生命安全的严重事故[49-53]。

固体充填、巷道支护、钻孔卸压等都可以减小冲击地压的作用效果,固体充填是利用充填材料的可压缩性来减小覆岩垮落的影响[54-55];加强巷道支护可以有效减小来压强度[56-57];钻孔卸压属于巷内卸压,具有工艺简单、施工方便、工程量小等优点,在转移巷道周边高应力的同时该技术可为围岩膨胀变形提供有效补偿空间,吸收部分变形,因此,该技术在深部巷道应力转移工程中得到广泛应用。目前,钻孔卸压在巷道控制领域的代表性成果有:李树斌[58]通过建立钻孔参数与围岩膨胀变形的函数关系,确定了"三软"煤层回采巷道卸压钻孔参数;高明仕等[59]将三维锚索引入煤巷支护工程,并辅以巷帮钻孔卸压技术,解决了松软厚煤层、特厚煤层沿底施工一次采全厚巷道支护难题;通过采用数值模拟方法,分析了钻孔直径、长度等因素对高应力巷道稳定性的影响规律,据此确定了巷道卸压及支护参数[60-62];通过建立覆岩关键层垮落模型,推导出单一煤层关键层破断角的理论计算公式,并利用相似模拟实验验证其合理性和可靠性[63-65]。上述工作虽在钻孔卸压技术应用及参数确定方面取得了一些有益结论,但尚未形成可靠的技术体系,研究过程中忽略了钻孔仰角与卸压效果的相互作用关系,导致研究成果的推广应用有限。现场测量和统计的关键层破断角受地质条件和测量仪器的约束[66-68],现场所测结果并不能作为指导工作面坚硬顶板工作面前方开凿卸压钻孔的理论依据。因此,通过建立力学结构模型和物理相似材料模拟实验得到关键层破断角的理论可以更好地指导现场生产实践。

本章基于岩石力学和材料力学的相关理论方法,建立关键层垮落的力学结构模型,推导出关键层破断角的表达式。通过宽沟煤矿双工作面物理相似材料模拟实验分别验证关键层破断角公式在单工作面和双工作面不同条件下的适用性和合理性,实测结果与理论计算结果基本一致。利用3DEC数值模拟建立卸压角梯度模型,再次验证了理论计算结果的合理性,研究结果对于指导坚硬顶板工作面卸压具有重要意义。

8.1 关键层破断角与钻孔卸压角的理论联系

钻孔卸压作为一种工作面卸压方法,广泛应用于处理坚硬顶板难以垮落、冲击地压性强等问题。图8-1为钱鸣高院士提出顶板垮落的"砌体梁结构"[69-70],其中 A 为煤壁支撑区,B

为离层区,C 为重新压实区。岩层破断后的岩石互相挤压形成水平力 T,从而在岩层间产生摩擦力 F;任一岩层受上覆岩层的相互作用产生载荷 q。顶板上覆岩层破断后形成的纵向裂隙逐渐发育贯通,若钻孔卸压孔仰角角度与裂隙发育方向(岩层破断角 α)一致时,钻孔爆破会增大裂隙横向空间,一方面减小了水平挤压压力 T,增大了变形失稳的可能性;另一方面降低了岩块咬合点处岩石的强度和摩擦力 F,在拱脚处剪切力大于摩擦力时形成滑落失稳,造成顶板台阶下沉,从而达到卸压目的。所以合理确定卸压孔仰角角度对于提高卸压效果具有十分重要的意义。

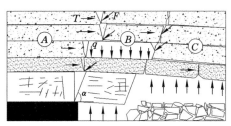

图 8-1　顶板垮落的"砌体梁结构"

8.2　重复采动下关键层破断角的力学推导

将关键层的破断视为梁氏"O-X"破断,上表面受均布载荷 q 作用。根据材料力学二向应力解析法求解梁内任意点的正应力 σ,覆岩关键层内任一单元体的受力如图 8-2 所示[71-72]。在图 8-2 中,设应力分量 σ_x,σ_y,τ_{xy},τ_{yx} 为已知,根据切应力互等定理和应力平衡方程可以得出:

$$\begin{cases} \sigma_a = \dfrac{\sigma_x + \sigma_y}{2} + \dfrac{\sigma_x - \sigma_y}{2}\cos 2\alpha - \tau_{xy}\sin 2\alpha \\ \tau_a = \dfrac{\sigma_x - \sigma_y}{2}\sin 2\alpha + \tau_{xy}\cos 2\alpha \end{cases} \tag{8-1}$$

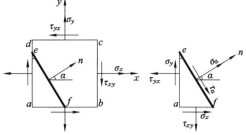

图 8-2　单元体各面受力状态分析

将式(8-1)中 σ_a 对 α 求导得:

$$\frac{\mathrm{d}\sigma_a}{\mathrm{d}\alpha} = -2\left(\frac{\sigma_x - \sigma_y}{2}\sin 2\alpha + \tau_{xy}\cos 2\alpha\right) \tag{8-2}$$

若 α=α_0 时,能使式(8-2)为 0,则 α_0 所确定的截面上正应力取极值(取梁为单位宽度)。将 α_0 代入式(8-2),并令其等于 0 得到:

$$\alpha_0 = \frac{1}{2}\arctan\frac{-2\tau_{xy}}{\sigma_x - \sigma_y} \tag{8-3}$$

根据许斌等[63]推导出的关键层岩梁的应力分解量,代入式(8-3)中得出下式:

$$\alpha_0 = \frac{1}{2}\arctan\frac{3L}{h} \tag{8-4}$$

式中 L——关键层破断距;

h——关键层平均厚度。

将关键层简化为简支梁,并以最大正应力 σ_{max} 作为岩层断裂的依据。当 $\sigma_{max}=R_T$ 时,即关键层在该处的正应力达到该处的抗拉强度极限,岩层将在该处拉裂。从而得出梁断裂时极限跨距为:

$$L = 2h\sqrt{\frac{2R_T}{3q}} \tag{8-5}$$

将式(8-5)代入式(8-4)中得到:

$$\alpha_0 = \frac{1}{2}\arctan 6\sqrt{\frac{2R_T}{3q}} \tag{8-6}$$

则式(8-6)为关键层任一单元体主应力平面与水平面夹角计算公式,只需将关键层的抗拉强度极限 R_T 和关键层上方的均布载荷 q 代入即可求解,根据莫尔-库伦准则,关键层即将破断时处于极限平衡状态,此时岩石剪切破坏所产生的破断面与最大正应力 σ_{max} 间的夹角 β' 满足:

$$\beta' = \frac{\pi}{4} - \frac{\varphi}{2} \tag{8-7}$$

式中 φ——岩石的内摩擦角。

关键层破断面与水平面间平面关系如图 8-3 所示。

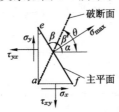

图 8-3 关键层破断面与水平面的平面关系

由图 8-3 可知,关键层破断角即破断面与水平面夹角 θ(关键层破断角)的计算公式为:

$$\theta = \frac{1}{2}\arctan 6\sqrt{\frac{2R_T}{3q}} + \frac{\pi}{4} - \frac{\varphi}{2} \tag{8-8}$$

当工作面采用下行开采方法采煤时,下工作面回采至上工作面采空区下方时受重复采动的影响,工作面顶板主要的失稳方式由原本的回转失稳转变为滑落失稳,下工作面顶板滑落破断与其采空区岩层摩擦耦合,则原本破断角理论计算假设条件不再成立。如图 8-4 所示,当下工作面推进至上采空区下方后,工作面顶板破断受采空区破碎岩石影响,由原本回转失稳的砌体梁结构转变为沿顶板切落的简支梁结构。由于上方采空区未完全压实,关键层受均布载荷的假设不再成立,为简化分析将工作面上覆岩层视为简支梁结构(其中虚线部分视为载荷降低区),分析关键层破断线的形成规律。

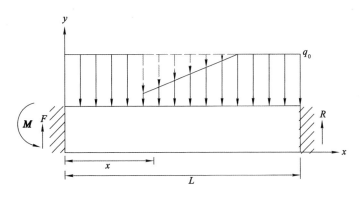

图 8-4　重复采动下的关键层简支梁结构

利用材料力学的弯矩可叠加性,为了计算方便,将图 8-4 所示的力学模型视为图 8-5(a)未受重复采动的简支梁模型和图 8-5(b)受重复采动应力卸载降低的简支梁叠加而来。

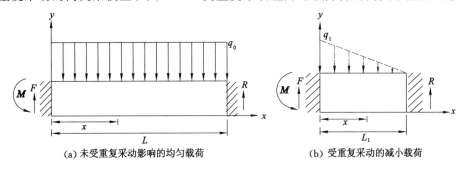

（a）未受重复采动影响的均匀载荷　　　　（b）受重复采动的减小载荷

图 8-5　重复采动下岩层上覆载荷

图 8-5(a)将关键层简化为固支梁,关键层在该处的正应力达到该处的抗拉强度极限,岩层将在该处拉裂,则未受重复采动的关键层破断角计算公式即为式(8-8)。图 8-5(b)模型的实际意义是当下工作面回采至上工作面采空区时受重复采动的影响工作面上覆载荷减小,部分原因是上工作面采空区顶板破碎卸压。此外采空区为完全压实也会导致载荷的重新分布。根据平衡方程和弯矩方程可知,上述简支梁弯矩公式为:

$$\boldsymbol{M}_{(x)} = \frac{q_1 L_1}{6} x - \frac{q_1}{6 L_1} x^3 \tag{8-9}$$

式中　q_1——顶板因卸压减小的卸压最大值;

　　　L_1——重复采动影响范围。

将 $\boldsymbol{M}_{(x)}$ 对 x 求导,令 $M_{(x)}$ 对 x 的导数为 0,解得当 $x = \frac{\sqrt{3}}{3} L_1$ 时,$\boldsymbol{M}_{(x)}$ 取最大值,取梁为单位宽度,则最大拉应力为:

$$\begin{cases} M_{\max} = \frac{\sqrt{3}}{27} q_1 L_1^2 \\ \sigma_{\max} = \frac{2\sqrt{3} q_1 L_1^2}{9h} \end{cases} \tag{8-10}$$

以最大正应力 $\sigma_{\max}$ 作为岩层断裂的依据。当 $\sigma_{\max} = R_T$ 时,即关键层在该处的正应力达

到该处的抗拉强度极限,岩层将在该处拉裂。从而得出梁断裂时极限跨距为:

$$L = 3h \sqrt{\frac{\sqrt{3} R_\mathrm{T}}{6q_1}} \tag{8-11}$$

则依据减小载荷破断面与水平面的层位关系,破断面在重复采动下减小的载荷引起的关键层破断的破断角计算公式为:

$$\theta = \frac{1}{2} \arctan 9 \sqrt{\frac{\sqrt{3} R_\mathrm{T}}{6q_1}} - \frac{\pi}{4} + \frac{\varphi}{2} \tag{8-12}$$

根据式(8-8)计算出假设的未受重复的均匀载荷所引起的关键层破断角 θ_1,然后根据式(8-12)计算出由图8-4中虚线所表示的载荷即减小的部分载荷所引起的破断角 θ_2,则由采动影响引起的关键层破断角的计算公式为:

$$\theta = \theta_1 - (\lambda - 1)\theta_2 \tag{8-13}$$

将式(8-8)和式(8-12)代入式(8-13)得:

$$\theta = \frac{1}{2} \arctan 6 \sqrt{\frac{2R_\mathrm{T}}{3q_0}} + \frac{\pi}{4} - \frac{\varphi}{2} - (\lambda - 1)\left[\frac{1}{2} \arctan 9 \sqrt{\frac{\sqrt{3} R_\mathrm{T}}{6q_1}} - \frac{\pi}{4} + \frac{\varphi}{2} \right] \tag{8-14}$$

式中 R_T——关键层极限抗拉强度;

   q_0——关键层上覆均布载荷;

   q_1——受重复采动减小的载荷;

   λ——重复扰动系数。

当 $\lambda = 1$ 时,式(8-14)表示单一煤层关键层破断角理论计算公式;$\lambda = 2$ 时,式(8-14)表示近距离双煤层下行开采受重复采动影响的关键层破断角理论计算公式。

8.3　破断角计算公式的物理相似材料模拟实验验证

宽沟煤矿一采区西翼主要布置 W1145 工作面和 W1123 工作面分别主采 B_4^1 煤层和 B_2 煤层。首先回采上部的 W1145 工作面,在 W1145 工作面回采结束且覆岩垮落稳定后,回采下部的 W1123 工作面。回采 W1145 工作面时,顶板上覆岩层可视为均布载荷(即 $\lambda = 1$);回采 W1123 工作面时,工作面推进至 W1145 工作面采空区下方时受重复采动的影响工作面顶板上覆载荷重新分布,可将关键层破断视为 $\lambda = 2$ 的力学结构模型。

基于宽沟煤矿 W1145 和 W1123 工作面进行设计相似模拟模型。实验采用外形尺寸为 5.0 m×0.3 m×1.5 m(长×宽×高)的平面应变模型架,确定模拟实验的几何相似比例(模型:原型)为 1:200,模型铺装尺寸为 5.0 m×0.3 m×1.5 m(长×宽×高),顶部铺一层铁砖代替未模拟的岩层对模型施加载荷。根据宽沟煤矿主要研究的 W1123 工作面 ZK201 钻孔柱状图探明的 B_2 煤层覆岩岩性特征,逐层计算每一层岩层对基本顶的载荷,判断关键层的位置,为覆岩结构动态调控及物理相似模拟实验的设计与搭建提供支承。走向模型工作面开采方案为走向模型布置 W1145 和 W1123 两个工作面,按照矿井工作面实际回采顺序,首先回采上部的 W1145 工作面,在模型 B_4^1 煤层距左边界 230 cm 处开切眼(8 cm),开始回采工作面,回采至距右边界 30 cm 处停采,总共推进 240 cm;在模型 B_4^1 煤层 W1145 工作面回采结束且覆岩垮落稳定后,回采下部的 W1123 工作面,在模型 B_2 煤层距左边界 38 cm 开切眼,开始回采,回采至距右边界 30 cm 时停采,共推进 432 cm。

采动覆岩中的任一岩层所受载荷除了自身的重力外,还受到上覆岩层相互作用的影响。假设岩层载荷 q 均匀分布,则在顶部正上方总共有 m 层岩层,每个岩层的厚度为 $h_i(i = 1, 2, \cdots, m)$,体积力为 $\gamma_i(i = 1, 2, \cdots, m)$,弹性模量 $E_i(i = 1, 2, \cdots, m)$。由第一层控制的岩石层具有 n 层,岩石的第 1 层和 n 层将同时变形以形成组合梁。根据覆岩组合梁理论,第一层可以通过 n 层影响的载荷获得[73]:

$$(q_n)_1 = E_1 h_1^3 \sum_{i=1}^{n} h_i \gamma_i / \sum_{i=1}^{n} E_i h_i^3 \tag{8-15}$$

式中　$(q_n)_1$——第一层硬岩层之上的载荷;

　　　γ_i, h_i, E_i——第 i 层的堆积密度、厚度和弹性模量。

根据公式(8-15)计算每层的载荷 q,计算结果如表 8-1 所列。

表 8-1　宽沟煤矿关键层层位及其参数

层号	岩性	厚度/m	抗拉强度/MPa	q_k/MPa	关键层
27	泥岩	10.3	2.53	5.11	—
26	砂砾岩	11.5	4.87	4.85	—
25	泥岩	29.2	2.47	4.59	—
24	细粒砂岩	11.0	7.21	3.87	—
23	泥岩	141.2	2.51	3.59	—
22	砂质泥岩	13.3	2.34	1.28	—
21	泥岩	9.5	2.43	1.20	—
20	砂质泥岩	13.5	2.54	1.10	—
19	砂砾岩	13.2	4.58	1.01	—
18	砂质泥岩	7.5	2.36	0.97	—
17	细粒砂岩	7.3	6.87	0.83	—
16	泥岩	5.9	2.41	0.71	—
15	砂质泥岩	7.6	2.42	0.57	—
14	粗粒砂岩	15.9	7.58	0.41	主关键层
13	B_4^1 煤	1.3	1.97	0.93	—
12	砂质泥岩	7.7	2.33	0.92	—
11	泥岩	7.9	2.12	0.80	—
10	粗粒砂岩	5.0	4.48	0.67	—
9	B_4^1 煤	3.0	2.02	0.57	—
8	泥岩	8.0	2.35	0.51	—
7	粗粒砂岩	14.0	5.31	0.36	亚关键层
6	B_3 煤	1.8	2.21	0.54	—
5	泥岩	4.0	2.43	0.51	—
4	细粒砂岩	16.0	6.24	0.42	—
3	B_2 煤	9.5	2.15	—	—
2	泥岩	3.9	2.54	—	—
1	细粒砂岩	21.9	6.12	—	—

8.3.1 单一煤层关键层破断角验证

宽沟煤矿采用下行开采的方法进行开采,回采 W1145 工作面时并不受重复扰动的影响,故可取 λ＝1 计算 W1145 工作面关键层破断角。将双关键层岩石力学参数代入式(8-14)计算,其中主关键层参数为抗拉强度 7.58 MPa,均布载荷 0.41 MPa,内摩擦角 22°;亚关键层参数为抗拉强度 5.31 MPa,均布载荷 0.36 MPa,内摩擦角 20°。计算得出的主键层破断角为 77.64°,亚关键层破断角为 78.47°。图 8-6 为 W1145 工作面回采结束后覆岩的垮落形态,由于 W1145 工作面覆岩垮落只受工作面顶板上方均布载荷的影响,实测破断角范围为 76°～78°,与理论计算结果基本一致,验证了破断角理论公式在单工作面的适用性。

图 8-6　W1145 工作面开采结束

8.3.2 重复采动下关键层破断角验证

回采 W1123 工作面时,若考虑重复扰动的影响计算 W1123 工作面关键层破断角时取 λ＝2。则将亚关键层岩石力学参数抗拉强度 5.31 MPa,均布载荷 0.36 MPa,减小载荷 0.30 MPa,内摩擦角 20°;主关键层岩石力学参数抗拉强度 7.58 MPa,均布载荷 0.41 MPa,减小载荷 0.30 MPa,内摩擦角 22°,分别代入式(8-14)计算得出的亚关键层破断角为 69.89°,主关键层破断角为 67.82°。当 W1123 工作面回采 146.4 m 时,亚关键层垮落特征如图 8-7(a)所示形成的模型左侧破断角为 78°,模型右侧破断角为 76°;当 W1123 工作面回采 213.6 m 时,主关键层垮落如图 8-7(b)特征所示形成的切眼侧破断角为 78°,工作面侧破断角为 75°。实测结果与理论计算结果相差较大,表明 W1123 工作面双关键层初次垮落时取 λ＝2 不适用,因为当 W1123 工作面回采 213.6 m 时距离 W1145 工作面下方较远,受重复采动影响较小。此时,W1123 工作面双关键层初次垮落仍适用于单一煤层未受重复采动的情况(即取λ＝1),当 λ＝1 时将双关键层物理力学参数代入式(8-14)计算得到双关键层破断角理论范围为 77.64°～78.48°,与实测结果相差不大,再次验证了单一煤层关键层破断角理论公式的合理性和适用性。

如图 8-8(a)所示,当 W1123 工作面回采 396.0 m 时处于 W1145 工作面开切眼的正下方,受重复采动的影响形成的模型右侧破断角为 70°,与当 λ＝2 时由式(8-14)计算得出的 69.89°基本一致,验证了重复采动下关键层破断角理论公式的准确性和适用性。如

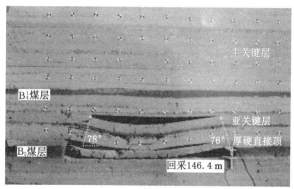

（a）亚关键层初次垮落特征

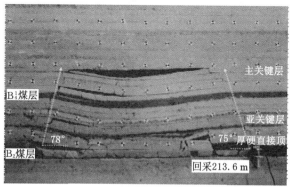

（b）主关键层初次垮落特征

图 8-7　覆岩双关键层垮落特征

图 8-8（b）所示，当 W1123 工作面推进 530.4 m 时，W1123 工作面右侧岩层破断线与 W1145 工作面采空区上方破断线贯通，因采空区被上覆破碎岩层重新压实，关键层破断线的形成不再受重复采动效应的影响，形成的破断角增大至 78°。

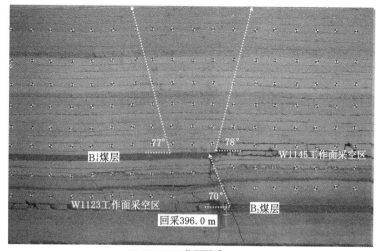

（a）W1123 工作面回采 396.0 m

图 8-8　W1123 工作面不同推进位置形成的破断角

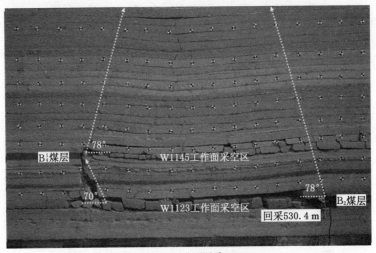

(b) W1123 工作面回采530.4 m

图 8-8 （续）

统计 W1123 工作面自开切眼回采至工作面结束模型两侧破断角,得到的破断角变化趋势如图 8-9 所示。由图 8-9 可知,当 W1123 工作面回采至 W1145 工作面采空区时,模型右侧破断角骤降至 70°,但当工作面继续推进至 530.4 m 时,模型右侧破断角逐渐升至 78°。因模型左侧破断线形成后趋于稳定,受工作面采动影响较小,故模型左侧破断角基本不变。当模型右侧破断线与上覆岩层裂隙贯通后,模型两侧破断线基本不受 W1145 工作面采空区的影响,破断角均为 78°,与理论计算结果相符。

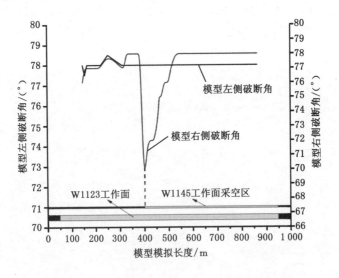

图 8-9 W1123 工作面推进长度与两侧破断角的关系

8.4 卸压钻孔角度对卸压效果的影响作用模拟分析

8.4.1 卸压孔仰角数值模型构建与参数计算

为了确定不同卸压孔角度下工作面上覆岩层的垮落形态和卸压效果,应用 3DEC 数值模拟钻孔卸压后覆岩的破碎形态和应力变化趋势。以宽沟煤矿 W1123 工作面为工程背景,分别设计未卸压与 73°、78°、83°三个不同卸压角度观察覆岩垮落情况与应力分布,从而验证理论计算结果的可靠性。

3DEC 数值模拟的基本原理是基于牛顿第二定律,假设被节理裂隙切割的岩块是刚体,岩块按照整个岩体的节理裂隙互相镶嵌排列,在空间中每个岩块都有自己的位置并处于平衡状态。当外力或位移约束条件发生变化,块体在自重和外力作用下将产生位移,则块体的空间位置就发生变化,这又导致相邻块体受力和位置的变化。随着外力或约束条件的变化或时间的延续,有更多的块体发生位置变化,从而模拟各个块体的移动和转动,直至岩体破坏。在 3DEC 数值模拟采用接触摩擦型节理模型模拟接触关系时,常采用库伦滑移模型。本次模拟也采用莫尔-库伦准则,其基本形式为:

$$\tau = \sigma \tan \varphi + c \tag{8-16}$$

在式(8-16)中,c 和 φ 是结构平面的内聚力和摩擦角,σ 是结构平面的法向应力,τ 是结构平面的表面剪切强度。利用 3DEC 数值模拟宽沟煤矿实际覆岩情况,将表 8-1 中不同岩性的岩层赋予不同的力学参数,确保每层岩层所受自身重力和外力与实际情况一致,详细参数如表 8-2 所列。

表 8-2 煤岩体物理力学特征

层号	岩性	厚度/m	法向刚度/MPa	切向刚度/MPa	内聚力/MPa	内摩擦角/(°)	抗拉强度/MPa
27	泥岩	10.3	7 900	8 100	0.12	20.0	2.53
26	砂砾岩	11.5	8 200	6 700	0.47	20.8	4.87
25	泥岩	29.2	7 900	8 100	0.12	20.0	2.47
24	细粒砂岩	11.0	4 200	3 900	0.93	6.0	7.21
23	泥岩	141.2	7 900	8 100	0.12	20.0	2.51
22	砂质泥岩	13.3	8 200	6 700	0.47	20.8	2.34
21	泥岩	9.5	7 900	8 100	0.12	20.0	2.43
20	砂质泥岩	13.5	8 200	6 700	0.47	20.8	2.54
19	砂砾岩	13.2	4 100	3 900	0.84	12.8	4.58
18	砂质泥岩	7.5	8 200	6 700	0.47	20.8	2.36
17	细粒砂岩	7.3	4 200	3 900	0.93	6.0	6.87
16	泥岩	5.9	7 900	8 100	0.12	20.0	2.41
15	砂质泥岩	7.6	8 200	6 700	0.47	20.8	2.42
14	粗粒砂岩	15.9	7 100	5 900	0.35	20.0	7.58
13	B_2^2煤	1.3	7 100	5 900	0.14	10.0	1.97

表 8-2（续）

层号	岩性	厚度/m	法向刚度/MPa	切向刚度/MPa	内聚力/MPa	内摩擦角/(°)	抗拉强度/MPa
12	砂质泥岩	7.7	8 200	6 700	0.47	20.8	2.33
11	泥岩	7.9	7 900	8 100	0.12	20.0	2.12
10	粗粒砂岩	5.0	7 100	5 900	0.35	20.0	4.48
9	B₁煤	3.0	3 300	1 100	0.14	10.0	2.02
8	泥岩	8.0	7 900	8 100	0.12	20.0	2.35
7	粗粒砂岩	14.0	7 100	5 900	0.35	20.0	5.31
6	B₃煤	1.8	3 300	1 100	0.14	10.0	2.21
5	泥岩	4.0	7 900	8 100	0.12	20.0	2.43
4	细粒砂岩	16.0	4 200	3 900	0.93	6.0	6.24
3	B₂煤	9.5	3 300	1 100	0.14	10.0	2.15
2	泥岩	3.9	7 900	8 100	0.12	20.0	2.54
1	细粒砂岩	21.9	4 200	3 900	0.93	6.0	6.12

8.4.2 不同卸压孔仰角时顶板垮落形态

以 W1123 工作面回采为工程背景，由于工作面顶板属于坚硬顶板难以垮落，为了对比不同卸压角的卸压效果，分别设计未卸压与 73°、78°、83°不同卸压角的 4 种情况，如图 8-10 所示。

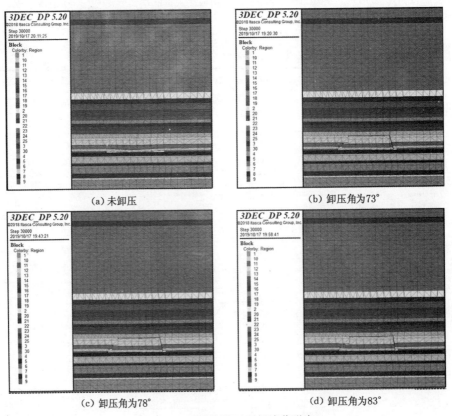

（a）未卸压   （b）卸压角为73°

（c）卸压角为78°   （d）卸压角为83°

图 8-10 不同情况下顶板垮落形态

由图 8-10 可知,工作面未布置卸压钻孔时,顶板下沉出现纵向离层裂隙但岩层并未破断;布置不同卸压孔可以观察到顶板均垮落且裂隙发育情况基本一致,但仅从覆岩垮落情况无法判别不同卸压角的卸压效果,故应从布置不同卸压角后卸压的垂直应力变化判断卸压效果。

8.4.3　不同卸压孔仰角时应力分布规律

利用 3DEC 分别导出未卸压与 73°、78°、83° 不同卸压角的 4 种情况的垂直应力分布图,如图 8-11 所示。从图中可以看出,应力图中部为应力变化区,当卸压角为 78° 时,垂直应力减小量最大,卸压效果最好。

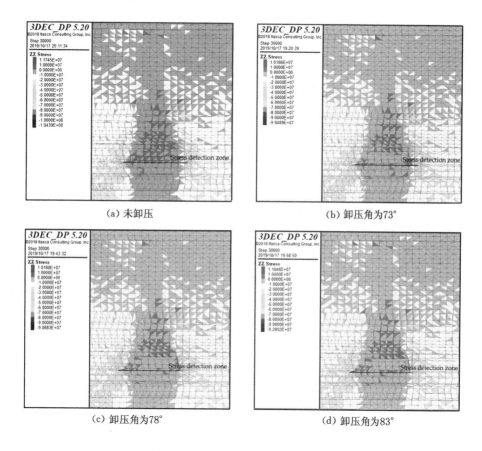

(a) 未卸压　　　　　　　　　　　　　(b) 卸压角为73°

(c) 卸压角为78°　　　　　　　　　　　(d) 卸压角为83°

图 8-11　不同情况下垂直应力分布图

图 8-12 为模型卸压前后从 0 m 到 300 m 的垂直应力变化,应力图第一个峰值位于开切眼处,属于应力集中区,此时峰值基本一致;第二个峰值为覆岩垮落后的垂直应力,可以看出布置卸压钻孔后相比未卸压时垂直应力明显降低,其中卸压角为 73° 时相比未卸压时垂直应力降低 1.0 MPa;卸压角为 83° 时相比未卸压时垂直应力降低 1.2 MPa;卸压角为 78° 时相比未卸压时垂直应力降低 4.0 MPa,故由此可知,当卸压角为 78° 时,卸压效果最好,且与理论计算结果一致,验证了理论公式的可靠性。

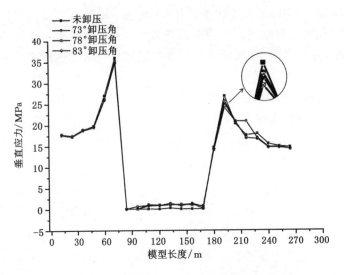

图 8-12　卸压前后垂直应力变化图

8.5　工程实践

8.5.1　宽沟煤矿工程背景

煤矿井下坚硬顶板的特点有高硬度、高强度、良好的致密性、较大的分层厚度以及接合裂缝的发展程度低。当工作面向前推进后，顶板很难自然垮落，并且采空区未完全压实，导致某些岩层悬挂，形成悬臂梁结构。上覆岩石的重力作用在巷道的围岩上，导致巷道的围岩变形严重。当地震或地震引起震动时，岩石很容易破裂，造成严重的人员伤亡和经济损失，这对安全有效地开采工作面构成了极大的安全隐患。因此，为了保持巷道围岩的稳定性并确保工作面的安全生产，有必要避免由于坚硬的顶板而引起的围岩应力集中。钻井卸压技术可以减小巷道内煤层的内部应力集中，减小高应力区域的范围，提高顶板的崩落性，并将煤体内的应力峰值传递到深部，减小巷道围岩的变形[74-80]。图 8-13 为宽沟煤矿工作面岩石破裂引起的事故照片。

（a）巷道变形

（b）支架损坏

图 8-13　宽沟煤矿冲击地压事故

8.5.2 尺寸效应对钻孔卸压效果的影响

由图 8-14 可知,当 W1123 工作面回采 73.2 cm 时,亚关键层初次垮落,岩层破断线长度为 11.7～16.0 cm。物理相似材料模拟实验与现场实际实验的几何相似比为 1:200,则可以推断出现场实际钻孔长度应为 23.4～32.0 m。3DEC 数值模拟实验设置的钻孔长度为 28 m,数值模拟实验与现场实际实验的几何相似比为 1:1。考虑到尺寸效应对钻孔长度设计的影响,结合工作面顶板厚度、工作面长度、煤层倾角、孔底距离、孔口距离等因素分析,最终确定钻孔长度为 30 m。

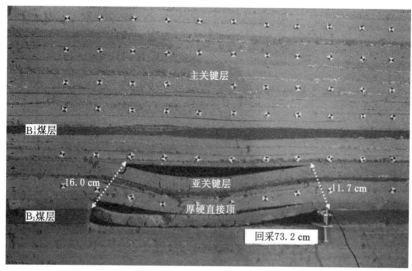

图 8-14 岩层破断线长度

8.5.3 工作面卸压钻孔参数设计

为确保工作面在正常回采期间满足顶板随采随垮落,避免尾巷超长导致悬顶,因此对工作面下端头顶板进行超前预裂卸压。根据宽沟煤矿 W1145 和 W1123 工作面坚硬顶板难以垮落的实际工程条件,结合关键层破断角的理论计算结果和数值模拟结果,将关键层破断角作为设计超前卸压钻孔仰角的依据。

图 8-15 为 W1123 工作面超前卸压钻孔布置示意图,钻孔设计仰角为 78°。运输巷和回风巷用 ZDY1900 型钻机及配套钻杆,炮孔距工作面 30 m 处开始施工(开切巷 30 m 范围为初放区域),每 10 m 一组炮孔,孔深 30 m,炮眼布置垂直于巷道中心线。钻孔采用黄土和水泥锚固剂联合封孔,封孔长度 10 m,炮孔平均装药量 50 kg,装药长度 20 m。

8.5.4 卸压效果检验

利用钻孔窥视仪对顶板周期来压的垮落进行观测,观测结果如图 8-16 所示。通过窥视截图可明显看出,工作面上方 1～8 m 煤层裂隙完全发育,孔壁破碎;9～20 m 顶板破碎程度较低;10～30 m 顶板裂隙较发育,裂隙纵横交错,30 m 范围内顶板裂隙发育明显,尤其是 20 m 范围内的顶板裂隙发育完全,顶板破碎。20 m 以上区域明显可见顶板纵、横裂隙交错,裂缝较大,且局部区域顶板也有破碎的现象。由此可知,初次钻孔爆破达到了破坏顶板的目的,可认为顶板在推进过程中可实现自行垮落。

图 8-17 为 W1123 工作面初次来压情况,采用 KJ21 支架压力监测系统,监测基本顶破

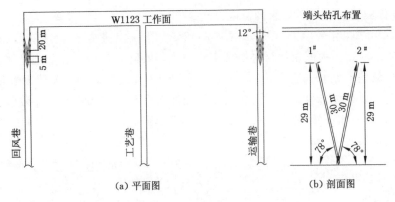

（a）平面图　　　　　　　（b）剖面图

图 8-15　W1123 工作面超前卸压钻孔布置示意图

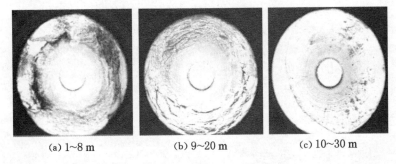

（a）1~8 m　　　　　　（b）9~20 m　　　　　　（c）10~30 m

图 8-16　钻孔窥视结果

断时工作面的支架压力变化，并利用平均加权阻力对工作面初次来压步距进行分析。由图可知，未卸压前平均来压强度为 37.0 MPa，平均来压步距为 23.8 m；卸压后平均来压强度为 31.6 MPa，平均来压步距为 28.4 m。从平均来压强度和来压步距分析可知，平均来压强度降低了 5.4 MPa，平均来压步距增大了 4.6 m，表明卸压效果良好。

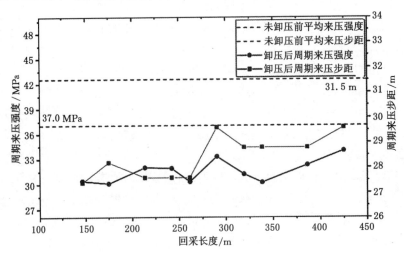

图 8-17　W1123 工作面支架压力监测分析

8.6 本 章 小 结

（1）基于岩石力学和材料力学，推导出双工作面双关键层破断角的理论公式，提出重复扰动系数 λ。计算单一煤层关键层破断角时取 λ＝1，计算近距离双煤层下行开采受重复采动影响的关键层破断角时取 λ＝2。

（2）回采 W1145 工作面时，模型实测关键层破断角与单一煤层关键层破断角理论计算结果基本一致；当 W1123 工作面未推进至 W1145 工作面采空区下方时以及 W1123 工作面回采至充分采动以后时，单工作面双关键层破断角的理论公式计算结果与模型实测结果误差较小；当 W1123 工作面回采至 W1145 工作面采空区下方时受重复采动的影响，根据重复采动下的破断角理论公式计算的结果与实验模拟结果基本一致。以上表明推导出的双工作面双关键层破断角公式具有良好的合理性和可靠性。

（3）根据理论分析和数值模拟结果，在工作面布置了仰角为 78° 的卸压钻孔，利用钻孔窥视法检验卸压效果。根据钻孔窥视结果分析，依据公式计算出的关键层破断角可以作为卸压孔仰角的理论依据，表明关键层破断角理论公式可较好地用于宽沟煤矿工作面顶板超前预裂卸压的实践中。

9 煤柱-顶板组合诱发冲击地压机理研究

冲击地压是在煤矿开采过程中发生的一种常见的岩石动力破坏现象,其表现为岩体在瞬间产生大变形、抛出岩块、产生巨大声响、喷出气浪等[81-82]。一般认为冲击地压产生的原因是岩体内部积聚大量弹性能,弹性能量积聚达到岩体承载极限时进行瞬间的大量释放[83-86]。在冲击地压产生机制领域,来兴平等[87-88]提出了急倾斜冲击矿压是由于煤层间岩柱随开采进入深部后产生的撬动效应引发的。潘一山等[89]提出了冲击地压启动的内在因素是采动岩石近场系统中静载荷的过度积累,冲击地压启动的可能区域是极限平衡区内的最大应力峰值区域。巩思园等[90]利用自适应网格法与被动地震层析成像法提高了冲击矿压的预测精度。朱广安等[91]研究了深部煤矿开采中超应力状态对冲击地压的影响,发现与三轴加载相比,煤样在三轴卸载下更容易发生变形和破坏。国内外学者从岩爆机理、卸荷与防治技术等相对独立的方面对岩爆进行了研究,然而对上覆遗留煤体区下方应力分布差异性很少考虑。考虑到宽沟煤矿 W1145 工作面煤层突然变薄,无法使用现有设备进行回采,因此遗留了大量煤体在采空区内,对下方 W1143 工作面回采产生影响的工程背景,采用数值模拟方法来研究在上覆遗留煤体区和上覆采空区不同环境下煤柱内部应力分布特征。对煤体和岩体分别从结构和能量两个方面进行工程治理,利用微震、地音等监测系统对治理效果进行评价,进而优化治理参数。

9.1 工 程 条 件

9.1.1 W1123 工作面地质条件

宽沟煤矿是神华新疆能源有限责任公司下属煤矿,行政区划隶属昌吉呼图壁县雀尔沟镇管辖。W1123 工作面位于一采区西翼 B_2 煤层中,与 W1121 工作面相邻。W1123 工作面长度为 192 m,走向推进长度 1 468 m。B_2 煤层是现采煤层,平均倾角 12°～14°,厚度为 5.05～14.58 m,埋深为 435～565 m。

根据煤炭科学研究总院进行的冲击倾向性鉴定结果来看,B_2 煤层顶板弯曲弹性能为 177.67 kJ,根据《冲击地压测定、监测与防治方法 第 2 部分:煤的冲击倾向性分类及指数的测定方法》(GB/T 25217.2—2010)来划分,B_2 煤层顶板为强冲击风险。图 9-1 为 W1123 工作面位置图。

9.1.2 岩层地应力特征及微震事件分布

2018 年 3 月 7 日在 W1123 工作面回采期间,工作面前方 60 m 处产生了一次冲击地压事件,经过微震记录分析,能量值为 3.1×10^5 J,具体位置为运输巷煤柱侧(图 9-2)。大能量

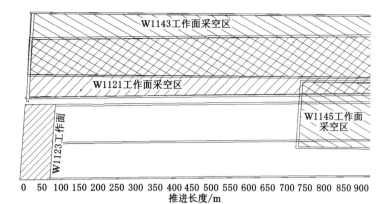

图 9-1　W1123 工作面位置图

事件发生时伴随较大响声,此次事件还造成了运输巷超前工作面 50～55 m 段下帮肩窝有网兜。在大能量事件发生后,该位置 45 m 范围内的围岩仍持续活动,平面活动范围为工作面下部及临近 W1121 工作面采空区,活动层位主要位于 B_2 煤层与 B_3 煤层之间的岩层,次生事件的能量较小。地应力测试结果如表 9-1 所列。

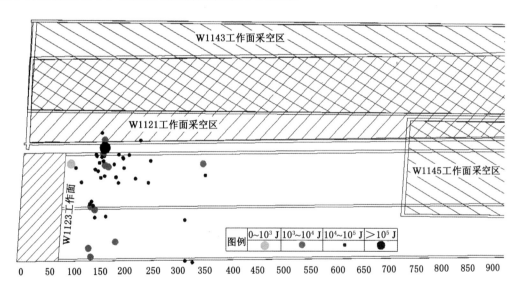

图 9-2　冲击事件位置

表 9-1　地应力测试结果

序号	最大主应力			中间主应力			最小主应力		
	值/MPa	方向/(°)	倾角/(°)	值/MPa	方向/(°)	倾角/(°)	值/MPa	方向/(°)	倾角/(°)
1	13.2	184.8	3.4	6.5	42.6	85.7	5.5	95.0	−2.7
2	12.8	183.1	−9.9	7.5	43.6	−77.0	6.8	94.5	8.3
3	13.9	183.7	−9.7	8.1	47.6	−76.6	7.4	95.3	9.11

9.2 回采过程中应力场演化规律

9.2.1 数值模拟模型

FLAC^{3D}数值模拟软件是研究煤炭回采过程中应力分布状态的有力工具[75]。通过现场调查分析,根据宽沟煤矿地质柱状图和岩层厚度、倾角等赋存条件建立了 W1123 工作面的数值模拟模型。模型大小为 420 m×525 m×326 m(长×宽×高),巷道尺寸为 4.5 m×3.5 m(宽×高)。图 9-3 为 FLAC^{3D}数值模拟软件建立的三维模型。表 9-2 为煤岩体物理力学参数。

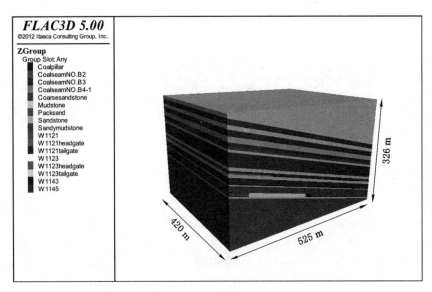

图 9-3 FLAC^{3D}数值模拟软件建立的三维模型

表 9-2 煤岩体物理力学参数

序号	地层	T/m	$\rho/(kg/m^3)$	G/GPa	K/GPa	c/MPa	$\varphi/(°)$
1	泥岩		2 597	3.83	7.42	4.39	30.41
2	砂质泥岩	13.0	2 546	4.41	8.12	5.42	30.41
3	泥岩	10.0	2 597	3.83	7.42	4.39	30.41
4	砂质泥岩	14.0	2 546	4.41	8.12	5.42	30.41
5	砂岩	13.0	2 467	8.50	14.17	16.22	31.74
6	砂质泥岩	8.0	2 546	4.41	8.12	5.42	30.41
7	粉砂岩	7.0	1 304	14.07	19.57	21.38	38.86
8	泥岩	6.0	2 597	3.83	7.42	4.39	30.41
9	砂质泥岩	8.0	2 546	4.41	8.12	5.42	30.41
10	中粒砂岩	16.0	2 541	10.94	13.45	21.63	29.98
11	砂质泥岩	9.0	2 546	4.41	8.12	5.42	30.41

表 9-2(续)

序号	地层	T/m	ρ/(kg/m³)	G/GPa	K/GPa	c/MPa	φ/(°)
12	泥岩	8.0	2 597	3.83	7.42	4.39	30.41
13	中粒砂岩	5.0	2 541	10.94	13.45	21.63	29.98
14	B₁¹ 煤	3.0	1 304	2.88	6.25	3.81	37.49
15	泥岩	8.0	2 597	3.83	7.42	4.39	30.41
16	中粒砂岩	14.0	2 541	10.94	13.45	21.63	29.98
17	B₃ 煤	1.8	1 303	1.12	2.42	4.50	30.10
18	泥岩	3.0	2 597	3.83	7.42	4.39	30.41
19	粉砂岩	16.0	2 618	14.07	19.57	21.38	28.86
20	B₂ 煤	9.5	1 640	1.91	3.91	4.90	31.26
21	泥岩	4.0	2 597	3.83	7.42	4.39	30.41
22	粉砂岩		2 618	14.07	19.57	21.38	28.86

注：由于倾角的存在，地层最上部与最下部有着不同厚度。其中，T 为厚度；ρ 为密度；G 为剪切模量；K 为体积模量；c 为内聚力；φ 为内摩擦角。

　　数值模拟模型采用莫尔-库伦单元，重力加速度为 9.8 m/s²。对模型两侧施加水平方向位移约束，限制其在水平方向上的位移，垂直方向不限制；顶部施加 5.4 MPa 的垂直载荷；运用 FLAC³ᴰ空单元命令对煤层的开挖进行模拟；之后分析在 W1123 工作面回采过程中煤柱应力峰值随回采进程的演化规律，为冲击地压机理的提出奠定基础。模型具体开采方案如下：第一步开挖 W1143 工作面；第二步开挖 W1145 工作面；第三步开挖 W1121 运输巷和回风巷以及 W1121 工作面；第四步开挖 W1123 工作面运输巷和回风巷；第五步开挖 W1123 工作面。

9.2.2　煤柱应力分布特征

　　图 9-4 为 W1123 工作面运输巷和回风巷及开切眼贯通后的垂直应力的分布云图，从图中可以看出，在 W1123 工作面未开始回采时煤柱中已经呈现出高应力集中区域，然而煤柱内部的高应力区域存在着明显的分区特征：应力集中区域沿煤柱采空区侧呈线状广泛分布，在 W1123 工作面侧呈点状分布。因为上分层存在实体煤部分，因而应力没有经过释放直接传递

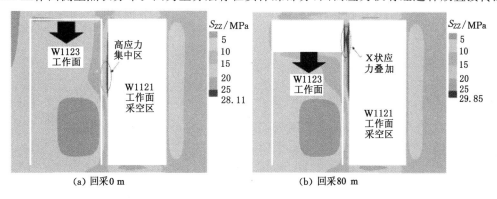

图 9-4　W1123 工作面运输巷和回风巷及开切眼贯通后的垂直应力分布

到 W1123 工作面,且随着 W1123 工作面的推进,采空区范围逐渐扩大,垂直应力主要由采空区矸石和煤柱承担。当模型进行回采模拟时,煤柱内部高应力区首先分布在煤柱边缘,随着回采工作的继续进行,高应力区逐渐向煤柱中间移动,当模型回采 80 m 时煤柱两侧高应力区在煤柱中间产生 X 状叠加。高应力区域叠加时煤柱应力三维云图如图 9-5 所示。从煤柱应力三维云图中能够更加直观地看到煤柱内部分区的特征:① 此时煤柱基本分为两个区域,第一个区域整体应力较高,为上分层实体煤下方,第二个区域整体应力较低,为上分层采空区下方;② 煤柱应力由外部向内部逐渐递增,最终在煤柱中间靠 W1123 工作面侧达到峰值。

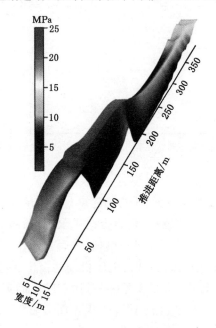

图 9-5　煤柱应力场的空间分布

　　数值模拟回采过程中煤柱应力峰值与应力峰值增量如图 9-6 所示,通过对比不同回采进度下煤柱内部的应力峰值与应力峰值增量发现:① 在 W1123 工作面回采过程中煤柱应力峰值从 28.109 4 MPa 增长到 55.159 0 MPa,增长率为 96.2%,应力峰值增长过程基本可

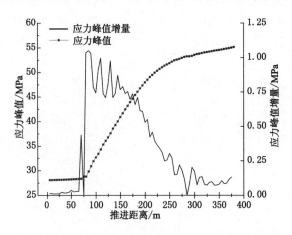

图 9-6　煤柱峰值应力与推进距离的关系

以划分为稳定区、激增区和缓增区三个阶段;② 应力峰值增量曲线在 W1123 工作面回采过程中开始时较为平稳,但在模型推进 80 m 左右时出现突增,此时煤柱两侧高应力区域进行叠加;③ 应力峰值增量在 $80\sim150$ m 范围内出现剧烈波动,反映出此阶段煤柱受到明显的非线性加载影响,煤柱内部应力变化显著,容易诱发冲击地压。

9.2.3　煤柱不同位置应力变化

在煤柱内部布置 7 个监测点,分别位于 10 m、70 m、130 m、190 m、250 m、310 m、370 m。将这 7 个监测点在整个回采过程中的应力数据提取出来。煤柱不同位置应力曲线如图 9-7 所示。

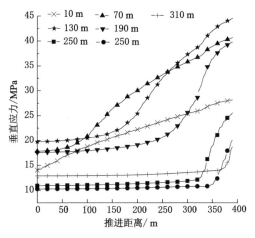

图 9-7　煤柱不同位置应力曲线

通过对比图 9-7 中煤柱不同位置应力曲线发现实体煤下和采空区下方回采时煤柱应力出现明显的差异性:① 实体煤下部煤柱应力出现明显增长的位置超前于工作面推进位置,即工作面未回采至当前区域时该区域煤柱应力已经开始增长;② 采空区下部煤柱应力出现明显增长的位置落后于工作面推进位置,即工作面回采当前区域结束后该区域煤柱应力才开始明显增长。

9.3　物理相似材料模拟实验设计

相关结果表明,物理相似材料模拟实验可以再现工作面开采过程中的结构[92-93]。采用物理相似材料模拟实验的手段对受重复采动影响下的顶板-煤柱结构进行研究。

9.3.1　确定模型实验架和相似系数

模型实验架需要足够的坚固并具有一定的宽度,以确保模型的稳定性。已经有大量的科研人员探究了模拟材料的配比与真实岩层强度的关系。实验模型将完全基于宽沟煤矿现场地质情况与工作面开采情况进行搭建,此次实验将使用 3 000 mm×200 mm×1 500 mm 的实验架进行模型的构建,采用沙子为骨料、大白粉和石膏粉为胶结材料对 W1123 工作面及其上覆岩层进行模拟。通过调整不同原材料的配比以达到对现场岩层强度的模拟。结合单边界条件,几何相似常数如下:

$$\alpha_l = l_m / l_p = 1/200 \tag{9-1}$$

式中　l_m——模型材料的长度，m；

　　　l_p——原型材料的长度，m。

根据所选模拟材料的性质和材料的比例，体积密度相似常数如下：

$$\alpha_\gamma = \gamma_m / \gamma_p = 1 \tag{9-2}$$

式中　γ_m——模型材料的密度，kg/m³；

　　　γ_p——原型材料的密度，kg/m³。

根据相似原理和量纲分析，在一定的关系下，应满足体积密度相似常数 α_r、应力相似常数 α_σ、时间相似常数 α_t、几何相似常数 α_l 之间的关系如下：

$$\alpha_\sigma = \alpha_r \alpha_l , \quad \alpha_t = \sqrt{\alpha_l} \tag{9-3}$$

其中，应力相似常数一般为 $\alpha_\sigma = 0.081$，时间相似常数一般为 $\alpha_t = 0.071$。

9.3.2　物理相似材料的比例及用量

通过对岩石力学试验数据的分析，对每个地层进行骨料和胶结材料配比进行确定，最后制作模型。模型材料的具体配比如表 9-3 所列，其中，骨料∶石膏粉∶大白粉的质量比例给出了实验值。

表 9-3　物理相似材料用量及配比

序号	地层	厚度/cm	材料比例	河沙/kg	石膏粉/kg	大白粉/kg
1	泥岩		40∶3∶7	13.87	1.04	2.42
2	砂质泥岩	6	20∶1∶4	13.60	0.68	2.72
3	泥岩	5	40∶3∶7	13.87	1.04	2.42
4	砂质泥岩	7	20∶1∶4	13.60	0.68	2.72
5	砂岩	6	45∶1∶4	13.30	0.29	1.18
6	砂质泥岩	4	20∶1∶4	13.60	0.68	2.72
7	粉砂岩	4	70∶9∶21	13.76	1.77	4.13
8	泥岩	3	40∶3∶7	13.87	1.04	2.42
9	砂质泥岩	7	20∶1∶4	13.60	0.68	2.72
10	中粒砂岩	8	35∶3∶12	13.34	1.14	4.57
11	砂质泥岩	4.5	20∶1∶4	13.60	0.68	2.72
12	泥岩	4	20∶1∶4	13.60	0.68	2.72
13	中粒砂岩	2.5	35∶3∶12	13.34	1.14	4.57
14	B₁煤	1.5	20∶1∶5	15.65	0.78	3.91
15	泥岩	4	40∶3∶7	13.87	1.04	2.42
16	中粒砂岩	7	35∶3∶12	13.34	1.14	4.57
17	B₃煤	0.9	20∶1∶5	3.40	0.17	0.85
18	泥岩	1.5	40∶3∶7	13.87	1.04	2.42
19	粉砂岩	8	70∶9∶21	13.76	1.77	4.13
20	B₂煤	4.75	20∶1∶5	4.28	0.21	1.07
21	泥岩	2	40∶3∶7	13.87	1.04	2.42
22	粉砂岩		40∶3∶7	7.87	0.59	1.38

注：表中河沙、石膏粉、大白粉的质量均为 1 cm 厚模型的材料用量。

9.3.3 结构分析

物理相似材料模拟实验的结果表明,因 B_2 煤层顶板由一层极厚且坚硬的细砂岩组成,所以在采空区内它不会像其他顶板一样在重力作用下完全破碎,而是形成一定完整性的块体。煤柱附近的块体因没有足够的空间坍塌,而形成了一种顶板与煤柱相互铰接的"顶板-煤柱"结构,如图 9-8 和图 9-9 所示。

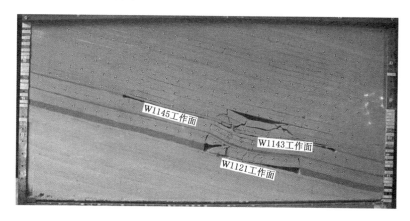

图 9-8 W1121 工作面回采覆岩垮落特征

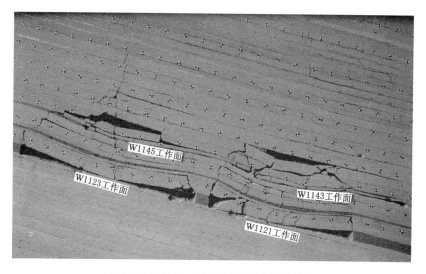

图 9-9 W1123 工作面回采覆岩垮落特征

顶板铰接结构如图 9-10 所示,其中 $\alpha=14°$,β 是岩块与水平方向之间的角度,γ 是岩块的旋转角度。岩块在旋转过程中的几何关系如图 9-11 所示。

此外,当挤压压力沿界面呈线性分布时,合力作用点的位置为 $n=p/3$[94]。岩体的厚度和重量远小于上覆岩层的厚度和重量,因此在计算过程中可忽略旋转岩块本身的重量;旋转岩块的长度比上覆岩层的长度小得多,因此将旋转岩块上方的荷载简化为均布荷载,受力分析如图 9-12 所示。其中,α 为煤层倾角;β 为岩块回转后与水平方向的夹角;γ 为岩块回转角度;q 为岩块上方荷载;T_B,T_D 为水平作用力;R_B,R_D 为支反力;l 是两力作用点的水平距离。

通过受力分析得出:

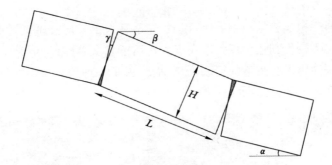

图 9-10　顶板铰接结构示意图

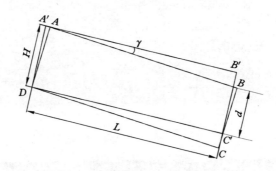

图 9-11　岩块回转过程中的几何关系

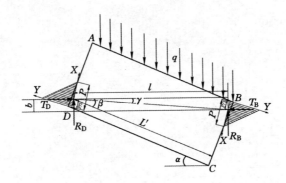

图 9-12　力学分析与几何分析

① 力学条件

$$R_D = R_B \tag{9-4}$$

$$T_D + qL\tan\gamma = T_B \tag{9-5}$$

$$R_D + R_B = qL \tag{9-6}$$

$$T_D b + R_D l = \frac{qL^2}{2} \tag{9-7}$$

② 几何条件

$$b \approx \frac{L'\sin\gamma}{\cos 14°} \approx \frac{L\sin\gamma}{\cos 14°} \tag{9-8}$$

$$l \approx \frac{L' \cos \gamma}{\cos 14°} \approx \frac{L \cos \gamma}{\cos 14°} \tag{9-9}$$

联立式(9-4)～式(9-9),得

$$T_{\mathrm{D}} = \frac{qL}{2} \cdot \frac{\cos 14° - \cos \gamma}{\sin \gamma} \tag{9-10}$$

对 γ 求导,得

$$T'_{\mathrm{D}} = \frac{qL}{2} \cdot \frac{1 - \cos 14° \cos \gamma}{\sin^2 \gamma} \tag{9-11}$$

在岩块回转过程中 $0° < \gamma < 90°$,因此 $T'_{\mathrm{D}} > 0(0° < \gamma < 90°)$,$T_{\mathrm{D}}$ 是关于 γ 的单调递增函数。

当 W1123 工作面回采前,"顶板-煤柱"结构仅出现在煤柱的一侧,如图 9-13(a)所示。部分上覆岩层的重量由 W1121 工作面采空区形成的单侧的"顶板-煤柱"结构承担。因此,煤柱此时必然会产生单侧的应力集中。而"顶板-煤柱"结构是一种过渡状态,随着时间的推移,采空区在上覆岩层载荷的作用下逐渐压实,此时形成的自由空间会令"顶板-煤柱"结构沿铰接点进行转动,转动的过程中不可避免地会对煤柱产生挤压作用,使煤柱的单侧应力集中的程度加剧。且 B_2 煤层煤质较为坚硬,B_2 煤层顶板也具有冲击倾向性。因此,煤柱内部能够储存大量的弹性能,为发生冲击地压提供了储能基础,动力灾害发生的可能性和危险性明显增加。

(a) W1121工作面采空区结构　　　　　(b) W1123工作面采空区结构

图 9-13　不同回采阶段下"顶板-煤柱"结构

当 W1123 工作面回采结束后,在煤柱双侧均出现"顶板-煤柱"结构,如图 9-13(b)所示。此时煤柱受到双侧"顶板-煤柱"结构的影响必然会产生双侧的应力集中,且 B_2 煤层平均倾角为 14°,W1123 工作面侧结构对煤柱内部的影响程度大于 W1121 工作面侧结构对煤柱内部的影响程度。

9.4　动力载荷分析及防控方法

由前文分析可知,煤柱受上覆遗留煤体和采空区"顶板-煤柱"结构的双重影响,内部弹性能已经大量积聚,若受到冲击载荷的作用,煤柱瞬时储存的能量有可能超过其所能储存的极限而被破坏,导致其在短时间内释放大量的能量,从而产生冲击地压。

9.4.1　动力载荷分析

根据物理相似材料模拟实验的结果与现场工程经验分析可知,煤层开采导致关键层结构的失稳是造成冲击地压的动力原因。W1123 工作面上方有一层厚度为 14 m 的关键层,关键层失稳后,其在重力的作用下会撞击到已经垮落的岩层上方并同时产成一股弹性波,当弹性波经过已达临界状态的煤柱时,煤柱会瞬间释放大量的能量并以冲击地压的形式体现出来。

9.4.2 周期来压

将发生冲击地压事件前后的 W1123 工作面液压支架传感器数据绘制成支架压力云图（图 9-14），从图中可以看出，W1123 工作面在 2 月 16 日左右出现了一次小范围的周期来压，2 月 18 日周期来压结束，共持续 3 天。在 3 月 5 日左右再次出现周期来压，3 月 9 日结束，共持续 5 天。第二次周期来压的规模较前一次周期来压范围更广，强度更大。且发生冲击地压事件恰好处在工作面大范围来压的时间段内，因此 W1123 工作面周期来压也是导致冲击事件发生的诱因之一。

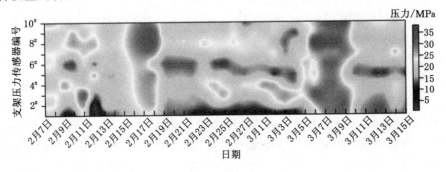

图 9-14　支承压力随时间变化

9.4.3 防控方法讨论

根据上述分析，主要有两个方面影响煤柱内部应力：一方面是煤柱承载上方岩层的静止载荷，另一方面是工作面回采造成的动载。关键层随着回采空间的增大达到极限跨距后突然垮落产生的动载荷是引发冲击地压的主要原因。因此，W1123 工作面冲击地压防治方法应当从以下两方面来考虑（图 9-15）：

（1）对岩体进行处理。对顶板超前预裂可减弱关键层破断带来的冲击载荷，因为顶板会对上覆岩层起到承载作用，及时对顶板进行处理会对顶板上方已经积聚的弹性能进行人为干预而主动耗散，避免大量弹性能的一次性突然释放。对端头进行超前预裂实际上是一种切顶方法，即让顶板沿着设计好的位置垮落，避免形成"顶板-煤柱"结构而使煤柱内部产生高应力区。

（2）对煤体进行处理。对煤体进行爆破不仅可以提高放顶煤的资源回收率，而且可以使煤体内部产生许多裂隙，大直径钻孔使煤体内部出现自由空间，引导煤体内部进行应力释放。以上两个措施都是主动对煤体内部的弹性能进行释放，避免弹性能大量累积。岩石强度对弹性能积累的上限起决定性作用，而水对岩石的力学性质有着极大的劣化效果[95]。因此对煤体进行注水也可以有效降低注水影响范围内部煤体的强度，从而降低弹性能累积的上限。

在效果检测方法中，微震/地音/电磁辐射监测系统能将振动信号、声信号、电磁辐射信号进行处理，反映出煤岩体内部变形破裂和能量释放程度[76,96-100]；钻孔电视能够直观反映爆破后切顶及预裂效果[101]；钻屑法通过钻出煤粉量与煤体应力状态具有定量关系这一特性，能够评价煤体应力状态[102]。

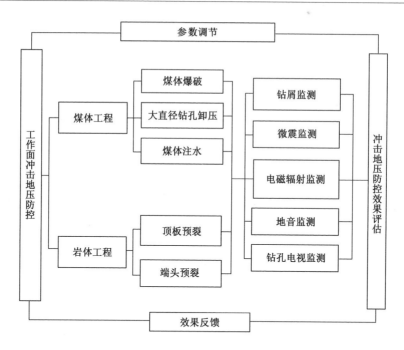

图 9-15　冲击地压防控方法

9.5　本章小结

（1）通过数值模拟实验发现 W1123 工作面未开始回采时煤柱两侧均已出现高应力集中区，随着工作面推进，高应力集中区形成 X 状重叠。W1123 工作面实体煤下方煤柱与采空区下方煤柱应力状态存在明显差异性，具体表现为实体煤下方煤柱垂直应力大于采空区下方煤柱垂直应力。实体煤下方煤柱应力出现明显增长的位置超前于工作面推进位置，采空区下方煤柱应力出现明显增长的位置落后于工作面推进位置。

（2）物理相似材料模拟实验的结果表明了在巨厚坚硬顶板的条件下易于形成"顶板-煤柱"结构，此结构的存在使煤柱内部的应力值大幅增加。

（3）W1123 工作面煤柱型冲击地压是受静载和动载双重影响下的结果，但造成冲击地压的"导火索"是关键层破断释放的能量。关键层释放的能量打破了煤柱内部的应力平衡极限，造成了冲击地压的发生。

（4）综合考虑诱发冲击地压的各种因素，从诱发冲击地压源头进行处理。对岩层进行处理，避免顶板岩层弹性能累积；对煤层进行处理，避免煤层弹性能累积。

10 关键层破断诱发冲击地压的物理相似材料模拟实验研究

随着我国煤矿采深的不断增加和采动面积的加大,越来越多的矿井发生冲击地压等动力灾害[103]。姜耀东等[81]对冲击地压发生特征进行了全面的总结,提出了需要解决的 4 个方面的科学问题,指出了冲击地压防治水平的努力方向。但由于发生冲击地压影响因素较多,对冲击地压发生和防治机理的认识还有待进一步提升。近年来深部开采的矿井中往往受到高位硬岩层运动的影响,频发的采场动力灾害越来越受到人们的重视。

钱鸣高院士在《岩层控制的关键层理论》[104]中提出了关键层对覆岩的控制作用,这为研究采动岩体活动规律与采动损害现象奠定了基础。地球物理探测技术的快速发展,有力地提升了矿井动力灾害的监测水平,其中微震监测技术最为显著[105]。国外对微震监测技术研究较早,南非、加拿大、澳大利亚等国最先将微震监测技术用于研究金属矿山深部动力灾害,重点是监测金属矿山岩爆发生的规律。在煤矿动力灾害研究方面,波兰、德国开展的微震监测技术研究也取得了丰硕的成果。国内从 20 世纪 80 年代开始引进、研究微震监测技术,并在许多矿井进行应用。姜福兴等[106-118]采用微地震定位监测技术探测采场围岩的破裂形态,由此推演和总结了覆岩空间破裂形态与采动应力场的关系,提出了对软硬件改造的方案,开发了井下智能化、自动化和可视化微震监测系统,为微震监测技术的推广和发展奠定了基础。贺虎等[109]研究发现关键层运动破断诱发冲击地压前后,微震事件的时空演化规律、前兆信息显著,为利用岩层运动理论与微震监测相结合的方法预测冲击地压奠定了基础。窦林名等[110]根据工作面上覆岩层边界状态的不同,将覆岩空间结构分为 OX、F 与 T 型 3 类,研究了 OX-F-T 演化特征,分析了各工作面开采过程中的微震事件分布规律,为冲击震动的预防提供了理论指导。陆菜平等[111-112]利用煤岩试样变形破裂直至冲击破坏全过程的微震信号,从频谱特性进行微震信号的辩识,从而为预测预报矿井重大动力灾害提供了一条新的途径。陈通等[113]分析了采动引起的微震事件分布规律与岩体微破裂以及二者之间的相互关系,发现开采引起的微震活动的能量和震级符合双峰分布模型。

以上学者对矿井现场微震监测及冲击地压发生规律进行了大量的分析研究,在实践中取得了良好的应用效果,但是对于物理相似材料模拟实验中采用微震监测覆岩关键层破断特征少有研究。本书以宽沟煤矿 W1123 工作面冲击倾向性顶板控制为工程背景,基于对现场实测微震、支架压力规律的分析,开展物理相似材料模拟实验,并结合微震监测系统、压力传感器研究实体煤与采空区下回采煤岩体微震事件分布规律和矿压规律,从微震能量积聚和释放的角度探讨上覆岩关键层运动诱发工作面冲击地压的机理,为 W1123 工作面顶板关键层控制的现场实践提供科学依据,保障矿井的安全生产。

10.1 工程背景

宽沟煤矿一采区西翼主采 B_4^1 煤层和 B_2 煤层,目前开采 W1123 工作面。该工作面位于 $+1\,255$ m 水平,工作面对应地面标高为 $+1\,660\sim+1\,820$ m,采深 392 m 左右,走向长度 $1\,468$ m,倾斜长度 192 m,现开采 B_2 煤层,煤层倾角 $12°\sim14°$,平均厚度 11.3 m,采用综放开采,工作面顶板为坚硬顶板,煤层与顶板裂隙节理均不发育且具有冲击倾向性。利用关键层判别法[104]计算得出 B_4^1 煤层上方 21.9 m 处的 15.9 m 厚的粗粒砂岩为覆岩主关键层,B_2 煤层上方 21.8 m 处的 14.0 m 厚的粗粒砂岩为覆岩亚关键层,W1123 工作面联络巷向西 $13\sim745$ m 段上部为 B_4^1 煤层 1145 工作面采空区。

目前 W1123 工作面正在回采,回采过程中发现由于宽沟煤矿 B_2 煤层及其顶底板具有冲击倾向性,且当 W1123 工作面在接近和跨入 B_4^1 煤层采空区下方时,W1123 工作面部分区域将会受到上部采空区及自身超前支承压力叠加的影响。W1123 工作面回采过程中,覆岩关键层的运动与垮落也会对工作面生产造成影响,容易导致动力灾害的发生。

10.2 现场覆岩破断垮落特征

10.2.1 W1123 工作面现场微震监测分析

通过对 W1123 工作面开采期间(2018 年 2—5 月)微震事件的记录,分析了工作面推进范围内微震事件分布规律,探讨发生大能量事件的微震特征,为保障工作面安全快速推进制订方案。W1123 工作面在 2018 年 2 月份共推进 43 m,本月工作面处于初放阶段,微震事件相对较多,共监测到微震事件 841 次,主要以能量为 $10^1\sim10^4$ J 的事件为主,占到总事件的 78.00%,反映出该阶段不存在大面积顶板断裂现象。微震事件主要发生在工作面中下部距工作面 100 m 范围的顶板、顶煤及底板中。

W1123 工作面在 2018 年 3 月份共推进 53.2 m,本月共监测到微震事件 1 638 次,主要以能量为 $10^1\sim10^4$ J 的事件为主,占到总事件的 88.40%,微震事件仍主要发生在工作面中下部区域超前工作面 100 m 范围内的顶板、顶煤及底板中,且随着工作面的推进微震事件向前迁移。微震事件发生位置显示出在工作面中下部应力相对较高,煤壁破碎,运输巷超前支护段巷道变形严重。在 2018 年 3 月 7 日工作面回采到 1 401 m 的位置(图 10-1),运输巷煤柱侧出现 1 次大能量事件,经计算能量为 3.1×10^5 J,超前 W1123 工作面约 60 m。大能量事件发生时伴随有较大响声,造成运输巷超前工作面 $50\sim55$ m 段下帮肩窝有网兜。大能量事件发生后还引发次生小能量事件频发,在该位置 45 m 范围内的围岩仍持续活动,活动层位主要位于 B_2 煤层与 B_3 煤层之间的岩层,但次生事件的能量较小。

2018 年 4 月份监测的微震事件发生情况与 3 月份类似,以能量为 $10^1\sim10^4$ J 的事件为主,占到总事件的 84.01%,事件主要发生在工作面中下部区域超前工作面 100 m 范围内的顶板、顶煤及底板中。5 月份,在 B_3 煤层顶板至 B_4^1 煤层顶板之间有微震事件发生,说明工作面中部顶板活动层位较高。

将 2018 年 2—5 月份的现场微震事件进行统计,得到了现场不同能量等级的微震事件分布特征(表 10-1)。从表 10-1 可以看出,微震事件能量主要集中在 $10^1\sim10^4$ J 内,这类事

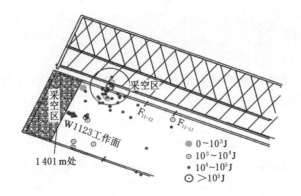

图 10-1　3 月 7 日 W1123 工作面大能量事件位置

件占总事件的 86.89%；只有在 3 月份发生了 1 次大事件（能量大于 10^5 J 事件）。

表 10-1　现场微震事件分布

月份	不同能量等级微震事件的数量/个					
	$0\sim10^1$ J	$10^1\sim10^2$ J	$10^2\sim10^3$ J	$10^3\sim10^4$ J	$10^4\sim10^5$ J	$>10^5$ J
2	135	294	202	160	50	0
3	123	488	607	353	66	1
4	0	460	656	476	303	0
5	0	344	401	356	46	0

10.2.2　W1123 工作面顶板来压特征

通过对 W1123 工作面开采期间（2018 年 1—3 月）支架压力的监测记录，分析工作面推进范围内矿压分布规律，探讨发生大能量事件的顶板来压特征，为研究大事件顶板来压特征和微震事件特征之间的关系提供依据。

W1123 工作面采用 ZF10000/20/35 支撑掩护式液压支架，初撑力 24 MPa。2018 年 1 月 23 日至 1 月 31 日，工作面共回采 12.2 m。通过支架压力分布（图 10-2），可以看出支架压力整体较平稳，在回采过程中 40#~80# 支架初撑力未达到要求，应及时对该区域进行调整，支架最大压力整体在 30~40 MPa 之间。

2018 年 2 月，W1123 工作面进行正常回采，共推进 43 m。从图 10-2 可以看出，工作面初放期间，2 月 14 日支架压力开始升高，压力保持在 30~40 MPa 之间；在 2 月 23 日—28 日 20#~30# 支架压力较大，超过 40 MPa，根据相邻 W1121 工作面回采经验，该区域工作面来压属于局部顶板下沉所致，不属于直接顶初次来压。

2018 年 3 月，W1123 工作面共回采 53.2 m。从图 10-1 可以看出，3 月 7 日发生大能量事件，18#~22# 支架压力突然升高，30# 支架初撑力不足；3 月 20 日—25 日工作面 27#~50# 支架最大压力超过 40 MPa，工作面中下部有来压迹象。3 月 27 日 50#~70# 支架承压整体较高，主要是由于近两日未生产，工作面顶板缓慢下沉，致使支架承压较高。

2018 年 1—3 月 W1123 工作面支架压力的分布特征表明，在工作面初放阶段支架压力普遍升高，升高趋势较为明显。在 3 月 7 日发生大能量事件之前，18#~22# 支架压力突然

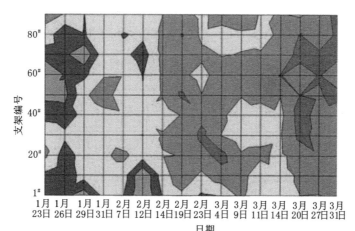

图 10-2 支架压力分布

升高,说明此处岩层发生破裂产生裂隙,局部开始弯曲下沉。3月20日后,工作面下部支架承压整体相对较高,22#~90# 支架最大压力在 40 MPa 以上,工作面下部来压明显。

10.3 基于微震监测的覆岩破断及垮落模拟实验

10.3.1 微震监测原理与设备

实验表明随着岩石被逐渐加压,其内在微缺陷被压裂或扩展或闭合,此时产生能级较小的声发射,当裂纹扩展到一定规模、岩石受载强度接近其破坏强度的一半时,开始出现大范围裂隙贯通并产生能级较大的声发射,称之为微震。当压力越接近岩石的极限强度时,微震事件的次数越多,直至岩石破坏[103]。每一个微震信号都包含着岩体内部状态变化的丰富信息,对接收到的微震信号进行处理、分析,可作为评价岩体稳定性的依据。因此,可以利用岩体微震的这一特点,对岩体的稳定性进行监测,从而预报顶板垮落、冲击矿压等矿井重大动力灾害现象[114-118]。基于此原理,本次物理相似材料模拟实验微震监测仪采用波兰矿山研究总院采矿地震研究所设计制造的新一代微震监测仪(SOS 微震监测仪)。SOS 微震监测仪的速度传感器震动信号的频带宽度为 0.1~600 Hz;传感器灵敏度为 50~15 000 mA · s/m;采样频率最大为 2 500 Hz。通过分析微震参数(微震能量、微震事件频次)时空演化规律,并对实验过程中覆岩破断进行研究,获取工作面在关键层破断的微震事件特征及其与工作面来压之间的关系,为矿井冲击地压的预防提供指导。

10.3.2 物理相似材料模型构建

以宽沟煤矿 W1123 工作面地质条件为原型搭建物理相似材料模型。实验采用 5.0 m×0.3 m×2 m(长×宽×高)的模型架,几何相似比例(模型:原型)为 1:200,模型铺装尺寸为 5.0 m×0.3 m×1.89 m。考虑到 B_2 煤层埋深为 392 m,但在实验中覆岩高度模拟了 352 m,还有 40 m 基岩没有铺装。因此,在模型顶部加载一层铁砖相当于 40 m 厚的覆岩,加载的应力为 0.8 MPa。以宽沟煤矿 W1123 工作面 ZK201 钻孔柱状图探明的 B_2 煤层覆岩岩性为基准制定相似材料配比。在模型铺装过程中采用的材料为河沙、大白粉、石膏粉、水,其中在对煤层进行配比时要加入粉煤灰。在本次实验中物理相似材料组成、强度等与实际差别很小,能较好地模拟实际岩层。工作面按照原型中工作面的推进速度沿走向推进,同步进行微震监测分析岩层破断规律。

监测系统的具体布置方式如图 10-3 所示。在模型底部铺设 69 个压力传感器,传感器采用电阻应变式测力传感器,其监测结果单位为 kg(量程 0～100 kg),开采时实时观测;在模型中安装 10 个微震传感器(速度传感器共 6 个,编号是 1#、2#、3#、4#、6#、9#;加速度传感器共 4 个,编号是 11#、14#、15#、16#)。

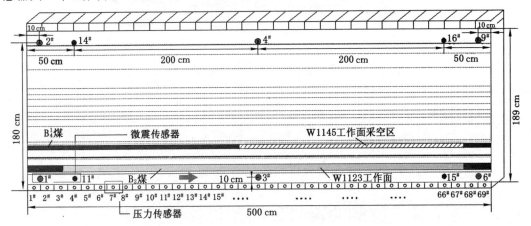

图 10-3　微震、压力传感器分布图

完成 W1145 工作面回采并等待覆岩垮落稳定后(图 10-4),在距离模型左边界 38 cm 开切眼,开始回采 W1123 工作面,直至距离模型右侧 30 cm 时结束,共计回采 432 cm。

图 10-4　物理相似材料模型 W1145 工作面回采完成

10.3.3　W1123 工作面回采期间微震特征

W1145 工作面回采结束,继而回采 W1123 工作面。走向物理相似材料模拟实验主要是分析 W1123 工作面回采过程中走向方向上覆岩层在采空区段与实体煤段分别作用下对应区域的破断与垮落规律等,评估走向方向覆岩破断和垮落后形成结构的稳定性,并在此基础上与现场矿压显现特征进行对比验证,指导现场相关参数的优化。

图 10-5 是 W1123 工作面回采 0～82.8 cm(0～165.6 m)时的微震事件特征。由图 10-5(a)可知,在回采 W1123 工作面时微震事件主要集中在 B₂ 煤层直接顶附近岩层中。当工作面推

进 44.4 cm(88.8 m)时直接顶初次垮落,推进过程中工作面前方有大能量事件发生,能量主要集中于 50～100 J。工作面推进 63.6 cm(127.2 m)时微震事件频发,微震事件主要分布在 B$_4^1$ 煤层上部,说明在直接顶垮落后上覆岩层还有轻微的震动发生。在基本顶初次垮落时,微震事件能量高的点位于 B$_4^1$ 煤层开切巷附近。

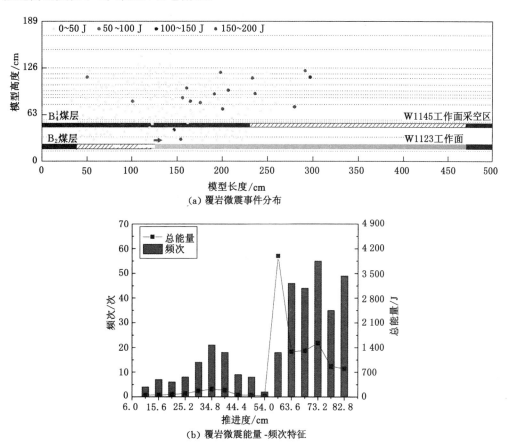

(a) 覆岩微震事件分布

(b) 覆岩微震能量-频次特征

图 10-5　W1123 工作面回采 0～82.8 cm(0～165.6 m)时的微震事件特征

由图 10-5(b)可知,在 W1123 工作面 0～82.8 cm(0～165.6 m)开采过程中,当工作面推进 44.4 cm(88.8 m)时直接顶初次垮落,微震事件总能量为 50 J、频次为 9 次;工作面推进 54.0 cm(108.0 m)时直接顶垮落,微震事件总能量为 32 J、频次为 2 次;工作面推进 63.6 cm(127.2 m)时直接顶继续垮落,微震事件总能量为 1 285.26 J、频次为 46 次;工作面推进 73.2 cm(146.4 m)时基本顶初次来压,微震事件总能量为 1 531 J、频次为 55 次。上述分析表明:在初次垮落前频次明显增多,岩层裂纹增多,在岩层内部多处断裂,而在发生垮落时频次和能量都降低。在周期来压前能量会突然增加,预示着岩层活动频繁,裂纹增加,裂隙互相贯通。W1123 工作面微震事件频次数显然高于 W1145 工作面的微震事件频次数,说明开采扰动的影响范围更大。直接顶在初次垮落前能量明显增高,在垮落后能量降低。W1123 工作面推进 57.6 cm(115.2 m)时能量突然增高,增高区域主要在工作面煤壁前方。

图 10-6 是 W1123 工作面回采 82.8～130.8 cm(165.6～261.6 m)时的微震事件特征。

结合前文及图 10-6(a)可知,当工作面推进 87.6 cm(175.2 m)时上覆岩层发生大面积的垮落,B_4^1 煤层及其直接顶也随之垮落同时产生离层现象,微震事件能量集中区域在工作面上方23.0 cm(46.0 m)处;随着工作面的继续推进,岩层垮落高度逐渐上升至 40.0 cm(80.0 m),微震事件主要集中在垮落岩层附近;工作面继续推进主关键层开始垮落,同时有大能量事件发生,能量主要集中在 150～200 J,随着垮落高度继续上升,下部发生离层的岩层已重新闭合。岩层垮落高度达到 B_2 煤层上方 80.0 cm(160.0 m)处,这一区域受开采扰动影响较大,随着工作面的继续推进岩层可能会逐步断裂。

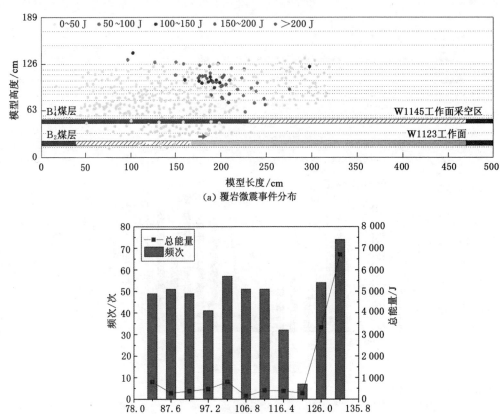

(a) 覆岩微震事件分布

(b) 覆岩微震能量-频次特征

图 10-6 W1123 工作面回采 82.8～130.8 cm(165.6～261.6 m)时的微震事件特征

结合前文及图 10-6(b)可知,在 W1123 工作面回采 82.8～130.8 cm(165.6～261.6 m)回采过程中,当工作面推进 87.6 cm(175.2 m)时亚关键层岩层垮落高度为 23.0 cm(46.0 m),微震事件总能量为 280.07 J、频次为 51 次;推进 106.8 cm(213.6 m)时亚关键层岩层垮落高度为 40.0 cm(80.0 m),微震事件总能量为 140.83 J、频次为 51 次;推进 121.2 cm(242.4 m)时主关键层岩层垮落高度为 57.0 cm(114.0 m),微震事件总能量为 281 J、频次为 7 次;推进到 130.8 cm(261.6 m)时主关键层岩层垮落高度为 80.0 cm(160.0 m),微震事件总能量为 6 710 J、频次为 74 次。上述分析表明:主关键层岩层所控制的厚度有30.0 cm(60.0 m),其突然垮落对 W1123 工作面采空区产生强烈的冲击。发生在此开采阶段微震事件总的特征是"高频次低能量"。高频次说明开采扰动的影响范围较大，低能量说明开采对覆岩影响不大。随着垮落高度的增加频次也随之增多。

图 10-7 是 W1123 工作面回采 130.8～193.2 cm(261.6～386.4 m)时的微震事件特征。由图 10-7(a)可知，该回采阶段是 W1123 工作面从距离上层煤(W1145 工作面)开切巷 61.2 cm(122.4 m)处开始推进一直到上层煤开切巷。微震事件主要集中在上层煤开切巷后方区域，从工作面推进 130.8 cm(261.6 m)处开始微震事件明显增加，能量大多在 200 J 以上；工作面推进 169.2 cm(338.4 m)时微震事件主要分布在破断线前方，能量主要集中在 150～200 J。

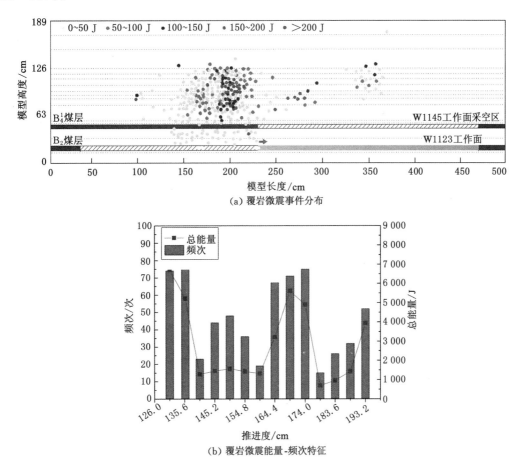

(a) 覆岩微震事件分布

(b) 覆岩微震能量-频次特征

图 10-7　W1123 工作面回采 130.8～193.2 cm(261.6～386.4 m)时的微震事件特征

结合前文及图 10-7(b)可知，W1123 工作面回采 130.8～193.2 cm(261.6～386.4 m)过程中，当工作面推进 130.8 cm(261.6 m)时微震事件总能量为 6 710 J、频次为 74 次，此处的能量最大，微震事件发生的频次也最多；工作面推进 145.2 cm(290.4 m)时岩层垮落高度为 95.0 cm(190.0 m)，微震事件总能量为 1 449 J、频次为 44 次；工作面推进 159.6 cm(319.2 m)时岩层垮落至模型顶部，微震事件总能量为 1 313 J、频次为 19 次；随着工作面的继续推进，微震事件能量逐渐减小并趋于稳定，当工作面推进 164.4 cm(328.8 m)时微震事件能量开始升高，在 169.2 cm(338.4 m)处微震事件总能量达到峰值 5 607 J，频次为 71 次。

上述分析表明：当工作面推进 130.8 cm(261.6 m)时微震事件能量突然增加,这是因为随着 W1123 工作面向前推进上层煤未回采的实体煤不断断裂下沉,使得 W1123 工作面上方形成了一个宽度不断减小的煤柱,这个煤柱的存在使得上覆岩层的应力叠加。当 W1123 工作面推进到与上层煤断裂位置处时应力峰值达到最大,导致 W1123 工作面应力突然增加,微震大能量事件也随之发生。

由以上分析可知实体煤下回采 W1123 工作面微震分布规律,根据实验室微震监测数据绘制了覆岩微震事件分布与覆岩微震事件能量-频次特征图,如图 10-8 所示。从图中可以看出,有 4 个微震事件能量峰值。在开始回采 W1123 工作面时,微震事件主要集中在 B$_2$ 煤层直接顶附近岩层中。在基本顶初次来压时微震事件能量高的点位于 B$_4^1$ 煤层开切巷附近,说明 W1123 工作面的开采扰动会影响上层煤已垮落的岩层。当工作面推进 44.4 cm(88.8 m)时直接顶初次垮落,从图 10-8(b)中可以看出发生初次垮落前微震事件频次明显增多,而在发生垮落时能量都降低,这也表明在发生初次垮落事件前工作面上覆岩层裂纹增多,在岩层内部已经发生多处断裂。

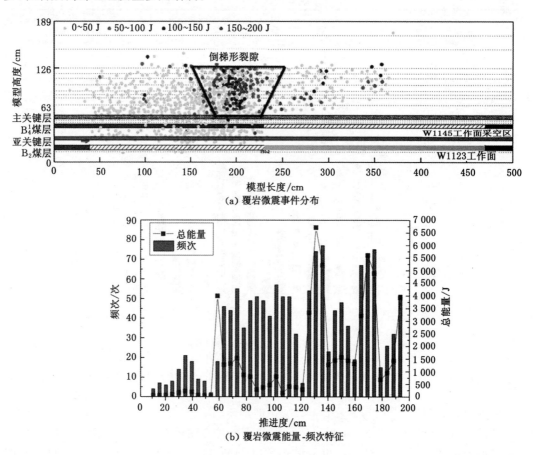

图 10-8 实体煤下回采 W1123 工作面微震事件特征

在 W1123 工作面推进 169.2 cm(338.4 m)时微震事件能量第三次达到峰值,微震事件总能量为 5 607 J,频次为 71 次,单次微震事件能量主要集中在 150～200 J,同时微震事件主要分布在破断线前方。随着工作面的推进,微震事件能量和频次开始下降,当 W1123 工作面推进 193.2 cm(386.4 m)时,在工作面移架前,支架处于 W1145 工作面采空区的交界之下,工作面上方覆岩产生垂直的剪切裂隙,沟通工作面和上方采空区,此刻微震事件能量第四次达到峰值,总能量为 3 941.4 J、频次为 52 次。

从图 10-8(a)可以看出,W1123 工作面在实体煤下回采时微震事件主要集中在开切巷后方覆岩中,范围是上层煤开切巷后方 34~110 m 之间,高度在 B_2 煤层上方 72~148 m 之间。W1123 工作面在实体煤下回采,属于单一煤层开采。顶板随工作面前移发生周期性的跨落,关键层垮落时微震事件能量达到最大;回采至上层煤开切巷附近微震事件频次增加,微震能量达到峰值。

图 10-9 是 W1123 工作面回采 169.2~236.4 cm(338.4~472.8 m)时的微震事件特征。由图 10-9(a)可知,微震事件能量较高的区域位于上层煤开切巷后方 20.0 cm(40.0 m)处,此时 W1123 工作面与上层煤重叠布置,W1123 工作面上部岩层产生裂隙,工作面应力达到峰值,微震事件能量大多在 200 J 以上。这也正好验证了 W1123 工作面回采到上层煤开切巷附近压力增大的现象。在破断角附近微震频发但是能量较低。随着工作面的继续推进,当上下煤层错距 5 cm(10 m)时上煤层实体煤随下煤层顶板垮落而下沉,微震事件能量开始下降,微震事件能量主要集中在 50~100 J。

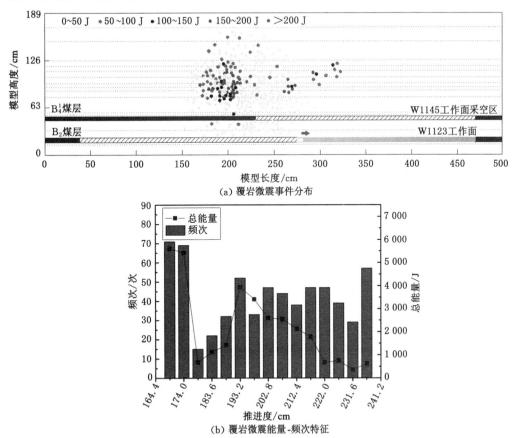

(a) 覆岩微震事件分布

(b) 覆岩微震能量-频次特征

图 10-9 W1123 工作面回采 169.2~236.4 cm(338.4~472.8 m)时的微震事件特征

由图 10-9(b)可知,W1123 工作面回采 169.2～236.4 cm(338.4～472.8 m)过程中,当工作面推进 193.2 cm(386.4 m)时正好位于 W1145 工作面的开切巷正下方,此时微震事件能量为 3 941.4 J、频次为 52 次。微震事件的能量从工作面推进 178.8 cm(357.6 m)时开始增加,推进 193.2 cm(386.4 m)时达到峰值,继续向前推进能量开始逐渐下降,推进 231.6 cm(463.2 m)时能量降到最低值为 354.9 J;微震事件的频次变化规律与此相似。上述分析表明:当工作面推进到 W1145 工作面的开切巷正下方时,岩层活动主要集中在上层煤上方距离开切巷 20.0 cm(40.0 m)处,W1123 工作面推进到与上层煤开切巷重叠位置,微震事件的能量达到峰值;当工作面推进到上层煤采空区下方时微震事件能量开始降低,在上层煤开切巷前方 5.0 cm(10.0 m)处 W1123 工作面的顶板突然垮落,发生大规模来压事件。

图 10-10 是 W1123 工作面回采 246.0～351.6 cm(492.0～713.2 m)时的微震事件特征。由图 10-10(a)可知,当工作面推进 318.0 cm(636.0 m)时微震事件主要发生在 W1123 工作面上覆岩层 80.0 cm(160.0 m)处,微震事件能量主要集中在 50～100 J,此处正是关键层破断的位置;在工作面推进 310.0 cm(620.0 m)时上覆岩层活动频繁,此处岩层断裂,裂纹增多。

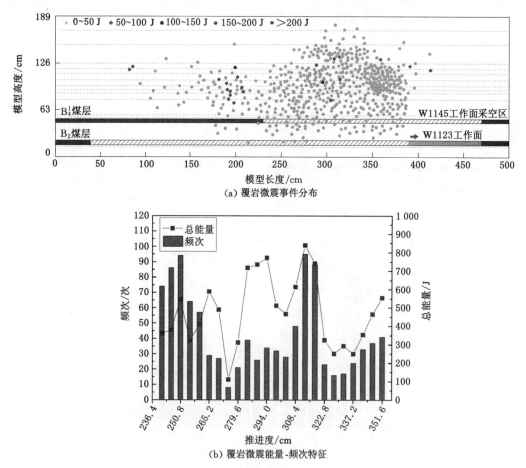

图 10-10 W1123 工作面回采 246.0～351.6 cm(492.0～713.2 m)时的微震事件特征

由图 10-10(b)可知,在 W1123 工作面推进过程中,当推进 255.6 cm(511.2 m)时亚关键层断裂总能量为 322.38 J、频次为 64 次；推进 294 cm(588 m)时覆岩亚关键层回转垮落，垮落高度达到 83 cm，断裂总能量为 771.32 J、频次为 34 次。上述分析表明：当工作面推进 255.6 cm(511.2 m)时，上覆岩层中亚关键层破断覆岩向下移动。在推进 250.8 cm(501.6 m)时，微震事件能量和频次达到峰值，说明岩层中裂隙发育明显、裂纹增多，为岩层的破断和运移创造了条件。推进度达到 294.0 cm(588.0 m)时覆岩关键层垮落，垮落高度达到83.0 cm(166.0 m)。垮落高度上升较快，造成大量岩层断裂下移，所以产生的能量较大。

图 10-11 是 W1123 工作面回采 356.4~432.0 cm(712.8~864.0 m)时的微震事件特征。由图 10-11(a)可知，在该回采阶段微震事件分布范围较广，但是能量较低。微震事件主要集中在 W1123 工作面上覆岩层，从图中可以看出，随着采空区覆岩垮落至模型顶部，工作面继续向前回采，直接顶和基本顶周期性垮落，诱发覆岩亚关键层周期性破断失稳，微震事件能量主要集中在 0~50 J；上部采空区岩层随着工作面的推进周期性垮落，在工作面回采的过程中，工作面微震事件呈现先增多后降低的趋势。垮落高度向上延伸已经到达模型顶部。

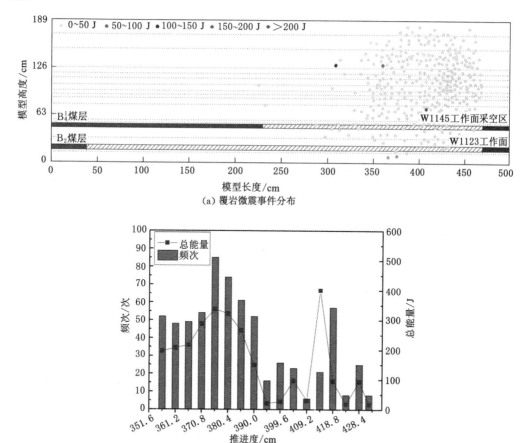

(a) 覆岩微震事件分布

(b) 覆岩微震能量-频次特征

图 10-11 W1123 工作面回采 356.4~432.0 cm(712.8~864.0 m)时的微震事件特征

由图 10-11(b)可知，在 W1123 工作面推进过程中，当工作面推进 375.6 cm(751.2 m)

时微震事件总能量为 336.58 J、频次为 85 次;工作面推进 414.0 cm(828.0 m)时微震事件总能量为 400.06 J、频次为 21 次。上述分析表明:岩层呈现出周期性的垮落趋势,能量先增大后下降,总体微震事件的能量较低。

根据以上分析,可知 W1145 工作面采空区下回采 W1123 工作面微震事件分布规律。W1123 工作面在采空区下进行回采,覆岩亚关键层主要承受上部采空区破断岩层载荷,对上部载荷运动起控制作用,随着工作面回采,直接顶和基本顶周期性垮落,诱发亚关键层破断垮落,导致上部采空区松散结构的再次运动,破断岩层进一步垮落波及地表。

当工作面推进 255.6 cm(511.2 m)时,超前上部采空区边界 63.6 cm(127.2 m),工作面上部主要承载岩层(亚关键层)破断垮落,诱发上部采空区破断岩层向下运动,亚关键层破断垮落的总能量为 322.38 J、频次为 64 次。工作面推进 294.0 cm(588.0 m)时覆岩关键层垮落,垮落高度达到 83.0 cm(166.0 m),关键层破断垮落的总能量为 771.32 J、频次为 34 次。岩层垮落高度上升较快,造成大量岩层滑移,产生的能量较大。

由图 10-12 可知,W1123 工作面在采空区下回采,微震事件主要集中在 W1145 工作面上覆岩层,随着采空区覆岩垮落至模型顶部,工作面继续向前回采,直接顶和基本顶周期性垮落,诱发覆岩亚关键层周期性破断失稳,微震事件能量主要集中在 0~50 J;上部采空区岩层随着工作面的推进周期性垮落,在工作面回采的过程中,工作面微震事件呈现先增高后降低的趋势。垮落高度向上延伸已经到达模型顶部。

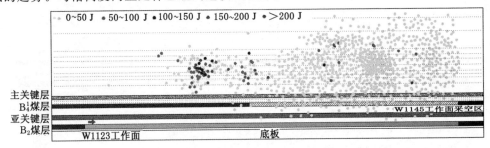

图 10-12　W1123 工作面回采 193.2~432.0 cm(386.4~864.0 m)时的微震事件特征

工作面在上层煤采空区下回采时微震事件呈现分布范围较广、能量较低的特点。这是因为覆岩在 W1145 工作面回采过程中已经破断垮落变得松散失去支撑能力,W1123 工作面回采扰动会引起上覆岩层的再次失稳,岩层发生移动持续产生小能量事件。

实验室物理相似材料模拟实验中的微震事件能量通常很小,在实际工作面回采中微震事件能量却是指数级的。如何定义实验室中大事件的能量成为指导实际回采的关键点呢?根据岩体动力破坏的最小能量原理[119],岩体破坏时能量值为

$$E' = \frac{\sigma^2}{2E} \tag{10-1}$$

式中　E'——岩体破坏时能量值,J;

　　　σ——岩层单轴方向受到的应力,MPa;

　　　E——弹性模量,MPa。

可将式(10-1)作为实验室下相似材料破坏时能量的计算公式,由此可得能量相似比 α'_E 为

$$\alpha'_E = \frac{E'_P}{E'_M} \tag{10-2}$$

式中　E'_P——原型材料破坏时能量消耗,J;

　　　E'_M——模型材料破坏时能量消耗,J。

将 E'_P 和 E'_M 通过式(10-1)转化代入式(10-2)中,得

$$\alpha'_E = \frac{\sigma_P^2 E_M}{\sigma_M^2 E_P} \tag{10-3}$$

式中　σ_P——原型材料的应力,MPa;

　　　σ_M——模型材料的应力,MPa;

　　　E_P——原型材料弹性模量,MPa;

　　　E_M——模型材料弹性模量,MPa。

相似模拟实验的应力相似比 α_σ 为

$$\alpha_\sigma = \frac{\sigma_P}{\sigma_M} \tag{10-4}$$

依据相似定理,应力相似比转化为

$$\alpha_\sigma = \frac{\gamma_P}{\gamma_M}\alpha_L \tag{10-5}$$

式中　γ_P——原型材料的密度,kg/m³;

　　　γ_M——模型材料的密度,kg/m³;

　　　α_L——几何相似比。

将式(10-4)和式(10-5)代入式(10-3)中,得

$$\alpha'_E = \frac{\gamma_P^2}{\gamma_M^2}\alpha_L^2 \frac{E_M}{E_P} \tag{10-6}$$

几何相似比 α_L、容重相似比 α_γ、弹性模量相似比 α_E 分别可用下式表示:

$$\alpha_L = \frac{L_P}{L_M} \tag{10-7}$$

$$\alpha_\gamma = \frac{\gamma_P}{\gamma_M} \tag{10-8}$$

$$\alpha_E = \frac{E_P}{E_M} \tag{10-9}$$

式中　L_P——原型材料的长度,m;

　　　L_M——模型材料的长度,m。

将式(10-7)~式(10-9)代入式(10-6)中,得

$$\alpha'_E = \frac{\alpha_\gamma^2 \alpha_L^2}{\alpha_E} \tag{10-10}$$

本次实验中物理相似常数 $\alpha_\gamma = 1.5$,$\alpha_L = 200$,$\alpha_E = 300$,将 α_γ,α_L,α_E 的值代入式(10-10),得 $\alpha'_E = 300$。

将 α'_E 代入式(10-2),转换可得

$$E'_M = \frac{E'_P}{300} \tag{10-11}$$

冲击地压矿井一般将工程中单个能量值大于 1×10^5 J 的微震事件定义为大事件,即 $E'_P =$

1×10^5 J，将该值代入式(10-11)，计算可得物理相似材料模拟实验中大事件的能量值 $E'_M =$ 333.33 J。

据此得出，本次实验室物理相似材料模拟实验可以将单次能量超过 333.33 J 的微震事件定义为大能量事件，即 333.33 J 是判定大事件的临界值，以此来分析相似模拟实验中大事件的发生规律。

为了掌握震源与工作面之间的位置关系，给出了大事件震源位置记录，见表 10-2。从表 10-2 可以看出，大事件(单次事件能量超过 333.33 J)全部发生在实体煤下，总计 12 次。在实体煤下回采从 58.8~140.4 cm 的微震事件均超前工作面发生；从 169.2~193.2 cm 的微震事件均滞后于工作面发生，而该区域正是接近 W1145 工作面开切眼的位置，说明 W1123 工作面回采扰动覆岩变形运动范围与 W1145 工作面回采扰动区域相互影响，尤其是在两工作面回采产生的破断线之间形成"倒梯形"结构正处于主关键层上方，正是由于该关键层的破断引发上覆岩层破断失稳，加上 W1123 工作面的超前支承压力与 W1145 工作面开切眼后方的应力产生的叠加作用，使得"倒梯形"结构区域成为微震事件频发的主要区域。

表 10-2   大事件震源位置

位置	推进位置/cm	超前工作面距离/cm	滞后工作面距离/cm	距离 B_2 煤层高度/cm	事件数/个	微震事件总能量/J
	58.8	102.0		56.00	4	2 650
	73.2	88.0		32.00	1	730
实体煤下	130.8	31.2		55.27	3	1 510
	140.4	27.6		49.00	1	390
	169.2		2.0	50.00	1	410
	193.2		54.0	43.20	2	1 040

在采空区下回采时，推进 198.0 cm(396.0 m)时的微震事件在工作面前后方都有发生，继续推进时大能量微震事件在采空区发生，这是由于在重新压实区下回采，覆岩破断后的"砌体梁"结构能形成稳定结构，而采空区上方的覆岩却松散破碎，随采动不断向下运动，活动频繁。

下面分析实体煤下回采关键层断裂的微震特征。在实际回采过程中，工作面推进 121.2 cm(242.4 m)、130.8 cm(261.6 m)时发生主关键层断裂，推进 198.0 cm(396.0 m)时发生亚关键层断裂。当工作面推进 121.2 cm(242.4 m)时，主关键层破断垮落，主关键层所控制的岩层垮落至覆岩 57.0 cm(114.0 m)高的岩层位置；工作面推进 130.8 cm(261.6 m)时，覆岩垮落至 80.0 cm(160.0 m)高的岩层位置，此刻微震事件的总能量为 6 710 J，频次为 74 次。

图 10-13 是 W1123 工作面回采 130.8 cm(261.6 m)时的微震事件分布及岩层垮落特征。从图中可以看出，主关键层断裂引发覆岩垮落至 80.0 cm(160.0 m)高的岩层位置，微震事件主要集中在工作面前方 31.27 cm(62.54 m)处以及 B_2 煤层上方 55.27 cm(110.54 m)处。

在主关键层垮落时其所控制的岩层[厚 37.0 cm(74.0 m)]突然垮落对 W1123 工作面

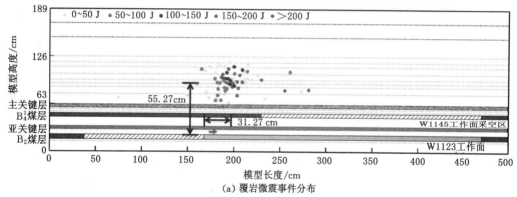

（a）覆岩微震事件分布

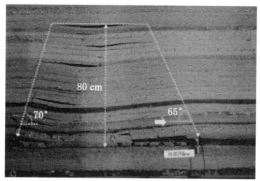

（b）覆岩微震能量-频次特征

图 10-13　W1123 工作面回采 130.8 cm(261.6 m)时的微震事件及岩层垮落特征

采空区产生强烈的冲击，微震事件主要集中在工作面前方实体煤上方的顶板岩层内。主关键层垮落阶段发生微震事件的特征是"高频次、高能量"。"高频次"说明开采扰动的影响范围较大，"高能量"说明岩层产生的裂纹较多，裂隙之间互相贯通。随着垮落高度的增加频次也随之增加。

　　W1123 工作面通过上层煤开切巷后，进入到上层煤采空区应力降低区，W1123 工作面顶板突然垮落，发生大规模来压事件，对 W1123 工作面造成强烈的冲击，导致支架被压坏，微震事件总能量为 3 416 J、频次为 33 次，单次微震事件能量主要集中在 100～150 J。

　　图 10-14 是 W1123 工作面回采 198.0 cm(396.0 m)时微震事件分布及岩层垮落特征。从图中可以看出，亚关键层断裂引发覆岩垮落的微震事件主要集中在工作面后方 55.0 cm(110.0 m)处，B_2 煤层上方 53.0 cm(106.0 m)处以及工作面前方 54.0 cm(108.0 m)处，B_2 煤层上方 51.0 cm(102.0 m)处等。工作面上方覆岩结构呈现"倒梯形"，上煤层实体煤突然失稳随下煤层顶板垮落而下沉，导致上部采空区与下煤层工作面贯通，对 W1123 工作面造成强烈的冲击，导致支架被压坏，发生大规模来压事件。工作面继续向前推进时，微震事件能量开始下降。发生大规模的来压事件主要是因为 W1123 工作面推进 198.0 cm(396.0 m)时，W1123 工作面和 W1145 工作面岩层移动区域发生贯通，在 W1123 工作面和 W1145 工作面的相互影响下，W1123 工作面的承载层（亚关键层）达到极限跨距并在覆岩的支承压力下发生破断垮落，造成 W1123 工作面大规模来压。

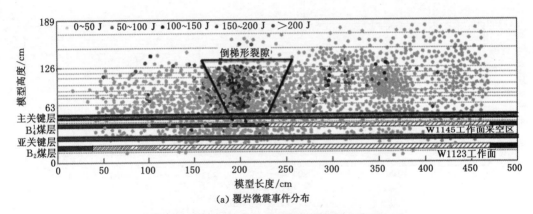

(a) 覆岩微震事件分布

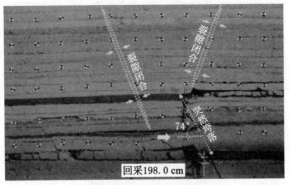

(b) 覆岩微震能量-频次特征

图 10-14　W1123 工作面回采 198.0 cm(396.0 m)时的覆岩微震事件及岩层垮落特征

图 10-15 是 W1123 工作面回采全过程的微震事件特征。由图 10-15(a)可知，回采 W1123 工作面过程中共监测到有效微震事件为 3 583 次，实体煤下微震事件为 1 445 次，占比 40.3%；采空区下微震事件为 2 138 次，占比 59.7%。微震大事件主要集中在距离 W1145 工作面开切巷后方 24～110 m 之间，高度在 B_2 煤层上方 72～170 m 之间。在实体煤下回采形成的覆岩破断线与 W1145 工作面的破断线之间为一个短边不断减小的"倒梯形"结构，随着工作面的推进该结构破断失稳微震事件频发；采空区下回采时微震事件分布较广但是能量较低。从 W1123 工作面整体回采的微震事件分布来看，当 W1123 工作面推进 169.2 cm(338.4 m)，即距离上层煤开切巷 22.8 cm(45.6 m)时微震事件频发，大能量事件增多，微震事件的能量大多在 200 J 以上。当 W1123 工作面推进到上层煤的采空区正下方时微震事件能量达到最大值，工作面继续向前推进后微震事件能量开始下降，但当推进 198.0 cm(396.0 m)时上层煤随着 W1123 工作面顶板垮落而下沉，又发生大的震动事件。

由图 10-15(b)可以看出，有 4 个微震事件能量峰值位置，分别在 58.8 cm(117.6 m)、130.8 cm(261.6 m)、169.2 cm(338.4 m)、193.2 cm(386.4 m)处，这几个位置都在实体煤下方。当在 W1145 工作面采空区下方开采时能量值相对较小，微震事件能量大多处于 0～50 J 之间，但是频次整体高于实体煤下回采。

图 10-16 是 W1123 工作面回采时主要垮落事件比例分布。由图 10-16(a)可知，关键层垮落微震事件能量占比 67%，基本顶初次来压和周期来压占比分别为 14% 和 19%，直接顶

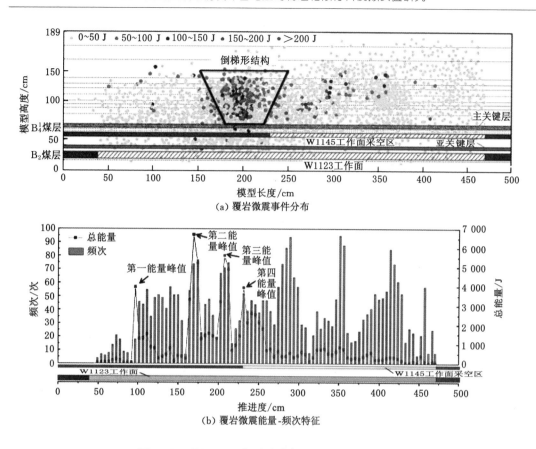

（a）覆岩微震事件分布

（b）覆岩微震能量-频次特征

图 10-15　W1123 工作面回采全过程的微震事件特征

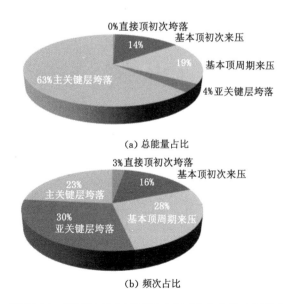

（a）总能量占比

（b）频次占比

图 10-16　W1123 工作面回采时主要垮落事件比例分布

初次垮落能量只有 50 J，占比接近 0。上述分析表明：回采 W1123 工作面时关键层的断裂对微震事件及能量释放起到决定性的控制作用，在开采实践中要加强对关键层的监测，必要时实施人工爆破等措施主动诱导岩层断裂,促使关键层提前破断垮落,减小悬空带来潜在的破坏影响;而直接顶的垮落能量较小,几乎不会对工作面的开采造成太大的影响,但要防止其对人员的伤害。

由图 10-16(b)可知,主关键层微震事件的频次占比 23%,关键层垮落时岩层影响范围较大,开挖距离较长,垮落岩层高度不断增加直到模型顶部;亚关键层和基本顶周期来压的频次占比 58%,在这两个阶段内岩层周期性的断裂垮落使得覆岩内部不断出现离层裂隙和上行裂隙。离层裂隙由上部覆岩不同步下沉引起,随顶板下沉和垮落,在采空区中央的塌陷盆地内压实闭合。而在工作面四周边界附近,随着顶板断裂和回转,形成集中发育的上行裂隙。裂隙不断地产生与发育使得岩层变得松散破碎,容易垮落。

10.4 矿压监测结果分析

采煤工作面前后支承压力的分布反映了采场围岩压力的变化情况,围岩压力变化可进一步推演出能量积聚和释放特征。基于微震事件的监测分析,从工作面超前支承压力和顶板周期来压两个方面,并结合矿压显现规律分析微震大能量事件与工作面来压之间的关系。

10.4.1 微震事件发生位置与超前支承压力关系

为研究微震事件能量峰值发生位置随超前支承压力变化的规律,绘制了 4 个微震事件能量峰值位置的超前支承压力曲线,如图 10-17 所示。距离 W1145 工作面开切巷越近,支承压力曲线上升至峰值的速度越快,在 W1145 工作面开切巷附近应力达到最大。工作面推进至 58.8 cm 和 130.8 cm 处呈现"双峰"特征。第一个峰值是回采 W1123 工作面超前支承压力峰值,第二个峰值是 W1145 工作面开切巷"拱脚"峰值。在工作面前方 169.2 cm 和 193.2 cm 处形成了一种单峰值的双重叠加压力升高区。结合表 10-2 可知,4 个微震事件能量峰值处于应力增高区内(即超前支承压力影响范围),受开采扰动影响造成工作面前方煤岩体应力集中程度不断加大,在这个过程中有裂纹产生,积聚的弹性能达到其极限强度时顶板呈现周期性断裂和垮落,释放积聚的弹性能,高能量的释放易导致煤岩体的突然失稳,诱导冲击地压的发生。

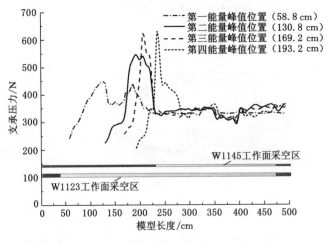

图 10-17　4 个微震事件能量峰值位置超前支承压力

10.4.2 微震事件与周期来压关系

微震事件的能量和频次能够反映煤岩体应力的变化情况。微震事件能量越高、震动越频繁,则煤岩体应力集中程度越大,破坏越严重。因此,可通过监测开采过程中微震事件能量和发生位置等参数来分析微震事件与周期来压之间的关系。

为了研究整个回采过程中微震事件能量和周期来压之间的关系,分析岩层破断对微震能量积聚与释放的影响,为实际的安全开采提供指导。根据支架压力监测数据绘制了周期来压位置与微震能量关系图,如图 10-18 所示。在整个回采过程中有 4 个微震事件能量释放峰值都是处于实体煤下,这是由于相比采空区破碎的覆岩关键层而言实体煤的关键层是完整的且能够承受覆岩的支承压力。应力集中使得煤岩体在压缩积聚弹性能,当达到其极限强度时煤岩体发生断裂,释放出巨大的能量,也就是图中监测到的 4 个能量释放点,越接近应力增高区,能量积聚与释放的周期越短。

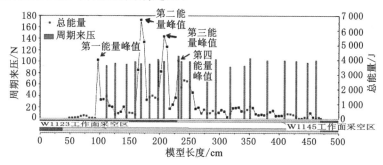

图 10-18 回采 W1123 工作面过程中周期来压与微震事件能量关系

W1123 工作面在上部 B$_4^1$ 煤层实体煤和采空区下回采时分别会形成不同的来压特征,在实体煤下(0~193.2 cm)回采,共发生 9 次周期来压;在采空区下(193.2~432.0 cm)回采,共发生 12 次周期来压。由"压力拱假说"可知,采空区下回采时覆岩易松散破碎,拱形结构遭到破坏使得支撑能力变弱,支架承担较多的覆岩支承压力。与实体煤下回采时周期来压数值相比,在采空区下回采时周期来压数值稍大且波动较小。为了探索周期来压与大事件震源位置之间的关系,统计分析了周期来压位置与大事件的位置关系(表 10-3),58.33% 的微震大事件发生在周期来压时,反映出周期来压极易诱发大事件产生。工作面距离周期来压的位置越近,大事件发生概率也就越大,冲击危险性也相应增大。

表 10-3 实体煤下周期来压位置与微震大事件的位置关系

序号	周期来压时	大事件发生时
	工作面推进位置/cm	工作面推进位置/cm
1	73.2	73.2
2	87.6	
3	106.8	
4	121.2	
5	130.8	130.8
6	145.2	
7	159.6	
8	169.2	169.2
9	193.2	193.2

10.5 关键层破断失稳诱发冲击地压机理与控制策略

10.5.1 关键层破断诱发冲击地压机理分析

顶板岩层裂隙在工作面回采过程中经历了"产生—发育—断裂"的过程。在工作面煤壁前方的覆岩中支承压力的存在使得煤岩体达到极限强度,这是裂隙的产生过程;工作面回采的扰动使得裂隙进一步扩大,这是裂隙的发育过程;顶板岩层的跨距不断增大,达到极限跨距造成岩层破断,这是岩层的断裂过程。

随着关键层的跨距不断增大至极限跨距时,一方面关键层发生破断、积聚的弹性能突然释放,另一方面破断产生的强烈震动对煤岩体施加动载荷,使得下方煤岩体应力明显增高,从而导致处于极限应力状态的煤岩体系统失稳破坏。这两种能量相互叠加,引起大规模的冲击地压。物理相似材料模拟实验也表明,微震事件大多超前于工作面发生,模型中的大事件均发生在实体煤下回采时,处在超前支承应力增高区内,且58.33%的微震大事件发生在周期来压时,反映出越接近应力增高区微震事件能量的积聚和释放周期越短。即随着工作面开采范围的不断扩大,采空区上覆岩层逐步周期性的垮落,关键层下部自由空间不断增大,在上覆载荷及自重的作用下发生弯曲、破断、垮落,在此过程中伴随有能量的积聚与释放[67]。由于发生周期来压时更容易导致大事件的发生,在工作面前方关键层处积聚能量的释放极易诱发来压时顶板大面积的垮落,从而导致冲击地压的发生。

通过以上分析可知,关键层悬露面积逐渐增大使关键层的变形及应力逐渐积累,关键层破断释放的能量为冲击地压显现提供能量,冲击地压显现的位置一般处在受采动影响的应力增高区内。采动影响造成的煤壁前方应力集中,加上关键层破断产生的能量释放,煤岩体达到其极限承载强度,从而诱发工作面冲击地压的发生。

10.5.2 关键层破断诱发冲击地压控制策略

基于关键层破断诱发工作面来压及冲击地压发生的机理,在有冲击地压影响的工作面应加强对关键层的控制,一方面是减小关键层的悬露面积,另一方面是降低煤壁前方的应力集中。为此提出了控制源头、降低应力集中、降低应力传导效率的治理措施,即通过回采前对关键层进行爆破、注水等卸压处理,避免大面积悬露,控制关键层的破断距,实现对关键层破断释放能量的控制,具体可在工作面前方的关键层及顶板岩层中实施超前深孔预裂爆破、上下端头超前切顶爆破,在控制关键层破断距的同时降低高应力的积聚;回采期间工作面卸压将以煤层深孔松动爆破、大直径空孔、煤体卸压爆破为主,提高顶煤的冒放性同时降低关键层破断释放能量向工作面空间的传导效率。

以宽沟煤矿 W1123 工作面冲击地压控制为目的,为确保工作面在正常回采期间满足顶板随采随冒,避免顶板大范围悬露及时释放顶板弹性能,对工作面前方的关键层进行超前预裂爆破,如图 10-19 所示。预裂爆破孔距工作面 30 m 处开始施工,每 10 m 一组炮孔,炮眼布置垂直于巷道中心线,超前工作面 50 m 完成。现场微震监测表明:大事件数显著降低,顶板纵、横裂隙交错,裂缝较大,且局部区域顶板也有破碎的现象,实现了对关键层破断的有效控制,达到了工作面防冲的预期效果。

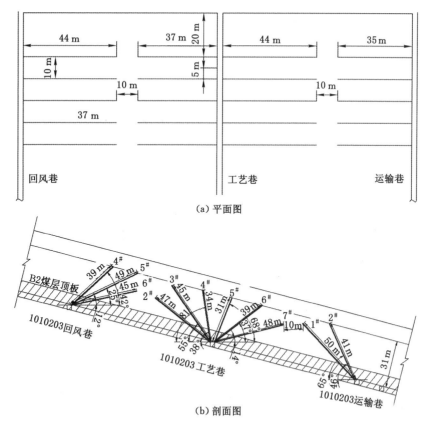

(a) 平面图

(b) 剖面图

图 10-19　顶板超前预裂爆破布置图

10.6　本章小结

（1）宽沟煤矿 W1123 工作面微震事件大多发生在工作面中下部区域超前工作面 100 m 范围内的顶板、顶煤及底板中，随着工作面的推进，微震事件向前转移。发生大能量事件前支架压力会突然升高，该处岩层发生破裂产生裂隙，局部开始弯曲下沉。在大能量事件发生后，次生小能量事件会频发，微震事件周围煤岩体会持续活动，工作面来压明显。

（2）通过应用相似定理推导了能量相似比公式，定义了实验室尺度下发生大事件的能量值为 333.33 J，研究发现大事件处于应力增高区内，越接近应力增高区，其能量积聚与释放的周期越短，发生冲击危险性越大。58.33％的微震大事件发生在周期来压时，且 4 个能量峰值位置都处在实体煤下方。实体煤下微震事件主要集中在覆岩"倒梯形"结构的不稳定区域附近。

（3）主关键层发生垮落阶段的微震事件特征是"高频次、高能量"，极易诱发工作面来压及冲击地压的发生。主关键层积聚的弹性能为冲击地压显现提供能量，冲击地压显现的位置一般处在受采动影响的应力增高区内。针对该类型的冲击地压灾害，提出了控制源头、降低应力集中、降低应力传导效率的控制策略，实现了工作面的安全生产。

11 考虑上层采空区压力传导作用的覆岩结构演化趋势研究

11.1 走向工作面覆岩结构演化特征

11.1.1 走向 W1145 工作面覆岩结构演化特征

通过关键层理论分析,揭示 B_4^1 煤层覆岩存在一层关键层,在沿走向回采 B_4^1 煤层 W1145 工作面的过程中,随着工作面的推进,直接顶首先垮落,形成工作面支架的较小来压;直接顶垮落后,覆岩形成由基本顶组成的拱形覆岩结构。工作面继续向前推进,工作面覆岩基本顶垮落,工作面支架产生较大的初次来压,覆岩结构向上扩展,形成由关键层组成的拱形稳定结构,随工作面回采,覆岩关键层结构横向尺度增大,当达到关键层的破断距时,由关键层控制的覆岩结构发生失稳,工作面支架产生大的来压(图 11-1)。在工作面回采过程中,由于覆岩关键层的存在,当关键层破断垮落时,会加剧工作面的压力显现,形成工作面支架大的周期来压,工作面初次来压步距为 128 m,周期来压步距介于 16~40 m,矿压显现强烈。

11.1.2 走向 W1123 工作面覆岩结构演化特征

对于宽沟煤矿 B_2 煤层多层坚硬顶板的覆岩条件,在走向物理相似材料模型实体煤下 W1123 工作面回采过程中,随着工作面的推进,基本顶断裂,形成初次来压;在工作面坚硬基本顶初次破断后,覆岩裂隙发育至亚关键层,形成了由亚关键层组成的拱形覆岩结构。工作面继续向前推进,覆岩多层空间结构横向尺度增大,当达到亚关键层的破断距时,由亚关键层控制的覆岩结构发生失稳,覆岩结构向上扩展。

依次类推,上覆岩层逐步演化成由主关键层控制的覆岩大结构。由于坚硬顶板的赋存,在回采 B_4^1 煤层实体煤下 W1123 工作面阶段来压步距较大,初次来压步距为 146.4 m,其余来压步距介于 19.2~38.4 m,矿压显现较为强烈(图 11-2)。

在 B_4^1 煤层 W1145 工作面沿走向回采结束后,采空区后方一定距离的实体成为已垮落覆岩结构的边界支承点,承受采空区覆岩垮落后转移的压力,因而是压力集中区,并在煤层下方岩层内一定范围内形成应力集中区;随着下部 B_2 煤层的开采,开采煤层的采动应力和 B_4^1 煤层采空区后方实体煤在顶板引起的应力集中区叠加(图 11-3),或者下部工作面顶板的大范围运动波及已经稳定的 B_4^1 煤层采空区垮落岩层结构,导致双煤层覆岩结构的贯通,加剧下部 B_2 煤层开采的矿压显现程度。

在回采 B_4^1 煤层采空区下 W1123 工作面阶段(图 11-4),覆岩赋存条件发生了变化。其中,两层煤之间完整岩层存在一层亚关键层,由于上部 B_4^1 煤层的开采,覆岩主关键层破断后

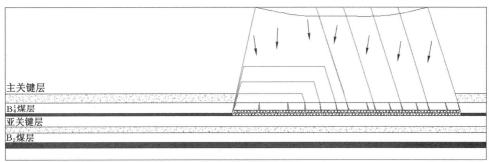

（a）覆岩移动示意图

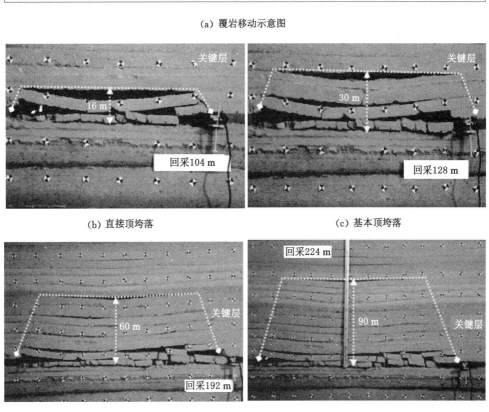

图 11-1　W1145 工作面覆岩结构演化过程

不再具备关键层的控制作用，下部的亚关键层成为唯一对上覆岩层起控制作用的关键层，上部采空区破断岩层将载荷传递至亚关键层，在工作面回采过程中，形成由中间完整岩层承载的悬臂结构。随着工作面向前推进，基本顶垮落，支架周期来压，形成主要由亚关键层承载的悬臂结构；工作面继续向前推进，亚关键层悬臂结构的横向尺度增大，当达到亚关键层的破断距时，由亚关键层控制的覆岩结构发生失稳，工作面支架产生大的来压，覆岩结构向上扩展，上部采空区破断岩层能够形成一种短暂的铰接拱结构，随着工作面向前推进，铰接拱很快失稳，岩层破断高度向上发展。在采空区下回采 B_2 煤层时，周期来压步距相对较大，周期来压步距介于 9.6～48.0 m，矿压显现相对较弱。

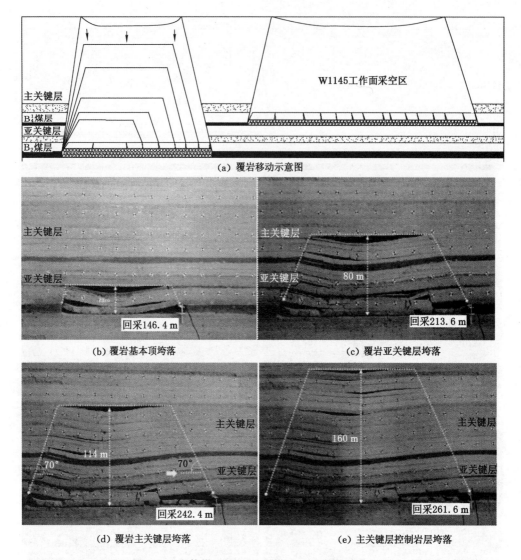

（a）覆岩移动示意图

（b）覆岩基本顶垮落　　　　　　　　　（c）覆岩亚关键层垮落

（d）覆岩主关键层垮落　　　　　　　　　（e）主关键层控制岩层垮落

图 11-2　实体煤下 W1123 工作面覆岩结构演化过程

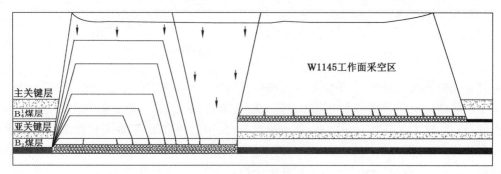

（a）覆岩移动示意图

图 11-3　应力集中区下 W1123 工作面覆岩结构演化过程

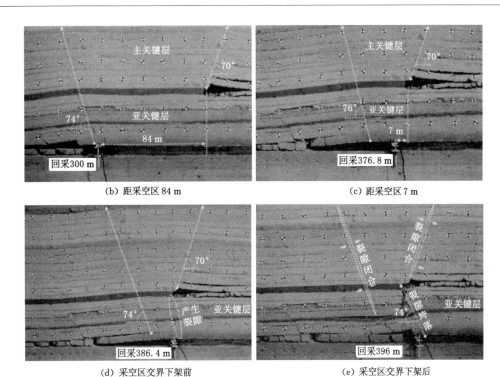

（b）距采空区 84 m

（c）距采空区 7 m

（d）采空区交界下架前

（e）采空区交界下架后

图 11-3　（续）

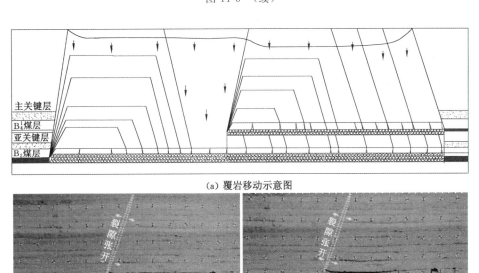

（a）覆岩移动示意图

（b）距实体煤 69.6 m

（c）距实体煤 127.2 m

图 11-4　采空区下 W1123 工作面覆岩结构演化过程

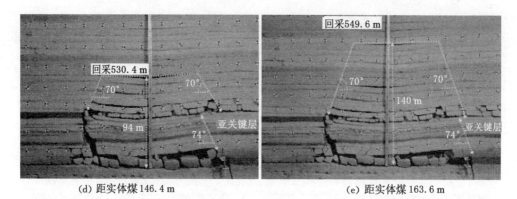

(d) 距实体煤146.4 m　　　　　　　　(e) 距实体煤163.6 m

图 11-4 （续）

11.2　倾向工作面覆岩结构演化特征

11.2.1　倾向 B_4^1 煤层工作面覆岩结构演化特征

在对 B_4^1 煤层下区段 W1143 工作面进行回采时，随着工作面回采，下位直接顶周期性垮落，当工作面回采结束后，下位直接顶完全垮落，基本顶产生较大的挠度，移除支架后一段时间，基本顶随之垮落，此时主关键层基本保持原来的切斜状态或产生较小的变形，在变形边界处由于重力和倾斜构造应力共同作用下形成倾斜平衡拱结构，两侧拱脚分别位于采空区两侧的煤体之上，这一结构将承载上覆岩层的重量，如图 11-5（a）所示。由于主关键层平衡拱的控制作用，工作面所承受的载荷主要是复合关键层下部岩层的重量，但平衡拱将其承受的载荷向下传递，使得工作面上下两侧形成较大的支承压力。

随着上区段 W1145 工作面的推进，开采范围逐渐加大，主关键层所承受的载荷继续增加，挠曲变形加大。当上区段工作面回采结束时，由于工作面上方主关键层承受载荷超过其承载极限而发生破断，如图 11-5（b）所示，破断后的关键块并未垮落失稳，与上下两侧岩层铰接，组成铰接平衡拱结构，依然具有一定的控制作用和承载能力。上区段铰接平衡拱结构与下区段平衡拱结构组成双拱结构共同承载上覆岩层的重量，并将上覆岩层的载荷传递至 B_4^1 煤层上下侧煤体和中间的区段煤柱。

11.2.2　倾向 B_2 煤层工作面覆岩结构演化特征

按照倾向煤层工作面的开采方案，在 B_4^1 煤层工作面回采结束后，开始回采 B_2 煤层工作面，由于上方的 B_4^1 煤层双平衡拱结构将覆岩载荷传递至中间的区段煤柱，并在煤柱下方岩层一定范围内形成应力集中区，随着下部 W1121 工作面的回采，工作面的采动应力和 B_4^1 煤层区段煤柱在顶板引起的应力集中区叠加，加剧了 W1121 工作面回采的矿压显现程度。

如图 11-6（a）所示，在下区段工作面回采结束后，由于上煤层区段煤柱在垂直下方 W1121 工作面顶板形成较高的集中应力，使得整个工作面顶板在此处形成较大的挠度，从而在煤柱垂直下方产生拉破坏，形成较大的垂直拉裂隙，在 W1121 工作面顶板发生弯曲变形时，上方煤层区段煤柱随之向下运动，诱发 W1143 工作面覆岩主关键层发生破断，与两侧岩层铰接形成铰接平衡拱结构。

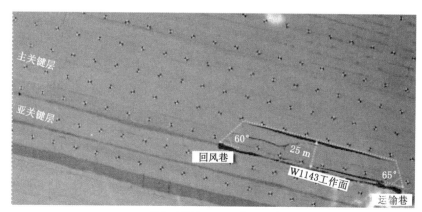

（a）倾向B_4^1煤层W1143工作面回采结束

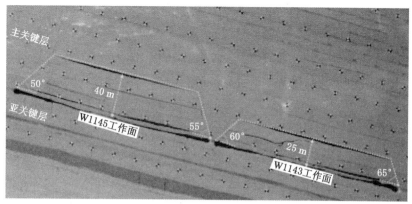

（b）倾向B_4^1煤层 W1145工作面回采结束

图 11-5　倾向 B_4^1 煤层工作面回采覆岩结构演化特征

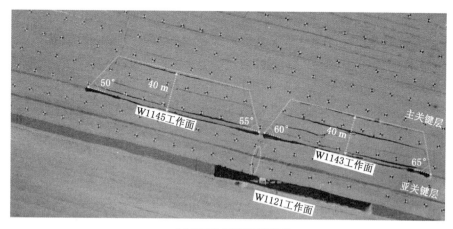

（a）W1121 工作面回采结束

图 11-6　倾向 B_2 煤层工作面回采覆岩结构演化特征

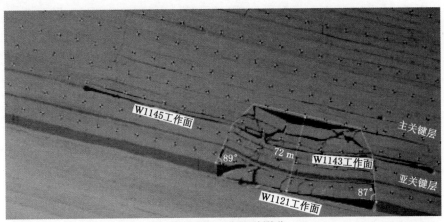

(b) W1121工作面顶板垮落

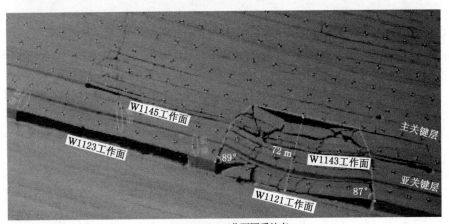

(c) W1123工作面回采结束

图 11-6 （续）

在 W1121 工作面回采结束后，沿倾向工作面顶板在上煤层产生的集中应力作用下弯曲变形，中间岩层的亚关键层在不断地积聚弹性能，当岩层积聚的能量达到亚关键层的储能极限时，在极大载荷和高能量的作用下，亚关键层发生破断，所控制的岩层突然垮落[图 11-6(b)]，导致上方煤层区段煤柱及所支承的双拱结构的拱脚垮落，垮落的破断岩块相互铰接，在 W1121 工作面垮落岩层上方与两侧岩层形成新的铰接平衡拱结构，将覆岩的重量传递至两侧的岩层上，使其底板压力值升高。在 B₂ 煤层下区段 W1121 工作面覆岩垮落稳定后，对上区段 W1123 工作面进行回采，由于上区段工作面埋深较浅和下区段工作面回采对覆岩载荷的释放作用，以及工作面覆岩坚硬亚关键层的存在，在 W1123 工作面回采结束后，覆岩结构中间岩层仅仅产生较小的弯曲挠度以及细微裂隙[图 11-6(c)]，工作面顶板仍保持较好的完整性和岩层强度，形成一种完整的倾斜岩梁结构。

11.2.3 倾向不同煤柱宽度覆岩结构演化特征

按照倾向煤层工作面的开采方案，在 B₂ 煤层 W1123 工作面回采结束后，进行 B₂ 煤层不同宽度区段煤柱留设实验，B₂ 煤层区段煤柱留设方案包含 7 种，分别为 30 m、25 m、

20 m、15 m、13 m、10 m 和 8 m，在上区段 W1123 工作面回采结束后，形成 30 m 区段煤柱，支承着覆岩上区段倾斜岩梁和下区段铰接拱结构传递的岩层重量。

在从 30 m 向 8 m 的不同宽度区段煤柱留设过程中，覆岩结构分别在煤柱宽度为 15 m 和 8 m 时发生很大的改变。当区段煤柱宽度为 15 m 时[图 11-7(a)]，上区段工作面的顶板倾斜岩梁结构的跨度和变形挠度达到极限，工作面顶板从中部破断垮落，与两侧岩层形成稳定的铰接结构；工作面顶板垮落诱发上部亚关键层及其所控制的岩层破断垮落，在岩层垂直重力和倾斜挤压力的作用下，主关键层下方岩层与两侧岩层组成一种稳定的平衡拱结构；上区段覆岩平衡拱与下区段覆岩平衡拱组成双拱结构，共同承受上部岩层的重量，将岩层的载荷传递至下侧实体煤和中间的区段煤柱。

当区段煤柱宽度为 8 m 时，不但承受其上方双拱结构传递的覆岩重量，还承担拱内破断垮落后铰接岩块传递过来的载荷。由于煤柱宽度较小，在极大的载荷和双拱结构破断释放的巨大能量共同作用下区段煤柱破坏失稳，如图 11-7(b)所示，两侧工作面采空区连为一体，区段煤柱上方覆岩迅速下沉，破断的主关键块形成临时的铰接结构整体下沉，主关键层上方覆岩破坏高度迅速向上发展，抵达模型顶部。此时覆岩中已不存在大的结构，主关键层上方覆岩直接以载荷的形式作用于采空区，煤柱两侧采空区被压实。

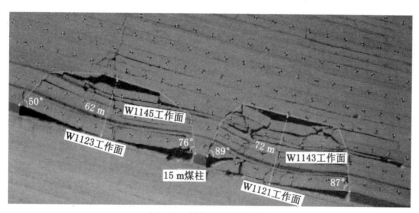

（a）15 m 煤柱覆岩结构特征

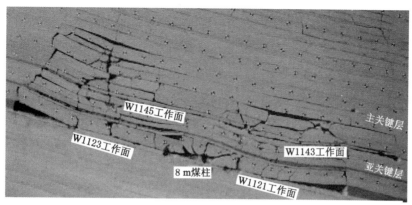

（b）8 m 煤柱覆岩结构特征

图 11-7　不同煤柱宽度覆岩结构演化特征

11.3 本章小结

（1）在走向物理相似材料模型回采 B_4^1 煤层 W1145 工作面的过程中，直接顶的垮落，形成了工作面支架的较小来压；在直接顶垮落后，覆岩形成由基本顶组成的拱形覆岩结构。随后工作面覆岩基本顶垮落，覆岩结构向上扩展，形成由关键层组成的拱形稳定结构；随着工作面回采，覆岩关键层结构横向尺度增大，当达到关键层的破断距时，由关键层控制的覆岩结构发生失稳，工作面支架产生大的来压。回采 B_2 煤层 W1123 工作面的过程中，当 W1123 工作面在 W1145 工作面实体煤下开采时，开采煤层的采动应力和 B_4^1 煤层采空区后方实体煤在顶板引起的应力集中区叠加，导致双煤层覆岩结构的贯通，加剧下部 B_2 煤层开采的矿压显现程度。当 W1123 工作面在 W1145 工作面采空区下开采时，覆岩赋存条件发生了变化，两层煤之间存在一层亚关键层，其成为唯一对上覆岩层起控制作用的关键层，工作面继续推进，亚关键层悬臂结构的横向尺度增大，当达到亚关键层的破断距时，由亚关键层控制的覆岩结构发生失稳，工作面支架产生大的来压，覆岩破断高度向上扩展，上部采空区破断岩层能够形成一种短暂的铰接拱结构，但随着工作面向前推进，铰接拱将很快失稳，岩层结构继续向上发展。

（2）当倾向物理相似材料模型 B_4^1 煤层下区段 W1143 工作面回采结束时，下位直接顶完全垮落，基本顶产生较大的挠度，移除支架一段时间后，基本顶随之垮落，此时主关键层基本保持原来的切斜状态或产生较小的变形。随着 W1145 工作面开采范围逐渐加大，主关键层所承受的载荷继续增加，挠曲变形加大。当 W1145 工作面回采结束时，关键层发生破断，破断后的关键块并未垮落失稳，与上下两侧岩层铰接，组成铰接平衡拱结构。回采 B_2 煤层工作面时，工作面的采动应力和 B_4^1 煤层区段煤柱在顶板引起的应力集中区叠加，加剧 W1121 工作面回采的矿压显现程度；W1121 工作面回采结束后，在煤柱垂直下方产生拉破坏，形成较大的垂直拉裂隙。当 W1121 工作面回采结束后，亚关键层发生破断，亚关键层所控制的岩层突然垮落，导致上方煤层区段煤柱及所支承的双拱结构的拱脚垮落，垮落的破断岩块相互铰接，在 W1121 工作面垮落岩层上方与两侧岩层形成新的铰接平衡拱结构，将覆岩的重量传递至两侧的岩层上，使其底板压力升高。

（3）当倾向物理相似材料模型 W1123 工作面回采结束后，覆岩结构中间岩层仅仅产生较小的弯曲挠度以及细微裂隙，工作面顶板仍保持较好的完整性和岩层强度，形成一种完整的倾斜岩梁结构，将上覆岩层的重量传递至上侧煤体和下侧区段煤柱上，使得上层煤体和下侧区段煤柱底板压力升高。

12　不同开采顺序下覆岩变形与能量释放特征研究

　　随着煤炭资源的减少,各种复杂条件下的煤炭资源逐渐受到重视,其中较为典型的近距离煤层群在中国大部分矿区均有分布。对于近距离煤层群的不同开采顺序,采用上行开采具有准备时间短、出煤快且有利于工作面排水等优点;采用下行开采具有减少初期建井工程量和初期投资、建井快、出煤早的特点。

　　近距离煤层群开采顺序的选择常出于经济、技术与安全方面的考量,而不同开采顺序下受开采扰动影响的覆岩变化特征不尽相同。因此,开展近距离煤层群不同开采顺序下覆岩变形与能量释放特征的研究,为解决现阶段影响我国煤炭安全生产和制约煤炭行业发展瓶颈的复杂条件下煤炭资源开采问题显得尤为重要。

　　针对近距离煤层群不同开采顺序下覆岩变形与能量释放特征,张琰崟等[120]采用数值模拟等方法,研究了中平硐煤矿 4 煤层已采区域上方 3 煤层上行开采的可行性。吕兆海等[121]提出近距离煤层下行开采过程中,需提高支架的工作阻力和初撑力以保证工作面支护强度。黄万朋等[122]提出上行开采巷道内错式和外错式两种布局方案,有效避开了裂缝带及集中应力影响范围。焦振华等[123]进行下保护层开采实验,监测岩层的移动曲线,掌握了上覆岩层裂隙时空演化规律。张向阳等[124]对上行开采中围岩应力分布变化特点及分区特征、岩层裂隙富集区主要分布及其演化规律进行了分析。邵小平等[125]模拟研究了东峁煤矿典型工作面上行开采中覆岩裂隙演化规律与层间岩层稳定性。张宏伟等[126]针对清河门煤矿近距离煤层群的上行开采,确定了下煤层开采后上煤层的结构变化特征。李全生等[127]针对安家岭井工矿的联合开采,研究 9 号煤层开采对 4 号煤层工作面的采动影响规律和周围应力变化规律。龚红鹏等[128]采用 UDEC 数值计算方法,对东曲煤矿近距离煤层群开采覆岩结构及围岩稳定性控制进行了分析。李胜等[129]对集中应力和线性应力在岩体中垂直近似传递规律公式进行推导。于斌[130]采用数值模拟等方法,推演不同煤层开采时破断顶板群发育扩展高度。王悦汉等[131]发现采动岩体碎胀量与深厚成正比,得出初次采动时地表及岩体内部下沉系数计算式。马瑞等[132]对冯家塔煤矿进行了煤柱破坏与覆岩移动规律的物理相似材料实验模拟研究。许力峰等[133]通过 UDEC 数值软件模拟研究 10# 煤层,9# 薄煤层开采时上覆岩层破坏和移动规律。王新丰等[134]对深部采场采动应力、覆岩运移等规律进行系统研究。

　　严国超等[135]从理论上给出近距离薄煤层群联合开采下的工作面常规错距计算公式。钱鸣高等[136]提出"砌体梁"理论为支承压力研究提供了依据。孔令海等[137]根据采场围岩微震事件与支承压力分布关系,提出围岩破坏的根本原因是上覆岩层运动和支承压力转移调整。L. M. Dou 等[138]根据能量理论,探讨了空间结构失稳引起的岩爆机理。W. F. Yang 等[139]通过工程地质力学模型实验,表征了多煤层开采的冲击地压规律和覆岩动力破坏机理。D. Z. Kong 等[140]利用岩石力学试验,物理相似材料模拟和数值模拟研究了近煤层群重复开采下上煤层的顶板破裂特征和上覆岩运移规律。J. G. Ning 等[141]提出了一种基于近距离煤层分离距离和最终沉降值两个数值来预测开采过程中裂缝带高度的方法。诸多学者对近距离煤层群开采引起的覆岩运移、裂隙发育以及应力变化特征等进行了卓有成效的研究,但是研究大多针对煤层群单一开采顺序下产生的变形破坏,对近距离煤层群不同开采顺序的类比、覆岩变形、顶板来压与能量释放的综合作用机理却少有提及。

本章采用物理相似材料模拟实验,运用百分表、全站仪、微震监测仪以及压力传感器等设备综合监测,对宽沟煤矿 B_4^1 煤层下行初采与上行复采所引起的覆岩运移规律、矿压显现及能量释放特征等展开不同开采顺序下的差异性研究,为近距离煤层群上行开采与下行开采过程中的覆岩运移规律和能量释放特征提供依据,并对近距离煤层群开采下的矿井灾害预测和防控提供参考。

12.1　工程背景与物理相似材料模拟实验设计

12.1.1　工程背景

宽沟煤矿位于新疆呼图壁县的天山北麓,井田东西长 9.7 km,南北宽3.15 km,井田面积约20.132 5 km²,西翼采区现主采 B_4^1 煤层和 B_2 煤层。B_4^1 煤层平均厚度3.0 m,平均倾角14°,可采走向约746 m 的 W1145 工作面和走向约384 m 的余煤,采用综合一次性采全高的开采方法;B_2 煤层平均厚度9.5 m,平均倾角14°,顶板坚硬,具有冲击倾向性,可采走向长约1 468 m、倾向约192 m 的 W1123 工作面,采用综放开采,采高 3.2 m,放煤高度6.3 m。目前宽沟煤矿回采 W1123 工作面,开采顺序依次为 B_4^1 煤层 W1145 工作面、B_2 煤层 W1123 工作面、B_4^1 煤层余煤。矿井地层结构及布置如图 12-1 所示。

12.1.2　物理相似材料模型设计与监测布置

鉴于物理相似材料模拟便于更好地反映工作面顶板垮落情况,本章开展了具有冲击倾向性顶板条件下 B_4^1 煤层余煤复采的覆岩物理相似材料模拟实验。模拟实验采用外形尺寸(长×宽×高)为 5.0 m×0.3 m×1.89 m 的平面应变模型架,几何相似比例($\alpha_L = L_H/L_M$)为 1:200,按照相似定理,时间相似比($\alpha_t = \sqrt{\alpha_L}$)为 1:14.14,容重、泊松比、内摩擦角相似比为 1:1,压力相似比($\alpha_p = \frac{r_H}{r_M}\alpha_L^3$)为 1:1.2×10^{-7}。模型顶部铺设有 5 cm 铁砖以实现未搭建地层的等效载荷,因上行开采覆岩结构运移规律及能量释放特征的监测需要,物理相似材料模拟实验模型布置有百分表、全站仪位移监测系统、微震监测系统及支架压力监测系统(图 12-2)。

物理相似材料模拟实验在铁砖上方共布置 10 个百分表,1$^\#$ 与 10$^\#$ 百分表相距 450 cm、距模型左右边界均为 25 cm,相邻百分表以 50 cm 的间隔均匀分布。

全站仪监测原点布置在模型左上角,根据煤层开采不同高度覆岩活动剧烈程度,沿模型的垂直方向布置 A～J 10 条位移测线。每条测线布置有 45 个测点,1$^\#$ 与 45$^\#$ 测点距模型左

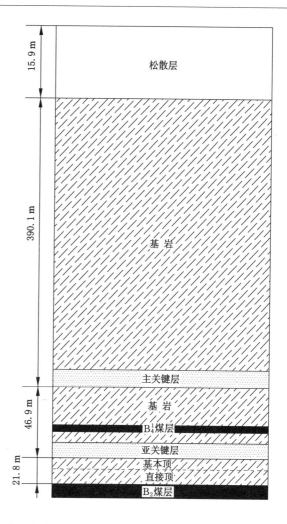

（a）岩层综合柱状图

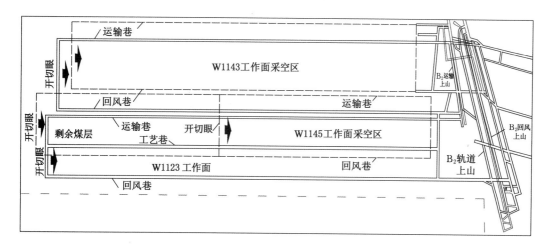

（b）矿井布置图

图 12-1　宽沟煤矿地层结构与矿井布置图

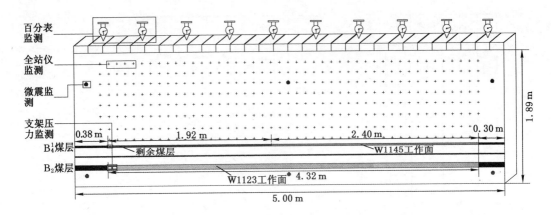

图 12-2　材料模型监测布置图

右边界均为 30 cm,相邻测点以 10 cm 间隔均匀分布。

微震监测系统共布置 6 个探头进行能量监测,1#~6# 测点按从上到下、从左到右的顺序依次布置,1#、2#、3# 测点距模型下边界 125 cm,4#、5#、6# 测点距模型下边界 5 cm,1# 与 2#、3# 与 4#、5# 与 6# 测点距模型左边界分别为 10 cm、250 cm、495 cm。在煤层开采过程中,运用电阻应变式测力传感器对覆岩应力进行实时监测。

12.1.3　实验方案

本次物理相似材料模拟实验,将 B_4^1 剩余煤层划分为 6 个区域,每个区域平均长 64 m,考虑到滚筒实际截深 0.8 m,推进速度设计为 0.8 m 的整数倍,累计开采 127 次,实验方案如表 12-1 所列。为进行对比分析研究,将 W1145 工作面的回采按照每日 8 m 的推进速度,将其平均划分为 6 个区域,每个区域范围均为 80 m。

表 12-1　实验方案

开采区域	区域 1	区域 2	区域 3	区域 4	区域 5	区域 6
开采范围/m	0~64.0	64.0~126.4	126.4~190.4	190.4~254.4	254.4~316.8	316.8~384.0
区域长度/m	64.0	62.4	64.0	64.0	62.4	67.2
推进速度/(m/日)	1.6	2.4	3.2	4.0	4.8	5.6
推进次数/次	40	26	20	16	13	12

上下煤层层间距大小是影响上行开采的主要技术因素之一。因此,合理的层间距是研究上行开采的首要问题。迄今为止,已积累了许多上行开采的实践经验和研究方法,本次采用近水平、缓(倾)斜和中斜煤层间垮落上行顺序开采的判别方法——围岩平衡法,来分析宽沟煤矿 B_4^1 煤层上行开采的可行性。煤层能够进行上行开采的准则:当采场上覆岩层中有坚硬岩层时,上位煤层应位于距下位煤层最近的平衡岩层之上,上行顺序开采必要的层间距 H 可按下式进行估算:

$$H > \frac{M}{K_1 - 1} + h \tag{12-1}$$

式中　M——下位煤层采高,B_2 煤层取 $M=9.5$ m;

　　　K_1——岩石碎胀系数,$K_1=1.20\sim1.30$,本书选取 $K_1=1.30$;

h——平衡岩体本身的厚度,通常按 $h=4.5$ m 考虑。

将参数代入式(12-1),B_4^1 煤层与 B_2 煤层的平均层间距 H 为 43.8 m,大于开采的必要层间距 36.2 m,上行开采可行。

12.2 煤层群不同开采顺序下的覆岩变形与垮落特征

12.2.1 覆岩运移差异性

B_4^1 煤层 W1145 工作面下行首采过程中(图 12-3),区域 1 在煤层推进 56.0 m 时大面积悬空顶板初次垮落,离层裂隙随开采逐渐发育。区域 2 至区域 6 的推进过程中顶板受上部覆岩及岩层自身重力作用,覆岩垮落自采空区中心产生明显破坏后,不断向工作面推进方向发展。其中,在区域 2 推进 128.0 m 时基本顶初次垮落,离层发育至主关键层下方。区域 3 工作面继续推进下离层空间向上延伸,而工作面顶板破坏区相互铰接形成稳定结构,阻碍了垮落顶板的向上运动,使区域 4 至区域 6 在推进过程中,顶板破坏均呈现出持续性的较为规则的垮落。

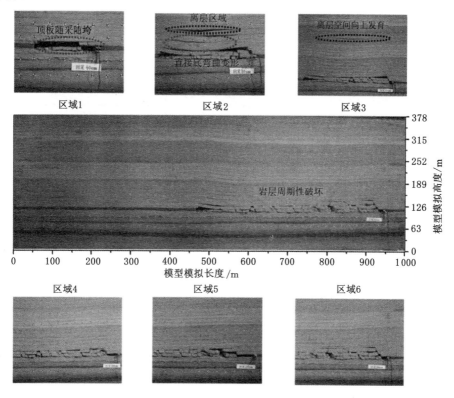

图 12-3 W1145 工作面开采时覆岩变化特征

W1145 工作面回采过程中采空区顶板状态主要有两种:0~56.0 m 回采过程中处于悬伸状态;56.0~464.0 m 回采过程中处于垮落状态,其垮落状态均呈现为较为规则性的周期性破坏。

W1123 工作面回采结束后,B_4^1 剩余煤层上行开采过程中(图 12-4),区域 1 坚硬顶板无明显变化,在煤层推进 64.0 m 时顶板出现局部冒顶现象。区域 2 回采时顶板发生随采即垮现象,至区域 2 回采结束,直接顶较为稳定,使得上覆岩层出现明显的离层现象。区域 3 回采过程中竖向裂隙逐步向上扩展,工作面开采 139.2 m 时直接顶初次垮落,至区域 3 回采结束,出现明显的集中垮断区,并在垮断区上方距 B_4^1 煤层顶板约 55.0 m 处产生明显的离层区。区域 4 和区域 5 回采过程中的顶板破坏步距明显增大,远离工作面的离层空间被逐渐压实,靠近工作面的采空区顶板存在明显裂隙与离层,随推进不断发生弯曲下沉。区域 6 回采过程中,新产生的裂隙数量较少,在第 126 次推进后仅剩 5.6 m 长的余煤受上部岩层巨大压力产生瞬间破碎,发生岩爆,使顶板产生约 35.0 m 长的瞬时垮碎区。

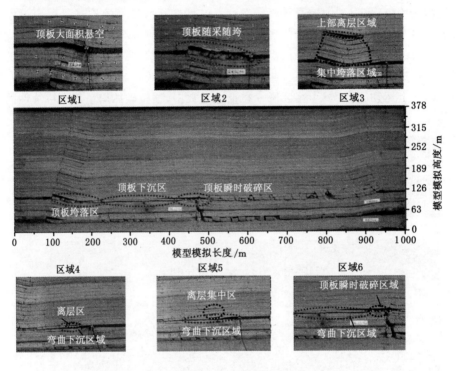

图 12-4　剩余煤层重复开采时覆岩变化特征

余煤回采过程中采空区顶板状态主要有三种:0～62.4 m 回采过程中处于悬伸状态;62.4～164.8 m、378.4～384.0 m 回采过程中处于垮落状态,前者随采即垮,后者为顶板大面积瞬时垮碎;164.8～378.4 m 回采过程中处于弯曲下沉状态。

通过不同的开采顺序对 B_4^1 煤层推进过程中覆岩破坏的差异性(表 12-2)分析可知:由于 B_2 煤层的开采有助于解放 B_4^1 煤层,使得剩余煤层上部覆岩的冲击倾向性弱化,因而剩余煤层复采时顶板大面积悬空步距较长;同时,受 B_2 煤层开采扰动影响,覆岩产生松动,在余煤上行复采时关键层下方岩层的碎胀效应强于下行首采,具有较好的支撑效果,因而余煤复采的直接顶初次垮落滞后于 W1145 工作面开采。此外,工作面推进过程中顶板变化趋势呈现明显差异,其中 W1145 工作面开采呈现为"顶板大面积悬空—随采随垮—周期性破坏",而剩余煤层重复采动呈现为"顶板大面积悬空—随采随垮—弯曲下沉—瞬时岩爆"。

表 12-2　B_4^1 煤层不同开采顺序下覆岩变化差异

差异性	W1145 工作面开采	B_4^1 剩余煤层复采
顶板大面积悬空步距/m	56.0	62.4
顶板初次垮落	开采 128.0 m	开采 139.2 m
顶板变化趋势	顶板大面积悬空—随采 随垮—周期性破坏	顶板大面积悬空—随采 随垮—弯曲下沉—瞬时岩爆

12.2.2　不同开采顺序下地表变形特征

在物理相似材料模拟实验 B_4^1 煤层回采过程中,通过百分表监测器对地表下沉特征进行监测,得到不同推进阶段地表岩层位移变化情况,分析得出地表岩层变形规律。

B_4^1 煤层开采过程中地表下沉特征如图 12-5 所示,由 W1145 工作面开采过程中地表下

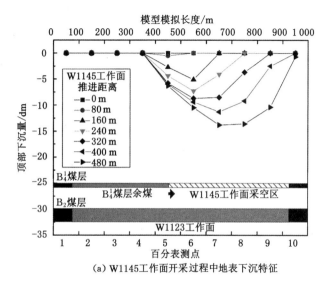

(a) W1145工作面开采过程中地表下沉特征

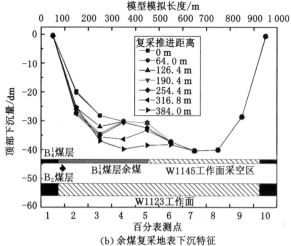

(b) 余煤复采地表下沉特征

图 12-5　B_4^1 煤层开采过程中地表下沉特征

沉特征[图 12-5(a)]可知,工作面推进 160 m 时,地表产生明显变形,此时 $6^\#$ 测点所测地表最大下沉量为 5.1 dm;随 W1145 首采面推进,地表岩层下沉变形量最大的点位逐步向工作面推进方向迁移,至 W1145 工作面回采结束,最大下沉点位基本位于偏停采线一侧的采空区中心上方,$5^\# \sim 9^\#$ 测点所测地表下沉量分别为 6.3 dm、10.5 dm、13.8 dm、13.6 dm、10.4 dm。地表岩层下沉曲线呈现出由回采 160 m 时的"V"形变形,逐渐过渡为 W1145 工作面采后靠近开切眼上方略小于靠近停采线上方的"U"形变形分布特征。

由余煤复采地表下沉特征[图 12-5(b)]可知,余煤复采前的地表下沉量明显低于 W1145 工作面采空区上方;地表下沉曲线呈现出左侧与中部峰值点近似相等的"W"形分布特征。

余煤推进 126.4 m 时地表岩层产生明显变化,$2^\#$、$3^\#$ 测点所测垂直位移分别由 20.3 dm、28.2 dm 变化至 25.5 dm 和 32.0 dm,下沉量为 5.2 dm 和 3.8 dm。余煤在区域 1 至区域 4 推进过程中的地表变形量较小,除余煤推进 164.8 m 时产生的顶板岩层集中垮断使 $3^\#$ 测点产生 2.3 m 变形外,地表均无明显变形。余煤推进 316.8 m 时,顶板在长时间下沉作用下,中部岩层逐级下沉,逐渐影响至地表,使得 $4^\#$ 测点处的地表发生 5.8 dm 的明显变化;至余煤复采结束,产生的岩爆使得大面积岩层发生瞬时沉降影响至地表,使得地表在 $300 \sim 500$ m 范围内均产生明显下沉,其中以 $4^\#$、$5^\#$ 测点最为明显,下沉量分别为 3.4 dm 和 5.2 dm。

综合分析地表的下沉特征可知,上行开采后地表最大变形量为 $4^\#$ 测点,累计下沉 40.4 dm,下行开采后地表最大变形量为 $7^\#$、$8^\#$ 测点,分别累计下沉 40.7 dm 和 40.9 dm。采用下行开采与上行开采两种不同开采方式引起地表最大下沉量基本相同,因上行开采引起的地表总体位移量较小,最终地表下沉曲线呈现出中部极大值点较小的"W"形分布特征。

地表下沉曲线随开采逐渐向工作面推进方向移动,B_4^1 煤层因下行首采 W1145 工作面引起的地表岩层最大下沉量为 13.8 dm,较 B_4^1 煤层上行余煤复采引起的地表岩层最大下沉量 9.6 dm 多 4.2 dm,因而 B_4^1 煤层因下行开采引起的地表下沉量更大。

12.2.3 不同开采顺序下覆岩变形特征

通过全站仪对物理相似材料模型 B_4^1 煤层回采前后上部岩层下沉量进行监测,得到不同岩层的下沉变化曲线如图 12-6 所示。W1145 工作面回采后测点垂直位移即开采引起下沉量,余煤复采各测点监测的垂直位移量在回采前后的差值即余煤复采所引起的覆岩测点处的复采下沉量。

W1145 工作面采后直接顶与基本顶的垂直位移具有明显的对称性,呈明显"U"形分布,而其上部覆岩随岩层层位高度的增加,岩层垂直位移的不对称性愈加明显,呈现出凹陷区间左部位移略低于右部位移的特点,说明首采 W1145 工作面后靠近开切眼上方采空区层间存在的孔隙较多,靠近停采线上方采空区层间垮落更为充分。

B_2 煤层 W1123 工作面采后覆岩垂直位移具有明显的不对称性,因有 384 m 的余煤未采,B_4^1 余煤上方覆岩垂直位移量明显小于 W1145 工作面采空区上方覆岩垂直位移量,B_2 煤层采后岩层下沉凹陷区域呈现出明显的阶梯状分布。

至 B_4^1 余煤回采结束,余煤采空区凹陷区域的覆岩位移量基本一致,表现出明显的对称性,而 B_4^1 煤层的采空区左右两端受开采顺序影响表现出略为明显的不对称性,受下行开采引起的岩层垂直位移量略大于上行开采,其中直接顶在下行、上行开采后凹陷区域垂直位移

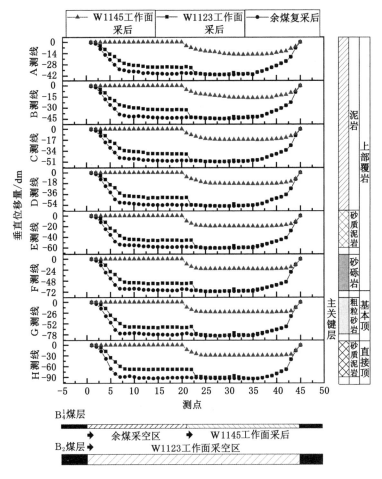

图 12-6　煤层开采过程中岩层垂直位移

分别为 93.8 dm 和 91.2 dm,相差 2.6 dm。余煤复采后与 W1145 工作面的采空区临界处,因余煤末端 5.6 m 煤柱瞬时压碎,产生岩爆造成大量岩石崩落,使临界处的上部覆岩产生较大的碎胀,所测临界处上方基本顶垂直位移 75.2 dm,低于直接顶在下行、上行开采后凹陷区域垂直位移均值(分别为 80.3 dm 和 78.5 dm)。

余煤复采后已相对稳定的层间岩层受上部 B$_4^1$ 煤层开采影响进一步压缩,层间岩层垮落带受余煤复采影响,碎胀效应减小从而被进一步压实,使得 6$^\#$ 测点在基本顶初次垮落后,下沉量达到 32.9 dm,均大于 B$_4^1$ 煤层,因而在回采至 6$^\#$ 测点处即模型模拟长度 180 m 时应加强防护措施,保证安全开采。余煤复采对 W1145 工作面上方岩层同样产生一定影响,在余煤复采长时间扰动作用下,松散垮落岩块继续压实,使碎胀效应减小后形成新的稳定结构,部分覆岩位置的垂直位移量继续增加,其中直接顶所在 H 测线 31$^\#$ 测点位移量最大,达到 5.1 dm。

余煤复采后模型中部位置下沉量小于两端,主关键层上方的岩层右部覆岩下沉量略大于左部覆岩下沉量。余煤回采前后,下沉曲线由“台阶状”逐渐过渡到“凹槽形”分布。受 B$_4^1$ 煤层余煤采动影响,基本顶的周期垮落使得直接顶下沉曲线呈明显波动性,岩块之间相互铰接、挤压形成类似三铰拱式的平衡结构,导致了下沉曲线的不连续性,因而 G、H 测线所测直接顶垂直位移变化幅度较大。而在 B$_2$ 煤层回采后,余煤上覆岩层下沉明显,但较为平缓,无明显波动性,由此可见 B_4^1 煤层余煤处于 B_2 煤层开采后的弯曲下沉带中。

煤层开采过程中,同一测线所测同一岩层不同测点的垂直位移量各不相同,距煤层越远的上覆岩层中相同层位不同测点的垂直位移差值越小,直接顶与基本顶越靠近煤层的相同层位不同测点的垂直位移差值越大。同一测点不同测线所测煤层上部覆岩中层位越低的岩层垂直位移量越低。

在主关键层较强的支撑作用下,位于主关键层下方的直接顶及其上方部分岩层间孔隙率较高,使得位于基本顶的主关键层凹陷区平均垂直位移量达到 79.4 dm,与直接顶平均垂直位移量 92.5 dm 相差 13.1 dm,为相同测线距的最大位移差值。

B_4^1 煤层与 B_2 煤层在上行开采与下行开采后引起的同一岩层垂直位移变化中,上行开采引起的岩层位移较小,其中越靠近煤层该趋势越明显,层位越高的岩层因上下行不同开采引起的位移差值越小,直接顶中凹陷区域平均差距为 2.6 dm。B_4^1 煤层因下行开采在 W1145 工作面首后引起直接顶垮落使得 H 测线所测直接顶凹陷区域的平均位移为 29.4 dm,上行余煤复采产生的 H 测线直接顶凹陷区域的平均位移为 25.7 dm,B_4^1 煤层下行首采比上行复采引起的直接顶垂直位移大 4.7 dm。

12.2.4　不同开采顺序下地表下沉盆地发育范围

上行复采与下行开采的地表移动、变形程度、开采沉陷影响范围存在明显差异,通过分析充分采动时移动盆地主断面上盆地边界点、临界边界点、地表岩层断裂位置与采空区边界形成夹角的边界角、移动角、破断角来阐述。

本书在下行开采与上行开采结束后,以地表岩层下沉量为 10 mm 点与采空区边界的连线作为边界角;以地表倾斜为 3 mm/m、曲率为 0.2×10^{-3}/m、水平变形为 2 mm/m 的最外点与采空区边界的连线作为移动角;以地表岩层破断点与采空区边界的连线作为岩层破断角。

根据物理相似材料模拟实验覆岩运移和地表移动监测数据以及已充分采动时的参数为依据,按照下式计算地表下沉盆地的各种角度:

$$\alpha = \arctan \frac{D}{L} \tag{12-2}$$

式中　α——边界角、移动角、破断角等各种角度参数,(°);

　　　D——采空区边界点至模型上表面的覆岩垂直高度,m;

　　　L——采空区边界点至角度参数选取边界点的水平距离,m。

因各种角度参数中地表下沉量远远小于覆岩累积垂高,假定覆岩累积垂直高度 D 恒为模拟高度 302 m。监测所得上行复采与下行开采边界角参数选取水平距离 L 分别为 56.8 m 和 48.5 m,移动角参数选取水平距离 L 分别为 47.2 m 和 40.7 m,依次代入式(12-2),将所得角度和切眼与停采时岩层垮落角相联系绘制地表下沉盆地示意图(图 12-7)。

上行复采与下行开采 B_4^1 煤层的边界角分别为 79.3° 和 80.9°;移动角分别为 81.1° 和 82.3°。B_2 煤层采后开切眼与停采线处的岩层破断角差值较小,分别为 74.7° 和 75.4°,岩层破断线包络下的破坏区域基本呈"等腰梯形"分布,由于下行开采 W1145 工作面的开采次序优先于 B_2 煤层,岩层破断角几乎未受 B_2 煤层影响,因而 W1145 工作面采后形成的停采处岩层破断线近似平行于 B_2 煤层,停采处岩层破断角为 75.8°;由于上行余煤复采的开采次序滞后于 B_2 煤层,余煤复采的岩层破断角受 B_2 煤层影响显著,在 B_2 煤层采后已形成 W1123

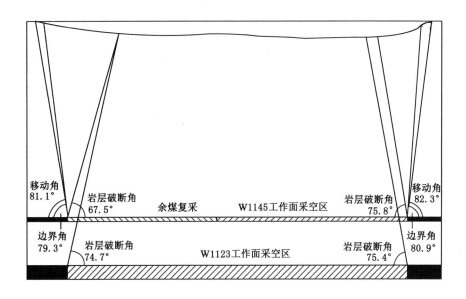

图 12-7   地表下沉盆地示意图

工作面切眼破断线的基础上,余煤开采使原有的岩层破断部分闭合并再次产生新的断裂,重新产生的破断线主要集中在余煤开切眼与 W1123 工作面切眼破断线上端点的连接线两侧,使得余煤复采后开切眼岩层破断角较小,约为 67.5°。上行开采时,在停采线上行余煤复采形成的边界角、移动角、岩层破断角均小于上行开采,差值分别为 1.6°、1.2° 和 8.3°。

12.2.5   不同开采顺序下导水裂缝带发育特征

下行开采与上行开采的导水裂缝带分布存在明显差异,依据实验方案,在 W1145 工作面、W1123 工作面及余煤依次开采后,根据导水裂缝带发育最终形态与推进过程中覆岩垂向的导水裂缝带累计高度,得出上行复采与下行开采后的导水裂缝带发育规律如图 12-8 所示。

B_4^1 煤层在下行开采 W1145 工作面过程中,裂隙集中向上发育主要为工作面推进 128.0 m 时的基本顶初次垮落,至工作面推进 224.0 m 时,导水裂缝带发育基本稳定,回采结束时导水裂缝带发育高度为 41.5 m。

B_2 煤层平均厚度 9.5 m,远大于 B_4^1 煤层平均厚度 3.0 m,因而 W1123 工作面推进时裂隙向上发育时间较长,工作面推进 240.0 m 时余煤上方导水裂缝带发育基本稳定,导水裂缝带发育高度为 92.1 m;工作面推进 499.2 m 时 W1145 工作面采空区上方导水裂缝带发育基本稳定,导水裂缝带累计发育高度为 125.8 m。

B_4^1 煤层复采过程中,裂隙集中向上发育,主要发生在余煤推进 139.2 m 的直接顶初次垮落与余煤推进 378.4 m 的岩爆时,在余煤推进 277.4 m 后位于余煤下方的 B_2 煤层上部导水裂缝带累计发育高度为 115.7 m;受余煤采动影响引起的导水裂缝带向上发育平均高度为 23.6 m,小于 W1145 工作面开采后的导水裂缝带发育高度 41.5 m。余煤复采对 W1145 工作面开切眼上方的岩层变化影响较大,位于 W1145 工作面与余煤临界区域上方的裂缝带产生明显扩展,远离临界区域的 W1145 工作面采空区上方裂隙无明显差异。综合分析可知,B_4^1 煤层下行首采 W1145 工作面引起的导水裂缝带发育高度为

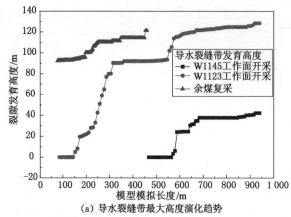

（a）导水裂缝带最大高度演化趋势

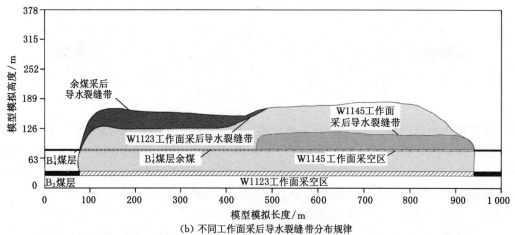

（b）不同工作面采后导水裂缝带分布规律

图 12-8　导水裂缝带发育规律

41.5 m，较上行余煤复采引起的导水裂缝带向上发育高度 23.6 m 大 17.9 m；下行开采后导水裂缝带累计发育高度为 125.8 m，较上行开采引起的导水裂缝带累计发育高度 115.7 m 大 10.1 m。

12.3　煤层群不同开采顺序下的矿压与能量释放规律

B_4^1 煤层余煤复采时的上部覆岩已因 B_2 煤层开采而产生扰动影响，此外余煤复采还受下方层间破碎岩层影响。为探究余煤受上部扰动岩层与下部破碎岩层的综合影响，以及对比分析煤层仅受上部稳定岩层影响的差异性，现通过布置在物理相似材料模拟实验中的压力传感器和 SOS 微震监测仪对煤层推进后所测支架压力与震源事件进行监测，分析 B_4^1 煤层推进过程中的能量演化趋势和周期来压规律。

12.3.1　不同开采顺序下周期来压及支架压力分布规律

（1）周期来压判定及其分布规律

采用单次推进的加权阻力对来压步距进行分析，以支架平均阻力与其均方差之和作为判断顶板周期来压的主要指标。将 P_i 定义为第 i 次推进支架压力，t_i 为工作面第 i 次推进

长度,数据计算公式为:

$$P_t = \frac{(P_0 + P_1)t_1/2 + (P_1 + P_2)t_2/2 + \cdots + (P_{n-1} + P_n)t_n/2}{t_1 + t_2 + \cdots + t_n} \tag{12-3}$$

$$\overline{P}_t = \frac{1}{n}\sum_{i=1}^{n} P_{ti} \tag{12-4}$$

$$\sigma_P = \sqrt{\frac{1}{n}\sum_{i=1}^{n}(P_{ti} - \overline{P}_t)^2} \tag{12-5}$$

式中　P_t——推进 n 次后的加权阻力,MPa;

　　　　$\overline{P}_t$——平均加权阻力,MPa;

　　　　n——累积推进次数;

　　　　P_{ti}——第 i 次推进的加权阻力,MPa;

　　　　σ_P——加权阻力均方差即标准差。

由 B_4^1 煤层下行首采与上行复采的支架加权阻力(表 12-3)可知:移架前的加权阻力与均方差普遍高于移架后,移架前支架压力的变化幅度明显,且下行首采较上行复采的加权阻力明显偏大。

顶板来压判别依据:

$$P'_t = \overline{P}_t + \sigma_P \tag{12-6}$$

表 12-3　加权阻力统计表

类别	下行首采		上行复采	
	移架前	移架后	移架前	移架后
平均加权阻力 $\overline{P}_t$ /MPa	24.6	24.4	23.7	23.3
加权阻力均方差 σ_P /MPa	3.5	3.1	2.3	1.0
顶板来压 P'_t /MPa	28.1	27.5	26.0	24.3

习惯上常以动载系数 K 作为衡量基本顶周期来压强度的指标,动载系数可表示为 $K = P_i/P'_t$,即单次推进后的支架压力与来压判别压力的比值。根据顶板来压判别压力 P'_t 所得数值与各推进距下的支架压力比较,在推进过程中当支架压力大于判别压力时,动载系数 $K>1$ 为周期来压。相邻若干支架压力均满足判别式时,取其峰值压力为周期来压。

通过对 B_4^1 煤层推进过程中的支架压力进行连续性监测,分析工作面顶板压力的变化趋势,得出 W1145 工作面首采与余煤复采过程中的周期来压特征,如表 12-4 和表 12-5 所列。

表 12-4　W1145 工作面回采过程中周期来压特征表

来压次数/次	1	2	3	4	5	6	7	8	9	10	11	12	13	14
推进长度/m	128.0	160.0	192.0	224.0	248.0	288.0	304.0	336.0	360.0	392.0	416.0	432.0	456.0	472.0
来压步距/m	128.0	32.0	32.0	32.0	24.0	40.0	16.0	32.0	24.0	32.0	24.0	16.0	24.0	16.0
压力/MPa	30.6	28.7	32.8	30.5	32.2	31.5	28.8	30.3	28.2	27.6	30.2	30.1	28.3	28.2

表 12-5　余煤复采过程中周期来压特征表

来压次数/次	1	2	3	4	5	6	7	8
推进长度/m	139.2	155.2	174.4	198.4	264.0	288.0	328.0	378.4
来压步距/m	139.2	16.0	19.2	24.0	65.6	24.0	40.0	50.4
压力/MPa	26.7	29.0	29.8	32.0	32.2	30.4	34.6	58.5

通过对 W1145 工作面回采过程中不同测区移架前的支架压力数据监测,运用周期来压判别依据,得出 B_4^1 煤层 W1145 工作面回采过程中的周期来压特征(表 12-4)。下行首采 W1145 工作面共存在 14 次明显的来压现象,初次垮落时的步距最大,达到 128.0 m,而后垮落步距减小,并呈现波动式的变化,回采过程中的来压步距基本位于 16.0～40.0 m 范围内,平均来压步距为 26.5 m。

B_4^1 煤层的余煤复采共存在 8 次明显的来压现象,初次垮落时的步距最大,第 5 次与第 8 次的来压步距分别为 65.6 m 和 50.4 m,均呈现出较长来压步距的特点,来压步距基本呈现出"减小—增大—减小—增大"的反复波动趋势,复采过程中来压步距基本位于 16.0～65.6 m 范围内,平均来压步距为 34.2 m。

(2)支架压力分布差异性

图 12-9 为 B_4^1 煤层回采过程中的支架压力变化趋势,其中下行开采 W1145 工作面过程中的周期来压较为均匀,峰值压力值出现在工作面推进 192.0 m 时,为 32.8 MPa,与余煤复采支架压力峰值处位于开采末端存在明显差异。W1145 工作面回采移架前、后的顶板压力变化趋势相同,支架压力都呈现出中间高、两端低的变化趋势,整个回采过程中压力变化波

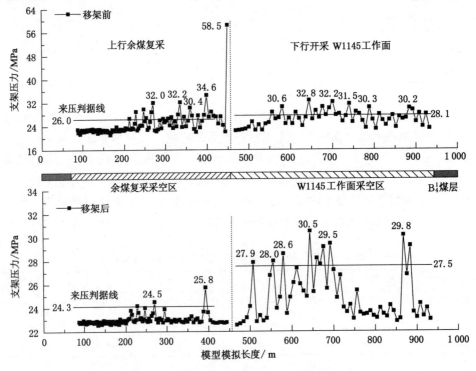

图 12-9　B_4^1 煤层回采过程中的支架压力变化趋势

动明显。

余煤复采在区域 1、区域 2 回采过程中的移架前、后平均压力分别为 22.9 MPa 和 22.7 MPa,顶板压力值相差不大且分布均匀。区域 3 余煤推进 139.2 m 初次来压时的移架前、后压力分别为 26.7 MPa 和 23.8 MPa,推进过程中共存在 3 次明显来压。区域 6 移架前支架压力在达到 34.6 MPa 后,顶板处于大面积悬空的逐步下沉阶段,该区域移架后的支架压力变化比较平稳,证明该顶板下沉阶段上覆岩层主要作用于采空区已垮落岩石之上,支架压力随着工作面推进不断下降,至余煤推进 378.4 m 时,采空区破损岩石不足以支撑较长顶板作用下的覆岩压力,进而覆岩作用主要转移至工作面前方煤柱,使得在余煤复采推进 378.4 m 移架前的压力值达到复采过程中最大值(58.5 MPa),移架后的煤柱不足以支撑上覆岩层作用而发生岩爆现象。

综合分析下行 W1145 工作面首采与上行余煤复采的差异性可知,下行首采过程中移架前、后的支架压力均普遍高于上行复采。余煤复采在区域 1、区域 2 推进过程中表现为顶板大面积悬空与随采即落,均对上部基本顶影响较小,因而余煤复采的初次来压步距139.2 m 明显大于下行首采的初次来压步距 128.0 m。

余煤复采前 B_4^1 煤层上覆岩层受下层煤开采扰动影响明显,部分岩层松动,使得余煤复采产生的垮落孔隙率较高,在松散破碎岩块较好的支撑作用下,余煤复采时基本顶产生的破坏次数较少。B_4^1 煤层下行首采 480 m 的 W1145 工作面过程中,共产生 14 次来压,上行复采 384 m 的余煤过程中共产生 8 次来压,平均每百米来压次数分别为 2.9 次和 2.1 次,下行开采 W1145 工作面时顶板来压产生得更快。B_4^1 煤层在下行开采与上行开采时的平均来压步距分别为 26.5 m 和 34.2 m,上行复采平均来压步距较下行首采长 7.7 m。

12.3.2 能量释放演化特征

对 B_4^1 煤层开采过程中所产生微震事件的能量大小、发生频次以及震源位置进行实时监测,将微震系统所测震源能量按大小不同划分为 5 种级别,分别为 0~50 J、50~100 J、100~150 J、150~200 J 以及 200 J 以上,分析 B_4^1 煤层推进过程中的能量演化和递进规律。

(1)能量释放的空间分布特征

微震系统所测微震事件频次及其能量大小,可对上行开采条件下的上部煤层采空区覆岩运移情况进行有效验证。借助微震事件定位情况反演重复采动下的覆岩结构运移规律,对覆岩变化规律的准确性进行评价,并为覆岩变化规律提供理论性依据。通过回采过程中所监测的微震定位结果以及事件频次与能量的演化,对上行复采的能量变化特征与下行开采的差异性展开综合分析。

由微震系统所测 W1145 工作面开采的微震事件分布[图 12-10(a)]可知:受 W1145 工作面开采扰动影响,其震源基本位于 W1145 工作面采空区上方,B_4^1 煤层余煤上方基本无震源分布。W1145 工作面采空区上方的震源分布较为均匀、范围较小,由煤层顶板至上位岩层呈现出震源能量逐级递减的变化趋势,且靠近采空区中部的覆岩中震源能量明显高于两侧覆岩中的震源能量。

在余煤回采过程中,微震系统所测震源主要分布在两个集中区域内,即模型模拟长度 340~450 m 与 520~680 m 范围内。通过微震监测余煤复采全程微震事件分布[图 12-10(b)]可知:上行复采震源集中区域主要分布于 B_4^1 煤层上的主关键层上方,且主要集中在高度 70~190 m 的基本顶及其上方部分岩层区域内,两集中区域分别位于余煤与 W1145 工作面采空区临界位置两侧的岩层中,模型上部覆岩与周边岩层距震源集中区域越远的位置微震事件能量逐渐降低、震源数量逐步减少且不断分散。余煤推进过程中微震事件总能量为 46 893.4 J,震源集中区域微震事件总能量为 41 277.9 J,约占微震事件总能量的 88%。

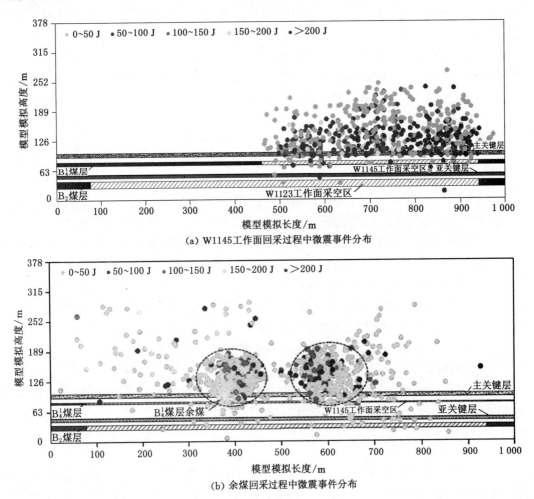

(a) W1145工作面回采过程中微震事件分布

(b) 余煤回采过程中微震事件分布

图 12-10　B_4^1 煤层开采震源空间分布特征

通过微震定位的空间分布特征可知,B_4^1 煤层在下行开采与上行开采过程中的微震事件能量分布存在明显的相同之处,其中震源均主要分布于主关键层的上部覆岩中,B_4^1 煤层的底部岩层震源分布较少,且煤层顶板至上位岩层的微震事件能量逐级递减。不同之处在于,震源的横向分布存在明显差异,其中 W1145 工作面下行首采过程中的微震事件能量产生随工作面推进呈现出均匀变化趋势,而余煤复采过程中因推进度不同呈现出明显的微震事件能量集中分布。

B_4^1 煤层回采过程中震源横向分布的明显差异,反演了下行首采与上行复采过程中覆岩变化的差异性。下行首采过程中震源较均匀的分布,说明 W1145 工作面回采中顶板及其上覆岩层是较为有规律的周期性破坏。上行复采过程中震源两处明显的集中分布,说明剩余煤层上部覆岩发生的破坏更为剧烈,且 W1145 工作面采空区靠近开切眼的位置,而余煤复采使得原有稳定的铰接结构发生变化,铰接岩层活化,造成大量能量释放。

将 W1145 工作面 6 个区域与余煤复采过程中 6 个区域内微震事件及其能量大小的差异展开细化分析,但因其区域长度不同,故增加单次推进时的微震事件平均能量进行差异性对比。根据微震监测数据做出 B_1^1 煤层开采过程中微震数据统计如表 12-6 所列,据此反演下行开采与上行开采过程中的覆岩变化差异性。

表 12-6 B_1^1 煤层开采过程中微震数据统计表

序号	余煤回采					W1145 工作面				
	回采范围 /m	累积推进 /次	微震事件 /个	累积能量 /J	单事件平均能量/J	推进范围 /m	累积推进 /次	微震事件 /个	累积能量 /J	单事件平均能量/J
区域 1	0～64.0	40	60	2 081.6	34.7	0～80	10	49	1 839.3	37.5
区域 2	64.0～126.4	26	291	12 889.4	44.3	80～160	10	80	6 667.2	83.3
区域 3	126.4～190.4	20	278	12 981.8	46.7	160～240	10	135	19 161.6	141.9
区域 4	190.4～254.4	16	124	4 742.5	38.2	240～360	10	147	27 454.2	186.8
区域 5	254.4～316.8	13	65	1 785.4	27.5	360～400	10	123	15 218.5	123.7
区域 6	316.8～384.0	12	127	12 412.7	97.7	400～480	10	129	15 635.2	121.2

余煤复采产生 945 个微震事件,累积能量为 46 893.4 J,单个微震事件平均能量约为 49.6 J;W1145 工作面开采产生 663 个微震事件,累积能量为 85 976.0 J,单个微震事件平均能量约为 129.7 J。由表 12-6 统计数据可知,区域 1 内微震事件少、累计能量低,反演出下行首采与上行复采在区域 1 推进过程中顶板大面积悬空,未产生明显的覆岩变形。

区域 2、区域 3 余煤推进过程中,微震事件较多,反演出顶板随采即垮的覆岩变化特征。而 W1145 工作面回采过程中,微震事件少而单次事件产生能量较高,反证出完整岩层破断释放的能量高于扰动后岩层破断所释放的能量。

区域 4、区域 5 余煤推进过程中的微震事件数及能量大小均低于 W1145 工作面开采,其单次事件产生的能量大小尤为明显,反演出该区域余煤开采产生的覆岩变化次数较少,覆岩破坏的程度较弱。

区域 6 余煤推进过程中因存在岩爆的能量释放,使其单次事件产生的能量为余煤复采过程中的最大值,而较 W1145 工作面区域 6 开采的单次事件能量值依旧要小,体现出下行首采过程中能量释放普遍高于上行复采过程中能量释放的特征。

在 W1145 工作面开采过程中,微震事件呈现出事件数量少、累积能量高的特点;受 B_2 煤层开采扰动影响,煤层间破碎岩层较为松散,且余煤上部岩层产生弯曲变化,使得余煤复采过程中微震事件数量多,累积能量低,大多为 50 J 以下的能量事件。为分析震源事件相互叠加作用下影响的破坏机制,绘制出 B_1^1 煤层开采过程中能量叠加分布云图,如图 12-11 所示。

根据 W1145 工作面开采过程中微震事件能量叠加分布特征[图 12-11(a)]可知,在下行首采过程中,微震事件能量主要集中分布在以模型模拟高度 100 m 为轴线上下 18 m 的 4 个区域范围内,其能量密度呈现出由模型左侧至右侧推进过程中逐渐递减的变化趋势,即从左侧集中区域的 700 J/m² 逐渐降至 100 J/m²。根据 B_1^1 煤层余煤复采过程中微震事件能量叠

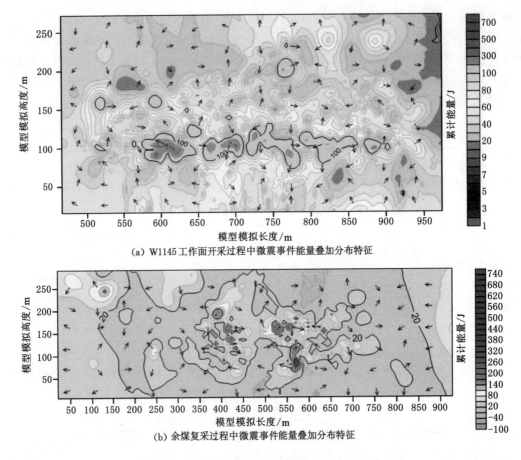

(a) W1145工作面开采过程中微震事件能量叠加分布特征

(b) 余煤复采过程中微震事件能量叠加分布特征

图 12-11　B$_4^1$ 煤层开采过程中震源能量叠加分布特征

加分布特征[图 12-11(b)]可知,在余煤复采过程中,微震事件能量集中分布于模型模拟长度 355～625 m、高度 75～220 m 的范围内,其中存在 4 处微震事件能量明显集中区域,以 (525 m,95 m)为中心、12 m 为半径的区域内的累积能量最高,累积能量达到 740 J/m²。

(2) 微震监测的能量-频次分布特征

根据每步推进过程中震源所测能量大小与产生震源的频次,作出 B$_4^1$ 煤层开采过程中微震事件能量-频次分布特征(图 12-12),对比分析下行首采与上行复采在单次推进下的震源能量与频次的差异性。

W1145 工作面开采[图 12-12(a)]:第 1～15 次推进过程中,微震事件数量波动性较小,单次推进微震事件发生数保持在 10 个以内,反演出下行首采前 15 次推进过程中采空区顶板呈现出相对稳定的状态。第 16～37 次推进过程中,震源数量明显波动,单次推进的微震事件发生数为 8～24 个,在第 24、31、36 次推进过程中微震事件能量分别为 7 435.3 J、5 928.4 J、11 294.7 J,单次微震事件的能量较高,反演出这三次推进下发生完整岩层的破断现象较多。第 37～60 次推进过程中,微震事件能量大小及频次较第 16～37 次推进过程均出现明显减弱,其中第 49、52 次推进过程中出现明显的能量峰值分别为 5 520 J、6 060 J,事件数分别为 16 个和 20 个,反演出该推进范围内覆岩活动明显,但破坏程度不大。

余煤复采[图 12-12(b)]:第 1～45 次推进过程中,微震事件少、能量低,单次推进的事

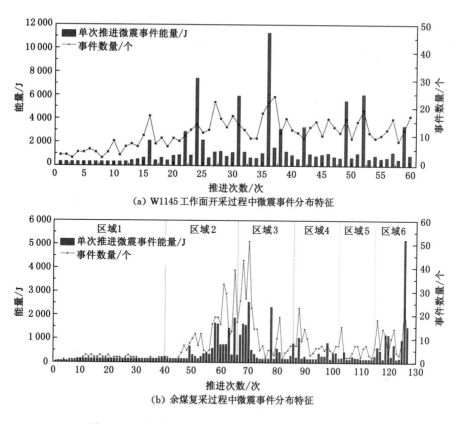

(a) W1145 工作面开采过程中微震事件分布特征

(b) 余煤复采过程中微震事件分布特征

图 12-12　B$_4^1$ 煤开采过程中微震事件能量-频次分布特征

件数量基本保持在 3 个以内,反演出该推进范围内顶板相对完整,未出现明显的岩层破坏。第 46~79 次推进过程中,微震事件数量频繁波动,从单次推进发生 4 次微震事件逐渐增加至第 71 次推进产生 51 次微震事件,微震事件频次增多且波动明显,反演出该推进范围内岩层发生频繁的破坏现象;在第 58~70 次推进过程中覆岩释放能量普遍较高,反演出该区域岩层破坏更为剧烈。第 80~127 次推进过程中,微震事件数量出现周而复始的波动现象,在第 81、88、103、116、118、122、126 次共 7 次推进过程中出现明显的微震事件数量峰值,反演出该推进范围内覆岩发生周期性的变化活动;在第 126 次推进时震源能量为 5 192.2 J,达到单次推进的微震事件能量最大值,反演出在余煤推进即将结束时,因煤柱承载能力受限,产生煤柱挤压破碎后上覆岩层大范围的破坏现象。

综上分析可知:微震监测结果能够较好地反映覆岩变化规律,从单次推进时微震能量-频次的差异性,可知余煤复采时覆岩已存在松动,较初采 W1145 工作面更容易在较小的能量下被破坏并形成稳定的平衡结构,因而余煤复采普遍较下行首采产生的微震事件频次多、能量小。

（3）能量密度及频率分布特征

将单位长度推进后产生的微震事件能量大小定义为能量密度,单位长度推进后产生的微震事件数量定义为事件频率。能量密度、事件频率计算公式如下:

$$\rho_E = \frac{E_t}{d} \tag{12-7}$$

式中 ρ_E ——能量密度，J/m；

       E_t ——单次推进下产生的能量大小，J；

       d ——依据实验方案的单次推进距离，m。

$$f_E = \frac{f_c}{d} \qquad\qquad (12\text{-}8)$$

式中 f_E ——能量发生的事件频率，个/m；

       f_c ——单次推进下产生的事件数量，个。

根据上行复采与下行开采的能量密度及事件频率演化规律[图 12-13]可知，在模型模拟长度 460～940 m 范围内 W1145 工作面下行首采过程中，事件发生频率普遍较低，基本分布在 0.8～2.7 个/m。W1145 工作面推进过程中的能量密度共存在 5 处明显峰值，分别达到 928.8 J/m、741.3 J/m、1412.5 J/m、690.0 J/m 和 757.5 J/m。

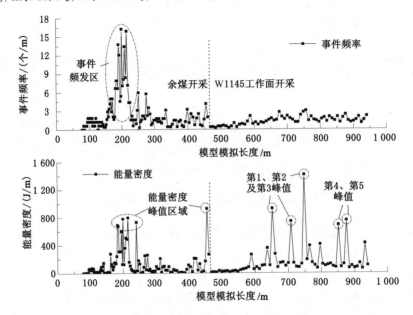

图 12-13   上行复采与下行开采的事件频率及能量密度演化规律

模型模拟长度 76～460 m 范围内的余煤复采过程中，微震事件频率普遍较高，余煤推进至 180.8～222.4 m 为事件频发区，其中工作面推进至 200 m、215.2 m 的事件频率高达 16.3 个/m、15.9 个/m，其余频发区内事件频率基本在 4.5～13.4 个/m。余煤复采至 454.4～460.0 m 范围内，微震事件频率仅为 4.1 个/m，而能量密度高达 927.2 J/m，为余煤复采过程中的最高能量密度。

对上行复采与下行开采的能量密度及事件频率演化规律分析表明：B_4^1 煤层 W1145 工作面在模型模拟长度 460～588 m 范围内，微震事件能量呈现出频率低、密度低的特征；在模型模拟长度 596～940 m 范围内，微震事件能量呈现出明显的频率低、密度高的特征，下行首采过程中的微震事件频率仅有低频。

B_4^1 煤层余煤上行复采中微震事件与能量，在模型模拟长度 76.0～178.4 m 与 244.0～448.8 m 范围内，能量呈现出频率低、密度低的特征；在模型模拟长度 180.8～240.8 m 范围内，能量呈现出明显的频率高、密度高的特征；在模型模拟长度 454.4～460.0 m 范围内，能量呈现出频率低、密度高的特征。

除不同区域的能量特征差异外,下行首采与余煤上行复采同类特征亦存在明显差异。在能量频率低、密度高的特征区域内,下行首采过程中产生 5 处能量峰值的开采步距较长,而上行复采集中区域的峰值能量频发,其相邻峰值能量间的开采步距较短。

12.3.3 顶板来压与能量释放协同分析

为研究 B_4^1 煤层下行首采与上行复采时微震事件能量与矿压的差异性,分析微震事件能量与压力的相互作用规律,通过微震系统监测推进过程中的微震事件能量大小与支架周期来压的递变关系,综合研究下行首采与上行复采过程中微震事件能量和压力的集聚与释放特征。

根据 W1145 工作面开采过程中的微震事件能量与矿压关系[图 12-14(a)]可知,在 $0\sim$ 112 m 能量积聚区的推进过程中,单次推进的能量较低,主要集中在 400 J 以内。工作面推进 192 m、248 m、288 m、392 m、416 m 产生 5 处明显的微震事件能量峰值,其中第三峰值能量达到11 300 J,为推进过程中的微震事件能量最大值。5 处能量峰值均对应于不同的周期来压位置,而 14 次来压除该 5 次能量峰值外,仅有 5 处来压为微能量峰值点,其余 4 处推进产生的能量较小,由此说明较高能量的释放均位于周期来压处,但周期来压处却不一定为较高的能量释放处。W1145 工作面开采过程中的峰值能量呈现出明显的周期性变化,能量释放的周期性步距明显大于周期来压步距。

根据余煤复采过程中微震事件能量与矿压关系[图 12-14(b)]可知,在 $0\sim85.6$ m 推进

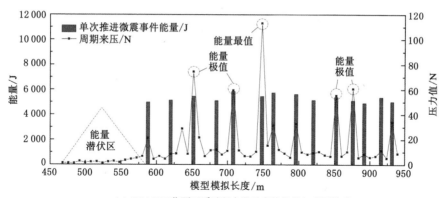

(a) W1145工作面开采过程中微震事件能量与矿压关系

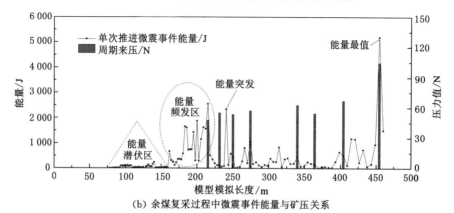

(b) 余煤复采过程中微震事件能量与矿压关系

图 12-14 B_4^1 煤回采能量与矿压关系

过程中,单次推进微震事件能量主要集中在 100 J 以内,视作能量积聚区。在 87.2～142.4 m推进过程中,所测能量频繁波动,形成能量频发区,该区域 4 处明显的能量峰值呈现出不断递增的变化趋势,第四次峰值处所释放的能量达到 2 556.6 J,在能量释放前形成的初次来压为 26.7 MPa。

余煤复采过程中推进 164.8 m 时,微震系统所测微震事件能量骤增至 2 342.9 J,产生大范围的覆岩垮断,而在微震事件能量突发前即余煤推进 155.2 m 产生 30.7 MPa 的来压时所测能量仅为 120 J,在后两个推进度内无明显的微震事件能量释放,证明余煤复采过程中的微震事件能量突发并非偶然产生,而是周期来压继续推进后顶板面积增大使得能量再次积聚后的突然释放。

综上所述,B_4^1 煤层回采过程中所形成的周期来压具有做功的能力,因而均具有能量,压力越大,做功的能力越强。下行首采较高能量的释放均位于周期来压处,而上行余煤复采较高能量的释放有时滞后于周期来压。W1145 工作面下行首采过程中,岩层相对较为完整,高能量的释放普遍使得覆岩产生明显变化,形成新的稳定结构,使覆岩压力得以释放,因而下行首采较高能量的释放均位于周期来压处;在下层煤开采扰动后的余煤上行复采中,因岩层破碎度较高,周期来压时释放较小的能量后,部分破碎岩石的支撑使得覆岩不足以产生明显的破坏,继续推进下顶板悬空持续增加从而产生覆岩大范围破坏,而较高的能量释放后将形成新的稳定结构,使积聚的压力得以减缓。

12.4　讨论分析

根据上述内容,将上行复采与下行开采的主要差异进行统计分析。B_4^1 煤层下行首采与上行复采的主要特征如表 12-7 所列。

综合对比分析研究可知:在覆岩变形与垮落特征中,因 W1145 工作面采后覆岩破坏产生的挤压作用,对余煤上覆岩层形成支撑,使得 B_4^1 余煤上行复采的覆岩下沉量、地表下沉盆地的各种角度参数以及裂隙向上扩展高度等都普遍小于下行首采。B_4^1 余煤复采引起地表最大下沉量为 9.6 dm,较 W1145 工作面首采低 4.2 dm;岩层最大下沉量为 25.7 dm,较W1145 工作面首采低 3.7 dm。B_4^1 余煤上行复采形成的边界角、移动角、岩层破断角分别为79.3°、81.1°、67.5°,小于下行首采形成的 80.9°、82.3°、75.8°。B_4^1 余煤复采引起的导水裂缝带向上发育高度为 23.6 m,比 W1145 工作面开采引起的导水裂缝带发育高度 41.5 m 小43.1％;上行复采引起的导水裂缝带累计发育高度为 115.7 m,比下行开采的导水裂缝带累计发育高度 125.8 m 小 8.0％。

表 12-7　B_4^1 煤层下行首采与上行复采的主要特征

类别	B_4^1 余煤上行复采	W1145 工作面开采
推进距离/m	384	480
地表最大下沉量/dm	9.6	13.8
岩层最大下沉量/dm	25.7	29.4
边界角/(°)	79.3	80.9

表 12-7(续)

类别	B₄¹ 余煤上行复采	W1145 工作面开采
移动角/(°)	81.1	82.3
岩层破断角/(°)	67.5	75.8
B₄¹ 煤层采后裂隙向上发育高度/m	23.6	41.5
煤层群开采后的导水裂缝带累计发育高度/m	115.7	125.8
移架前平均加权阻力/MPa	23.7	24.6
初次来压步距/m	139.2	128.0
平均来压步距/m	34.2	26.5
来压步距范围/m	16.0～65.6	16.0～40.0
微震事件/个	945	663
累积能量/J	46 893.4	85 976.0
能量密度均值/(J/m)	122.1	179.1
事件发生平均频率/(个/m)	2.5	1.4

不同开采顺序下,下行首采过程中支架压力普遍高于上行复采过程中支架压力。W1145 工作面下行首采移架前平均加权阻力为 24.6 MPa,较上行复采 23.7 MPa 高 0.9 MPa。因关键层的下部岩层受 B₂ 煤层的开采扰动明显强于上部岩层,使得余煤上行复采过程中关键层下方岩石的碎胀效应强于下行首采,松散破碎的岩块支撑效果较好,因而余煤复采的初次来压步距为 139.2 m,明显大于下行首采的 128.0 m。余煤复采的平均来压步距为 34.2 m,大于下行首采的 26.5 m。W1145 工作面开采过程中的关键层破断较为均匀,因而 B₄¹ 煤层下行初采周期来压步距(16.0～40.0 m)波动范围小于余煤上行复采周期来压步距(16.0～65.6 m)的波动范围。

上行复采受扰动的松散岩层更易产生破碎,因而余煤复采时产生的微震事件较多,B₄¹ 余煤上行复采微震事件共发生 945 个,较 W1145 工作面下行首采多 282 个。同时,余煤上行复采过程中微震事件发生的频率为 2.5 个/m 大于 W1145 工作面下行首采过程中的 1.4 个/m。而 B₂ 煤层开采扰动后 B₄¹ 煤层上方部分岩层能量释放,使得余煤复采引发的微震能量较小。上行复采过程中的累积能量为 46 893.4 J,小于 W1145 工作面回采过程中的 85 976.0 J。同时,余煤复采的平均能量密度为 122.1 J/m,小于 W1145 工作面回采过程中的 179.1 J/m。

12.5　本章小结

(1) B₂ 煤层的开采有助于解放 B₄¹ 煤层,使得余煤上部覆岩的冲击倾向性弱化,因而余煤复采时顶板大面积悬空步距较长;同时,B₂ 煤层开采扰动使覆岩产生松动,余煤上行复采时,关键层下方岩层的碎胀效应强于下行首采,具有较好的支撑效果,因而余煤复采的直接顶初次垮落滞后于 W1145 工作面开采。B₄¹ 余煤复采引起地表最大下沉量为 9.6 dm,较 W1145 工作面首采低 4.2 dm;岩层最大下沉量为 25.7 dm,较 W1145 工作面首采低 3.7 dm。

（2）B_4^1 煤层上行复采的边界角与移动角分别为 79.3°和 81.1°，小于下行首采的 80.9°和 82.3°。W1145 工作面采后的停采处岩层破断线近似平行于 B_2 煤层，岩层破断角约为 75.8°；在 B_2 煤层采后已形成 W1123 工作面开切眼破断线的基础上，重新产生的破断线主要集中在余煤开切眼与 W1123 工作面开切眼破断线上端点的连接线两侧，使得余煤复采后的岩层破断角较小，约为 67.5°。

（3）B_4^1 余煤复采引起的导水裂缝带向上发育高度为 23.6 m，比 W1145 工作面开采引起的导水裂缝带发育高度 41.5 m 小 43.1％；上行复采引起的导水裂缝带累计发育高度为 115.7 m，比下行开采的导水裂隙带累计发育高度 125.8 m 小 8％。下行开采过程中支架压力普遍高于上行复采过程中支架压力。关键层的下部岩层受 B_2 煤层的开采扰动明显强于上部岩层，使得余煤上行复采时关键层下方岩层的碎胀效应强于下行首采，因而松散破碎的岩块支撑效果较好，使余煤复采的初次来压步距、平均来压步距明显大于下行首采的初次来压步距、平均来压步距。

（4）B_4^1 煤层 W1145 工作面推进过程中能量产生的事件频率仅有低频，上行复采时能量呈现出频率低、密度低，频率高、密度高以及频率低、密度高的特征。B_4^1 煤层回采过程中所形成的周期来压具有做功的能力，压力越大，做功的能力越强。下行首采时较高能量的释放均位于周期来压处，而上行余煤复采时较高能量的释放有时滞后于周期来压。

13　近距离强冲击倾向煤层上行开采覆岩结构演化及稳定性研究

随着煤炭资源中地质条件较好的煤层逐渐被优先开采完毕,部分矿井开始对下行开采后的上层余煤展开回收利用。为满足多煤层矿井进行上行开采时的安全和高效,上行开采的覆岩结构演化特征及其稳定性研究显得尤为重要,特别是对具有强冲击倾向性的近距离煤层,需做好冲击灾害的防治措施,并确定合理的停采位置,避免因覆岩大范围失稳而造成重大冲击灾害事故。

国内诸多学者,对煤层开采覆岩结构演化特征及其稳定性进行了广泛研究。钱鸣高等[104]提出了岩层控制的关键层理论,给出关键层的计算方法,对岩层控制展开详细分析。韩红凯等[142]对覆岩达到回转挤压稳定或触矸稳定状态作了分析,并揭示了覆岩达到"再稳定"状态的条件。黄庆享等[143]建立了基本顶周期来压的"短砌体梁"和"台阶岩梁"结构模型,给出了维持顶板稳定的支护力计算公式。浦海等[144]运用数值模拟方法,分析了关键层的破断、关键层相对位置及采深等对围岩支承压力的影响。

针对覆岩结构性失稳产生的冲击地压等问题,姜耀东等[81]建立了煤矿冲击地压的 3 种力学模型:材料失稳型冲击地压力学模型、滑移错动型冲击地压力学模型和结构失稳型冲击地压力学模型。崔峰等[96]研究了微震事件的分布特征及其与矿压分布规律之间的关系,分析了矿压对煤岩体能量积聚与释放的影响,揭示关键层破断诱冲机制。王文婕[145]对煤岩损伤统计本构模型参数进行了研究,探讨其对冲击倾向性的影响。张开智等[146]建立了具有冲击危险煤岩的变权识别模型,利用待评价地点各评价因子贡献率的大小来确定变权重系数。刘晓斐等[147]运用钻屑法和电磁辐射法进行开采冲击危险性局部预测。李浩荡等[148]在冲击地压危险时期采取了工作面架间切顶爆破的措施,有效降低了工作面前方煤体应力。周金龙等[149]通过分析采场覆岩单一关键层"高位斜台阶岩梁"结构和双关键层"斜台阶岩梁＋砌体梁"结构的稳定性揭示周期来压机制。X. Luo 等[150]通过微震监测分析顶底板诱发破裂的模式,分析了在不同地质环境下采煤的地质力学条件和响应机理。

对于煤层群的上行开采研究,马立强等[151]根据采动覆岩裂隙发育规律,阐释了近距煤层上行开采机理,分析了上行开采的可行性判别准则。冯国瑞等[152]针对曾经遗弃的可采煤层上行开采问题,提出上行开采的关键技术是岩层控制,而岩层控制的突破点在于其关键位置的确定。于辉[153]对近距离煤层开采覆岩运动及矿压显现规律进行了深入研究,得到了近距离煤层间的覆岩结构模型及失稳特征。

对于煤层开采覆岩结构性失稳等方面的研究,当前研究成果大多针对于单一煤层,对多煤层重复开采的结构分析整体研究较少,考虑近距离强冲击倾向性煤层上行开采的覆岩结构变化亟待进一步研究。为揭示近距离强冲击倾向性煤层上行开采覆岩结构演化规律,对覆岩结构的稳定性以及煤柱最小安全距离进行理论分析,并以宽沟煤矿为背景,采用物理相似材料模拟与 3DEC 数值模拟相结合的方法,通过微震监测系统、支架压力传感器等,监测能量与矿压分布规律,将实验数据与覆岩结构稳定性分析结果相结合,展开冲击危险性评估,并根据煤柱最小安全距理论,确定工作面复采的安全距离。

13.1　工程背景

宽沟煤矿现主采具有强冲击倾向性的 B_4^1 煤层和具有弱冲击倾向性的 B_2 煤层,两煤层为相距 43.8 m 的近距离煤层,且 B_4^1 煤层顶板具有弱冲击倾向性、B_2 煤层顶板具有强冲击倾向性。B_4^1 煤层平均厚度 3.0 m,平均倾角 $14°$,可采走向约 746 m 的 W1145 工作面位于 B_4^1 煤层中,采用综合一次性采全高的开采方法;B_2 煤层平均厚度 9.5 m,平均倾角 $14°$,可采走向长约 1 468 m、倾向长约 192 m 的 W1123 工作面位于 B_2 煤层中,采用综放开采,采高 3.2 m,放煤高度 6.3 m。目前宽沟煤矿回采 W1123 工作面,开采顺序依次为 B_4^1 煤层 W1145 工作面、B_2 煤层 W1123 工作面。宽沟煤矿 B_4^1 与 B_2 煤层群示意图如图 13-1 所示。

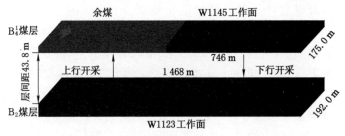

图 13-1　宽沟煤矿煤层群开采示意图

13.2　上行复采覆岩结构力学模型与稳定性分析

13.2.1　覆岩结构稳定性分析

下行开采结束后对上层余煤继续开采时,余煤上部覆岩存在明显的倒梯形结构,其中位于关键层上方较大倒梯形体的演化明显滞后于关键层与余煤之间的倒梯形体结构,在上行复采过程中容易因两种倒梯形体的回转失稳而发生冲击效应,造成重大灾害事故。若停采线布置不够合理,使复采的煤柱留设距离较小而不足以支撑上覆岩层重量,也容易发生冲击地压等灾害事故。因而需从力学角度出发,对上煤层复采时的倒梯形结构稳定性展开分析。

(1)倒梯形覆岩结构稳定性分析

在达到主关键层的极限跨距前,位于主关键层下方的采空区破坏岩层受自重与其他破断岩层的挤压作用而缓慢压实,与关键层存在明显的离层空间。关键层及其上部覆岩均通过中间岩层(上层煤与关键层间)作用于余煤及工作面底板,因而在发生关键层破断前中间岩层、上层煤及工作面底板的应力峰值均普遍增大。为此,对近距离煤层群上行开采的余煤受力情况展开分析,建立了上行复采倒梯形覆岩结构的力学模型,如图 13-2 所示。图中 α 为滞后于关键层且位于模型中部的上部岩层破断角,β 为靠近工作面的中间岩层破断角,

ε 为已回采结束的工作面切眼处破断角。

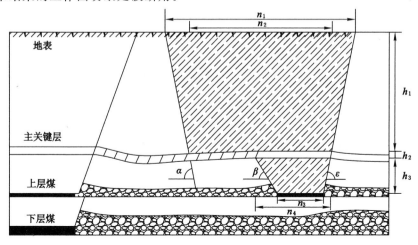

图 13-2　上行复采倒梯形覆岩结构力学模型

计算超前采动时煤柱承受的载荷,有利于对煤层开采的覆岩结构稳定性进行判定[154],将上行复采时的倒梯形覆岩结构加以运用,上行复采过程中单位宽度煤柱所受上覆岩层总载荷可用下式进行计算:

$$P = \gamma\Big[\frac{1}{2}(n_1 + n_2)h_1 + n_2 h_2 + \frac{1}{2}(n_3 + n_4)h_3\Big] \tag{13-1}$$

式中　h_1, h_2, h_3——关键层上部岩层、关键层、中间岩层厚度(m),在计算 B_4^1 剩余煤层所受
　　　　　覆岩载荷时,h_1 取 298.1 m,h_2 取 15.9 m,h_3 取 21.9 m;

　　　P——上行复采时单位宽度煤柱所受总载荷,kN;

　　　γ——覆岩容重(kN/m³),B_4^1 煤层覆岩容重取 22.9 kN/m³;

　　　n_1——破断线包络范围内的地表长度,m;

　　　n_2——上覆岩层作用下发生较小弯曲的关键层与余煤上方较为完整的关键层长度之
　　　　　和,m;

　　　n_3——余煤剩余长度,m;

　　　n_4——余煤上方较为完整的关键层长度,m。

(2)冲击临界位置的关键层受力分析

上煤层的下行首采于开切眼处产生明显的"砌体梁"结构,上煤层的上行复采再次于工作面上方形成新的"砌体梁"结构。复采过程中煤柱宽度逐渐减小,至覆岩结构性失稳引发冲击的临界位置,可将主关键层视作"双砌体梁"结构。

构建静态条件下的煤柱结构力学模型,有助于分析工作面覆岩结构的演化特征[155]。在上行复采倒梯形覆岩结构力学模型中提取出关键层,以 A、B 类岩梁为研究对象,对冲击地压发生临界位置的关键层受力情况(图 13-3)展开分析,为方便计算,本次仅考虑关键层的垂向受力。

上行复采过程中受采动影响的 A 类岩梁复采区域一侧,因顶板悬空效应影响,上部岩层存在明显的向下位移趋势,使得该处 A、B 类岩梁之间存在相对位移而产生大小相等、方向相反的摩擦作用力 f_1、f_2;而上煤层下行首采结束后,长时间作用下覆岩结构相对稳定,

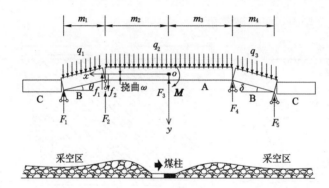

图 13-3　冲击临界处关键层结构力学模型

几乎没有岩层间相对位移趋势，因而忽略其摩擦作用，仅考虑下部覆岩的支撑作用。

将剩余煤柱在冲击地压临界位置的受力情况视为静态条件力学模型，关键层 A 类岩梁所受相对完整的中间岩层支撑力近似看作集中力 F_3。F_1、F_2、F_4、F_5 分别为下方破断岩体与铰接岩块对上方关键层的支撑力，同样视为作用于岩梁连接处的集中力，以固支端为 o 点建立 xoy 坐标系。上行复采与下行首采的 B 类岩梁水平距离分别为 m_1、m_4，水平夹角分别为 θ、δ，所受上部载荷分别为 q_1、q_3。A 类岩梁所受上部载荷为 q_2，以 o 点为分界的左右两部分距离分别为 m_2、m_3。

将铰接岩梁挠曲变形的挠度记作 ω，覆岩倒梯形结构失稳前的缓慢变形近似为平衡过程，其结构平衡前提条件是力学结构的合力与合力矩均为 0，平衡方程表示为：

$$\begin{cases} \sum F = 0 \\ \sum \boldsymbol{M}_{(F)} = 0 \end{cases} \tag{13-2}$$

忽略岩块的转角效应影响，将覆岩移动线以外未受明显采动煤岩体近似为刚性体，A 类岩梁所受下部单位长度岩层支撑力 F_3 与 B 类岩梁所受下部单位长度岩层支撑力 F_1、F_2、F_4、F_5 满足：

$$F_1 + F_2 + F_3 + F_4 + F_5 = \frac{(q_1 + \gamma h)m_1}{\cos\theta} + (q_2 + \gamma h)(m_2 + m_3) + \frac{(q_3 + \gamma h)m_4}{\cos\delta} \tag{13-3}$$

式中　h——岩梁的厚度（m），即主关键层厚度 h_2。

将"双砌体梁"结构以 o 点为中心分为两个单独的岩梁结构进行分析，假设铰接处垮落岩层对岩梁的支撑力 F_2、F_4 分别有 k_1、k_2 的比例作用于 A 类岩梁，k_1、k_2 均大于 0、小于 1。根据 o 点左、右两部分 A 类稳定岩梁结构力矩均为 0 可知：

$$k_1 F_2 m_2 = \frac{1}{2}(q_2 + \gamma h)m_2^2 + f_2 m_2 \tag{13-4}$$

$$k_2 F_4 m_3 = \frac{1}{2}(q_2 + \gamma h)m_3^2 \tag{13-5}$$

化简可得：

$$k_1 F_2 = \frac{(q_2 + \gamma h)m_2}{2} + f_2 \tag{13-6}$$

$$k_2 F_4 = \frac{(q_2 + \gamma h)m_3}{2} \tag{13-7}$$

"双砌体梁"力学结构模型内部的各岩块同样处于相对稳定状态,满足单个岩梁的力学平衡结构,因而 A 类岩梁满足:

$$F_3 + k_1 F_2 + k_2 F_4 = f_2 + (q_2 + \gamma h)(m_2 + m_3) \tag{13-8}$$

上行复采与下行初采的 B 类岩梁分别满足:

$$F_1 + (1 - k_1) F_2 + f_1 = (q_1 + \gamma h) m_1 / \cos \theta \tag{13-9}$$

$$(1 - k_2) F_4 + F_5 = (q_3 + \gamma h) m_4 / \cos \delta \tag{13-10}$$

当关键块体结构稳定时,关键层 B 类岩梁的旋转角度应满足[69]:

$$\begin{cases} \theta = \dfrac{1}{D_1}[m - h_4(k_{\rho 1} - 1)] \\ \delta = \dfrac{1}{D_2}[m - h_4(k_{\rho 2} - 1)] \end{cases} \tag{13-11}$$

式中　D_1,D_2——关键层下行首采与上行复采的初次断裂长度,m;

　　　m——煤层厚度,m;

　　　h_4——关键层下部垮落岩层高度,m;

　　　$k_{\rho 1}$,$k_{\rho 2}$——首采与复采的岩层碎胀系数。

下行初采过程中产生 B 类岩梁的上部覆岩沿岩层破断线偏向采空区一侧,其偏移后的覆岩形状如图 13-4 的 B 梁上方包络区域所示,假定上部覆岩和关键层的重心与岩梁偏移角度同步,在无偏转时重心距两端部的距离均为 $0.5m_4$,而发生偏转后重心与 B 类岩梁右端的水平距离近似为:

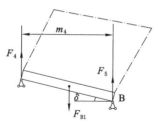

图 13-4　初采 B 类岩梁力学模型

$$d_2 = \frac{1}{2} m_4 \cos \delta \tag{13-12}$$

根据 B 类岩梁力学结构模型合力矩 $\sum \boldsymbol{M}_{(F)} = 0$,假定 B 类岩梁的上覆载荷的集中力 F_{B1} 作用于重心,可做出平衡方程表示为:

$$\frac{1}{2} F_5 m_4 \cos \delta = (1 - k_2) F_4 \times m_4 (1 - \frac{1}{2} \cos \delta) \tag{13-13}$$

将式(13-13)化简并运用三角函数公式整理得:

$$F_5 = (2 \times \sec \delta - \frac{1}{2}) F_4 \tag{13-14}$$

将式(13-10)、式(13-14)联立得到 F_5 的表达式为:

$$F_5 = (\sec \delta - \frac{1}{2})(q_3 + \gamma h) m_4 \tag{13-15}$$

联立式(13-14)、式(13-15)得到 F_4 的表达式为:

$$F_4 = \frac{1}{2}(q_3 + \gamma h)m_4 \tag{13-16}$$

计算出的 F_4 代入式(13-7)可知 k_2 值为：

$$k_2 = \frac{(q_2 + \gamma h)m_3}{(q_3 + \gamma h)m_4} \tag{13-17}$$

上行复采工作面后方 B 类岩梁的上部覆岩沿岩层破断线偏向采空区一侧，其偏移后的覆岩形状如图 13-5 虚线包络区域所示，假定上部覆岩和关键层的重心与岩梁偏移角度同步，在无偏转时重心距两端部距离均为 $0.5m_1$，而发生偏转后重心与 B 类岩梁左端的水平距离为：

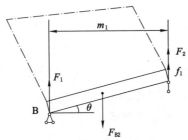

图 13-5　复采 B 类岩梁力学模型

$$d_1 = 0.5m_1\cos\theta \tag{13-18}$$

根据 B 类岩梁力学结构模型合力矩 $\sum \boldsymbol{M}_{(F)} = 0$，假定 B 类岩梁的上覆载荷的集中力 F_{B2} 作用于重心，可做出平衡方程表示为：

$$F_1 \times 0.5m_1\cos\theta = [(1-k_1)F_2 + f_1] \times m_1(1 - 0.5\cos\theta) \tag{13-19}$$

将式(13-19)化简并运用三角函数公式整理得：

$$F_1 + (1 - k_1 - 2\sec\theta)F_2 + (1 - 2\sec\theta)f_1 = 0 \tag{13-20}$$

将式(13-9)、式(13-20)联立得到 F_1 的表达式为：

$$F_1 = (q_1 + \gamma h)(m_1\sec\theta - \frac{m_2}{2}) \tag{13-21}$$

将式(13-6)、式(13-9)、式(13-21)联立得到 F_2 的表达式为：

$$F_2 = \frac{m_2}{2}(q_1 + q_2 + 2\gamma h) \tag{13-22}$$

将式(13-3)、式(13-15)、式(13-16)、式(13-21)、式(13-22)联立得到 F_3 的表达式为：

$$F_3 = (q_2 + \gamma h)(\frac{m_2}{2} + m_3) \tag{13-23}$$

上行复采倒梯形覆岩结构的力学模型的建立，利用双倒梯形的覆岩结构，得出了上行开采过程中煤柱所受上覆岩层总载荷 P 的计算公式；冲击临界位置的关键层受力分析，得出了关键层 A 类岩梁所受相对完整的中间岩层支撑力 F_3，为下文的冲击危险性评估提供帮助，所得其余参数有利于对今后的覆岩结构力学分析。

13.2.2　煤柱最小安全距离

上煤层复采过程中，煤柱留设过窄，会影响煤层的稳定，容易产生冲击地压事故；留设过宽则造成大量资源浪费，影响经济效益。确定上行复采中合理的停采线位置，仍是当前亟待解决的问题,因而对剩余煤柱最小安全距离的合理确定展开分析。

(1)双峰值应力区确定最小安全距离方法

上煤层下行首采在靠近开切眼的煤层底板区域产生明显的滞后峰值应力;而上煤层上行复采,产生的超前峰值应力影响区域随工作面推进而前移,至某一推进位置,两峰值区的应力开始出现叠加效应,容易诱发冲击灾害,而两峰值区域的峰值点叠加后则容易产生瞬时冲击现象。

下方巷道掘进和上方工作面回采过程中的最小安全距离分析[156],类似于本章近距离煤层群重复采动下最小安全距离分析。在上行复采过程中,分析余煤底板两峰值应力逐步靠近的变化过程,作出煤柱最小安全距离示意图如图 13-6 所示。

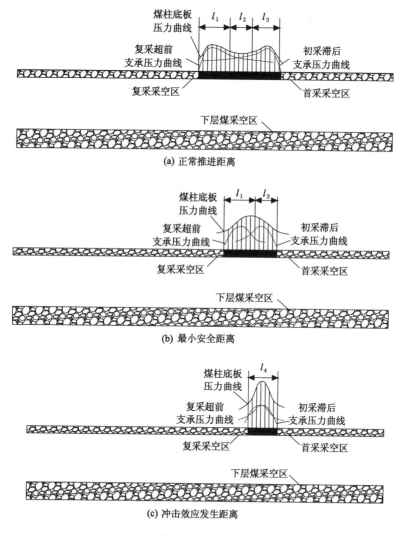

图 13-6　煤柱最小安全距离示意图

正常推进距离[图 13-6(a)]范围内,主要包括受上层余煤开采固有的采动超前影响区范围 l_1、下行首采面开切眼的滞后影响区范围 l_3、未受超前与滞后两区域叠加效应影响的相对平稳的安全间距 l_2,安全距离内的应力略高于原岩应力,但明显低于 l_1、l_3 区域内的峰值应力。

工作面继续推进下安全距离 l_2 逐渐减小,当安全距离 l_2 减为 0 时,即煤柱宽度为 l_1、l_3 之和时达到最小安全距离[图 13-6(b)],两峰值区域 l_1、l_3 产生部分叠加内,使煤柱中部的应力明显升高,且略高于两区域峰值,因应力升高的幅度较小,而处于容易诱发冲击灾害的临界位置。因此,煤柱最小安全距离应满足:

$$L_a = l_1 + l_3 \qquad (13\text{-}24)$$

式中 L_a——双峰值应力分析的煤柱最小安全距离,m;

       l_1,l_3——多次监测的超前与滞后应力区域平均长度,m。

若工作面复采超过最小安全临界位置,则剩余煤柱极易达到冲击效应发生距离[图 13-6(c)],产生冲击灾害事故,当 l_1、l_3 区域内的峰值较为逼近时,煤柱中部的峰值应力明显升高,此时,煤柱宽度 l_4 大于 l_1、l_3,但小于 l_1 与 l_3 之和。

(2)周期来压确定煤柱合理范围方法

工作面处于周期来压前的临界位置时,受未垮断的直接顶及其上部覆岩较为集中的作用于工作面顶板,顶板压力较大,此时移架操作更加困难,工作面推进速度受到影响。受周期来压的影响,工作面收尾阶段的支护质量大幅度下降,易发生冒矸埋架等事故,给支架回撤带来安全隐患。若停采位置正处于来压期间,基本顶的回转破坏,造成上部软弱岩层的同步的下沉,造成压力显现、顶板移近变化量加大,易诱发冲击灾害事故等。

直接顶的周期性垮落如图 13-7 所示。近距离煤层群二次采动的覆岩结构演化特征常采用直接顶"O-X"型破断展开分析[157],周期来压"O-X"型破断覆岩结构的分析亦可为确定煤柱合理范围提供依据。

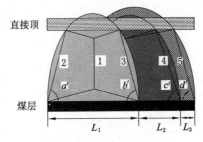

1,2,3,4,5—不同阶段直接顶垮断的覆岩破坏线;L_1—初次来压步距;L_2—最小周期来压步距;
L_3—周期来压步距差,即周期来压的最大、最小步距差值;a',b',c',d'—岩层垮断角。

图 13-7   周期性垮落示意图

因覆岩破断角普遍为数值较大的锐角,因而示意图呈现为直接顶初次垮落步距小于煤层推进步距的半椭圆形结构,随工作面推进直接顶周期性破断角度 b'、c'、d' 变化幅度较小,使得周期性垮落的直接顶破坏距离与煤层推进步距较为接近。

为了避开周期来压对收尾撤架的影响,对停采线的位置进行合理动态的确定。末次来压位置的停采线确定如图 13-8 所示,将停采前的来压位置与发生失稳产生冲击地压位置的中间推进距离视为末次来压距离 d,若使停采线的布置较为合理,工作面停采位置应尽可能接近 0.5 倍末采来压位置,剩余煤柱合理的宽度范围 L_β 由实验所得冲击地压煤柱剩余长度 L_b 与 $0.4 \sim 0.6$ 倍的末次来压距离之和计算:

$$L_b + 0.4d < L_\beta < L_b + 0.6d \qquad (13\text{-}25)$$

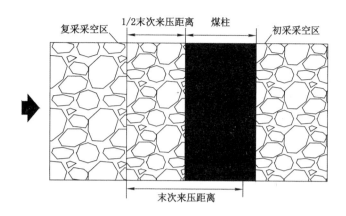

图 13-8　末次来压位置的停采线确定

据此考虑合理的推进距离,确保收尾撤架期间工作面位于直接顶来压之前的合理范围内。避免在剩余煤体较短、支撑能力较弱时,叠加直接顶破断引起的上覆岩层破坏产生大范围的冲击灾害事故。

13.3　上行复采覆岩结构特征的物理相似材料模拟实验研究

13.3.1　实验模型构建

本次以宽沟煤矿地质条件为基础,搭建物理相似材料模型。实验采用 5.0 m×0.3 m× 2.0 m(长×宽×高)的平面应变模型架,模拟实验的几何相似比例(模型:原型)为 1:200,按照相似定理,时间相似比($\alpha_t = \sqrt{\alpha_L}$)为 1:14.14,容重、泊松比、内摩擦角相似比为 1:1,压力相似比($\alpha_p = \dfrac{r_H}{r_M} \alpha_L^3$)为 1:1.2×10^{-7}。实验模型铺装尺寸为 5.0 m×0.3 m×1.89 m,B$_2$ 煤层埋深 392 m,考虑到现主采煤层埋深与底板厚度,设计模型模拟的地层厚度为 378 m,在模型顶部加载 0.8 MPa 的铁砖等效模拟 40 m 厚的覆岩。

物理相似材料模型设计如图 13-9 所示,实验采用电阻应变式测力传感器对顶板压力进行实时监测;SOS 微震监测系统的具体布置方式在模型中安装 10 个微震传感器(黑色点表示速度传感器,共 6 个编号;灰色点表示加速度传感器,共 4 个编号)。模型按照原型中工作面的推进速度沿走向推进,同步进行微震与支架监测分析岩层破断和顶板压力变化规律。

本次实验在 B$_4^1$ 煤层 W1145 工作面与 B$_2$ 煤层 W1123 工作面依次回采结束达到覆岩结构稳定后,对 B$_4^1$ 剩余煤层距离模型左边界 76 m 做开切眼,对物理相似材料模型(图 13-10)剩余 384 m 煤层开始进行上行开采,综合研究 B$_4^1$ 剩余煤层复采在剩余煤体较短的微震演化、覆岩运移以及顶板压力变化等,对覆岩结构性失稳展开分析,并确定合理的煤柱剩余尺寸。

13.3.2　实验方案

模型设计上行复采 384 m,划分为 6 个区域。实验方案如表 13-1 所列,其中,靠近 W1145 工作面开切眼的区域 5、区域 6 长度分别为 62.4 m 和 67.2 m。

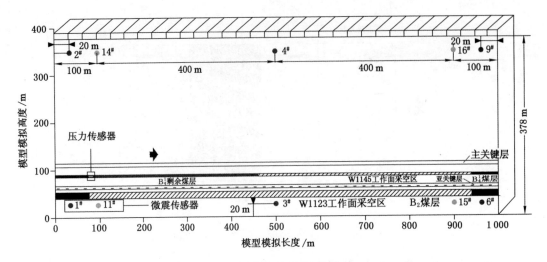

图 13-9　物理相似材料模型设计

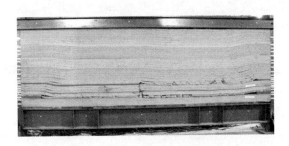

图 13-10　物理相似材料模型

表 13-1　实验方案

名称	范围/m	名称	范围/m
区域 1	0～64.0	区域 4	190.4～254.4
区域 2	64.0～126.4	区域 5	254.4～316.8
区域 3	126.4～190.4	区域 6	316.8～384.0

覆岩结构性失稳大都发生在煤柱剩余尺寸较小时,因而主要对 B_4^1 区域 5 与区域 6 回采过程中的模型覆岩变化进行研究,分析煤层剩余尺寸在 129.6 m 以内时,受采动影响的覆岩结构性变化趋势。

13.3.3　余煤复采覆岩结构演化规律

以推进 273.6 m 主关键层破断前、推进 288.0 m 第 6 次周期来压主关键层破断时为例,对覆岩结构演变规律进行分析。周期来压前,关键层破断线虽逐步扩展,但关键层的上部覆岩相对完整,此时破断线 a、b 与关键层范围内形成明显的上部倒梯形体,破断线 a、c 与关键层范围内形成明显的下部倒梯形体,上行复采第 6 次周期来压前的余煤上覆岩层双梯形结构如图 13-11 所示,关键层上方的倒梯形体明显大于下部倒梯形体,而位于关键层下方破断线 b、c 间的采空区上部岩层已发生明显的下沉,在工作面推进过程中岩层区域不断向上传递。

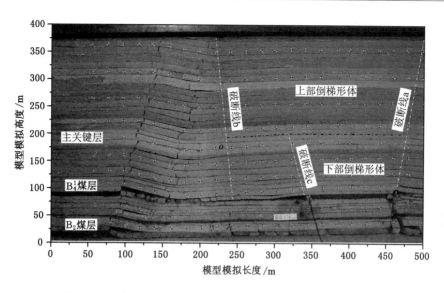

图 13-11　第 6 次周期来压前余煤上覆岩层区域的双梯形结构

上行复采第 6 次周期来压时,再次产生的关键层破断线 d 不断向上延伸,至关键层破断后上覆岩层整体破断,破断线最终发育至地表,形成明显的余煤上覆岩层单梯形结构(图 13-12)。位于关键层下方的破断线随推进向前发育,在上部覆岩持续增加过程中,至某一临界位置,发生关键层上部岩层的集中垮断,形成明显的周期来压现象。

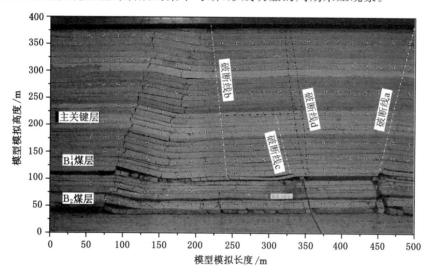

图 13-12　第 6 次周期来压时余煤上覆岩层区域的单梯形结构

区域 6 余煤复采过程中的覆岩结构演化趋势如图 13-13 所示,区域 6 回采前的煤柱剩余尺寸 67.2 m[图 13-13(a)],呈现出明显的倒梯形结构,采空区顶板处于较长的悬空状态,且 W1145 工作面开切眼处的采空区岩层垮落较为充分。煤柱剩余尺寸 33.6 m 时,由于顶板较为坚硬,在覆岩作用下顶板发生弯曲变形而未产生垮断,使得上覆岩层的变形空间较小,此时较完整的煤柱上部倒梯形结构明显减小[图 13-13(b)],而 W1145 工作面开切眼处的采空区岩层未发生明显变化。

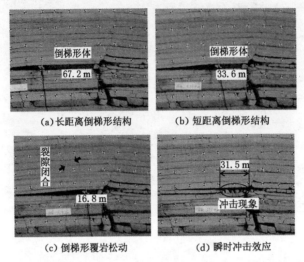

图 13-13　区域 6 覆岩结构演化趋势

　　煤柱剩余 16.8 m 时,煤柱上部岩层发生微小变化,工作面后方因上一推进距离产生的裂隙,受到采空区上方覆岩弯曲变化与倒梯形覆岩结构松动[图 13-13(c)]产生的挤压作用而再次闭合。在煤柱剩余尺寸继续减小的过程中,余煤所支撑的覆岩范围变化较煤柱尺寸变化的速率小,在煤柱剩余 5.6 m 的移架过程中,因煤柱的支撑作用不足,而产生瞬时冲击效应[图 13-13(d)],造成 31.5 m 长的顶板突然垮碎。

　　在 B_4^1 煤层剩余 129.6 m 的复采过程中,采空区悬空顶板逐层垮落,使离层空间不断向上传递,至关键层下方形成离层积聚,积聚效应不断增强,在达到临界位置后,发生关键层垮落,从而形成砌体梁结构的传递。在 B_4^1 煤层剩余 67.2 m 的复采过程中,坚硬顶板在挤压作用下悬空距离较长,使得煤柱受上部岩层作用逐步增强,较完整倒梯形结构减小的过程中,弯曲段顶板悬空的距离逐渐增加;在煤柱剩余 16.8 m 时,弯曲段覆岩与较为完整的倒梯形结构岩层在挤压作用下产生微小的松动偏移,至煤柱剩余 5.6 m 时,受弯曲段覆岩的顺时针回转挤压与煤柱上部岩层的双重作用,而产生瞬时冲击效应,造成 31.5 m 长的顶板大面积破坏。

13.3.4　周期来压确定上行复采剩余煤柱合理范围

　　在 B_4^1 煤层复采的覆岩运移过程中,煤层剩余 67.2 m 内受到大范围的覆岩作用,易诱发覆岩结构性失稳,因而对煤层剩余 67.2 m 内开采过程中的支架压力进行综合性分析。对物理相似材料模拟实验区域 6 回采过程中的支架压力分析,如图 13-14 所示。余煤推进378.4 m 处在移架的过程中出现冲击地压现象,其压力高达 50.4 MPa。此外,余煤推进328.0 m 时,覆岩整体破断前的支架压力出现明显峰值。

　　移架后将支架进行调整,下次推进继续监测,因而移架后支架压力较为平稳。工作面推进至 322.4 m 时出现明显的移架后峰值,其压力为 25.8 MPa,由此可知余煤推进 328.0 m来压前的覆岩明显变化已经开始,在周期来压时整体已破断。移架前的支架压力变化幅度较大,余煤推进 328.0 m、378.4 m 时存在两次明显的周期来压,末次来压步距 d 为 50.4 m,实验所得冲击地压煤柱剩余长度 L_b 为 5.6 m,根据周期来压的末次来压步距理论分析,将 d

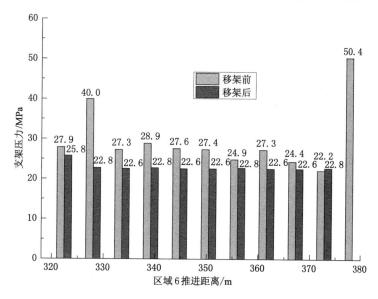

图 13-14　区域 6 回采阶段的支架压力

与 L_b 代入公式(13-25)可知,剩余煤柱合理的宽度范围 L_β 为 25.76～35.84 m。

13.3.5　微震监测上行复采震源分布特征

通过对区域 6 余煤复采过程中的微震参数(微震震源、能量、事件频次)进行稳定性的实时监测,分析震源时空演化规律,并对覆岩变化与结构性失稳进行反演,获取工作面在关键层破断的微震事件特征,从而对冲击矿压等动力灾害现象进行预警。

根据区域 6 回采模型的震源空间分布特征(图 13-15)可知,区域 6 的微震事件主要集中在回采前较为完整的倒梯形结构与靠近 W1145 工作面开切眼处 B 类岩梁下部的破断岩层区域内,倒梯形结构范围内的微震事件主要集中在左下部,反演出区域 6 回采过程中的覆岩变形与破断主要发生在倒梯形的左下区域,而倒梯形结构的右下部覆岩较为完整,在煤柱支撑能力不足后产生集中破断;W1145 工作面开切眼处 B 类岩梁下部的破断岩层,因存有一定的变形空间,在工作面推进逐渐接近该区域时,使得 B 类岩梁下部破断岩层产生活化。此外,在这两处震源集中区域周围,存在比较分散的震源事件,说明区域 6 复采扰动影响的区域分布范围较广。

根据区域 6 回采过程中微震事件绘制出主要震源分布区域的能量云图(图 13-16),震源产生的能量主要集中分布在模型模拟长度 400～450 m 与 600～650 m 范围内,对应于微震事件空间分布的两处明显的区域内。由两处集中区域的能量大小不同可知,倒梯形较完整的岩层内的震源数量虽少,但单次事件的能量大,因而能量集中效应明显。

将区域 6 的 12 次推进平均分为前部与后部两部分,对区域 6 回采单次推进下的能量与事件大小、单个事件的能量值进行统计,作出区域 6 前部与后部回采的微震事件特征如表 13-2 和表 13-3 所列。由区域 6 微震事件分布特征可知,能量的产生呈现出明显的波动变化,在工作面推进 333.6 m 时震源能量小,单事件能量值仅为 8 J;在继续回采的两个推进度内能量集中释放,在工作面推进 344.8 m 时单事件能量值高达 289.2 J。工作面推进 361.6 m、367.2 m、372.8 m 的 3 次推进下能量事件仅 16 个,且累计释放的能量较小;而工作面推进 378.4 m 时,上部覆岩集中释放,使得该次推进下的能量高、事件多,产生了大能

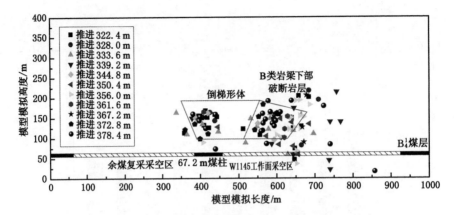

图 13-15　区域 6 回采过程中震源空间分布特征

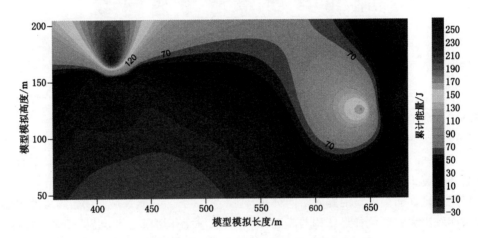

图 13-16　区域 6 回采过程中主要震源分布区域能量云图

量的微震事件。

表 13-2　区域 6 前部回采微震事件特征

推进距/m	322.4	328.0	333.6	339.2	344.8	350.4
能量/J	1 138.5	489.0	712.1	1 178.5	1 156.8	432.6
事件数/个	29	6	14	11	4	10
单事件能量值/J	39.3	81.5	50.9	107.1	289.2	43.3

表 13-3　区域 6 后部回采微震事件特征

推进距/m	356.0	361.6	367.2	372.8	378.4	384.0
能量/J	735.1	266.2	162	949.7	5 192.2	—
事件数/个	14	4	3	9	23	—
单事件能量值/J	52.5	66.6	54.0	105.5	225.7	—

13.3.6 冲击危险性评估

围岩外应力与围岩抗压强度的比值常作为衡量冲击危险性的指数,该指数在小于 1、1～1.5、1.5～3、大于 3 时其对应的冲击危险性可划分为无危险性、弱危险性、中等危险性、强危险性 4 种危险性[158]。

为了对 B_4^1 煤层上行复采的冲击危险性进行合理评估,提出了倒梯形覆岩结构稳定性分析的冲击地压危险性指数 I_m、冲击临界位置关键层受力分析的冲击地压危险性指数 I_n,并将两种指数相结合,综合分析余煤复采过程中覆岩结构破坏引发的冲击危险性。

将具有冲击倾向性的 B_4^1 煤层上部覆岩外应力与该煤样的单轴抗压强度之比记为 I_m,即工作面开采过程中动态变化的煤体单位面积所受覆岩载荷与煤样单轴抗压强度之比。I_m 的计算公式如下:

$$I_m = \frac{P/S_L}{\sigma_c} \tag{13-26}$$

式中　I_m——倒梯形覆岩结构稳定性分析的冲击地压危险性指数;

　　　P——煤层所受覆岩总载荷,MN;

　　　S_L——B_4^1 剩余煤层面积(单位宽度),m^2;

　　　σ_c——煤样试件单轴抗压强度,MPa。

覆岩结构稳定性理论分析所求 B_4^1 煤层总载荷 P 与煤层剩余面积 S_L 均因工作面开采而呈动态变化,煤样的单轴抗压强度则保持恒定。为确定煤样的单轴抗压强度,采用微机控制电液伺服压力试验机(图 13-17),对直径为 50 mm、高为 100 mm 的圆柱体的标准煤样试件进行单轴抗压强度测定。

图 13-17　煤样的单轴抗压强度测定

煤样试件的单轴抗压强度可采用下式计算:

$$\sigma_c = P_i/S \tag{13-27}$$

式中　P_i——煤样试件破坏载荷,N;

　　　S——试件面积,mm^2;

　　　σ_c——煤样试件单轴抗压强度(MPa),多次测量得到煤样单轴抗压强度
　　　　　为24.4 MPa。

上行复采煤层剩余尺寸较小时,关键层的破断引起了覆岩大范围变化,容易诱发冲击地压。依据冲击临界位置关键层受力分析结果,将工作面开采过程中动态变化的煤体单位面积所受关键层及其上覆岩层的载荷与煤样单轴抗压强度的比值记为 I_n。I_n 的计算公式如下:

$$I_n = \frac{F'_3 / S_L}{\sigma_c} \tag{13-28}$$

式中　I_n——冲击临界位置关键层受力分析的冲击地压危险性指数;

　　　F'_3——关键层及其上部岩层对关键层与煤层之间的倒梯形结构体的作用力,MN。

F'_3 与关键层 A 类岩梁所受相对完整的中间岩层支撑力 F_3 的大小相等方向相反,可由式(13-23)的 F_3 进行计算。

由式(13-1)计算出上行复采不同阶段剩余煤层所受的覆岩载荷 P,然后计算出工作面推进不同距离后的 B_4^1 剩余煤层面积 S_L,将 S_L 与煤层所受覆岩载荷 P、岩石力学试验所测煤样单轴抗压强度 σ_c,一起代入式(13-26),即可算出不同阶段的冲击地压危险性指数 I_m。由式(13-23)求得与关键层及其上部岩层对关键层与煤层之间的倒梯形结构体的作用力 F'_3 大小相等的作用力 F_3,然后将 F'_3(即 F_3 计算结果)、工作面推进不同距离后的 B_4^1 剩余煤层面积 S_L、煤样单轴抗压强度 σ_c,一起代入式(13-28),计算出不同阶段冲击地压危险性指数 I_n。根据不同阶段计算出的 I_m、I_n 指数,作出 B_4^1 余煤复采区域的冲击危险性指数变化趋势,如图 13-18 所示。

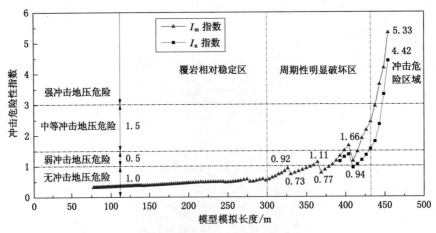

图 13-18　B_4^1 余煤复采区域的冲击危险性指数变化趋势

从工作面回采过程中的冲击危险性指数变化幅度与趋势可以明显看出,余煤复采在推进 226.4 m 以内的 I_m 指数变化幅度小,呈稳定的周期性波动递增趋势,该区域内覆岩相对稳定;226.4～350.4 m 的推进过程中 I_m 值逐渐递增,在关键层破断产生骤降后,再次逐渐递增,呈现出阶段性逐级递增的周期性明显破坏区。在推进 350.4 m 后的冲击危险区域内,I_m、I_n 值均迅速超越强冲击危险临界点,变化趋势基本同步,在相同的推进距离时,采用关键层受力分析的计算结果普遍低于覆岩结构稳定性分析结果,不仅验证了冲击危险性评估方法的准确性,同时关键层受力分析计算冲击危险性指数 I_n 普遍较低的特点。

冲击危险性评估可以确保覆岩结构稳定的煤柱合理范围,根据 B_4^1 余煤复采过程中的冲击危险性指数变化趋势,以中等冲击地压危险指数1.5为判据,以此确定上行复采时为确保覆岩稳定的合理煤柱剩余尺寸。由余煤复采过程中不断变化的I_m、I_n指数,确定合理的剩余煤柱尺寸范围L_γ,公式如下:

$$d_n < L_\gamma < d_m \tag{13-29}$$

式中　d_m——I_m指数恒大于1.5的剩余煤柱尺寸(m),即倒梯形覆岩结构容易产生失稳的煤柱尺寸;

　　　d_n——I_n指数大于1.5的剩余煤柱尺寸(m),即关键层破断容易导致上部覆岩整体破坏的煤柱尺寸。

由余煤复采过程中的I_m、I_n指数变化趋势可知,倒梯形覆岩结构容易产生失稳的煤柱尺寸为39.2 m;关键层破断容易导致上部覆岩整体破坏的煤柱尺寸为28.0 m。综合分析可知,为确保覆岩结构稳定的煤柱合理宽度为28.0~39.2 m之间。

13.4　3DEC数值模拟分析

3DEC数值模拟软件适用于分析渐进破坏和失稳,可以模拟多种结构形式、复杂的采矿工程及其与力学相关的问题。考虑到对底板应力变化规律进行分析,选用离散元计算程序3DEC数值模拟软件进行数值分析。

13.4.1　数值模型构建

现场取样和岩石力学实验结果表明,当载荷达到屈服极限后,岩体在塑性流动过程中随变形保持一定残余强度。本次采用理想弹塑性本构模型莫尔-库仑屈服准则来判断岩体的破坏:

$$f_s = \sigma_1 - \sigma_3 \frac{1+\sin\varphi}{1-\sin\varphi} - 2c\sqrt{\frac{1+\sin\varphi}{1-\sin\varphi}} \tag{13-30}$$

式中　σ_1,σ_3——最大和最小主应力;

　　　c,φ——内聚力和内摩擦角。

通过现场地质调查和岩石力学试验结果确定了煤岩力学参数,并在模拟计算采用时根据开采实践结果进行了适当折减。本次数值分析的煤岩力学参数如表13-4所列。

表13-4　主要煤岩力学参数

岩层类别	密度ρ/(kg·m^{-3})	剪切模量G/GPa	体积模量K/GPa	内聚力c/MPa	抗拉强度R_m/MPa
砂砾岩	2 532	8.50	14.17	16.22	2.33
泥岩	2 533	3.83	7.42	4.39	2.28
细砂岩	2 631	14.07	19.57	21.38	3.17
粗砂岩	2 543	10.94	13.45	21.63	4.48
B煤	1 303	2.88	6.25	3.81	1.97

宽沟煤矿重复开采扰动下覆岩结构稳定性分析的数值模型地层及工作面布局、工作面开采顺序均与前述的物理相似材料模型一致,模型如图13-19所示(长1 000 m,宽60 m,高378 m)。

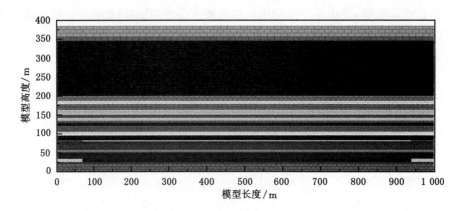

图 13-19　3DEC 数值模拟计算模型

13.4.2　底板应力变化规律

通过 3DEC 数值模拟实验对 B_4^1 剩余煤层工作面回采过程中不断前移的超前支承压力及 W1145 工作面开切眼位置处的滞后支承压力进行监测分析,结合底板应力演化规律,验证了理论分析,并为确定合理的停采线位置提供了依据。

根据底板应力数据以及 5.6 m 的底板单元间隔,作出区域 1 至区域 5 回采结束后的煤层底板双峰值应力演化趋势,如图 13-20 所示。在复采面推进过程中,各区域采后的双峰值效应随开采愈加明显。其中位于 W1145 工作面开切眼处的滞后支承应力明显高于因复采逐步前移的超前支承应力。随复采进行右侧滞后峰值应力基本呈现出单调递增的变化趋势,至区域 5 回采后的初采面滞后峰值应力达到 27.4 MPa;随工作面推进位置不断前移的左侧峰值应力呈现出动态波动式的递增趋势,至区域 5 回采后的复采面超前峰值应力达到 12.0 MPa。

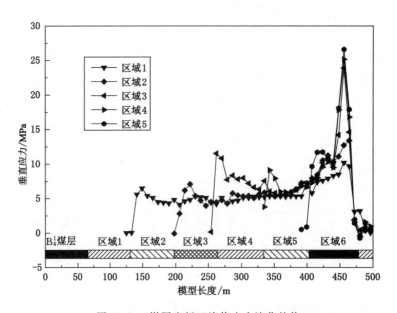

图 13-20　煤层底板双峰值应力演化趋势

区域 1 至区域 5 回采后应力明显升高的范围,作出区域采后的峰值区域长度,如表 13-5

所列,左侧煤体下方的超前应力区域长度为 l_1,右侧煤体下方的滞后应力区域长度为 l_3。由表 13-5,超前峰值影响区域 l_1 平均长度为 12.32 m,滞后峰值影响区域 l_3 平均长度为平均长度 16.8 m。代入式(13-24)得出煤柱最小安全距离 L_a 的平均长度为 29.12 m,因而煤柱的极限宽度应不小于 29.12 m。

表 13-5　煤层底板峰值区域长度

分类	超前应力区域长度 l_1/m	滞后应力区域长度 l_3/m
区域 1 采后	11.2	11.2
区域 2 采后	11.2	16.8
区域 3 采后	11.2	16.8
区域 4 采后	11.2	16.8
区域 5 采后	16.8	22.4
平均	12.32	16.8

超前支承应力随余煤复采不断趋近于滞后支承应力的趋势,在区域 5 回采过程中尤为明显,其底板应力变化(图 13-21)由区域 5 初始回采时的"M 形双峰值"特点,在工作面推进双峰值应力逐渐趋近的过程中,左侧超前峰值不断减小,而剩余煤层中部应力逐渐增加,至区域 5 采后演化为偏向 W1145 工作面停采线的"n 形单峰值"特点。

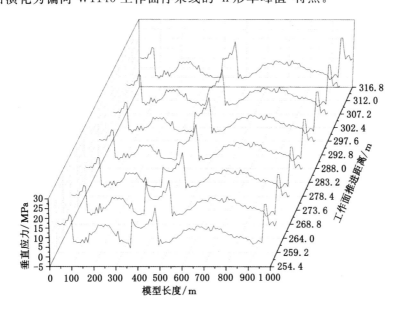

图 13-21　区域 5 回采过程中底板应力演化趋势

覆岩应力分布在区域 5 回采始末[图 13-22(a)、(b)],中部煤层底板应力逐渐增加,但应力增加幅度较小,中部底板应力略小于 W1145 工作面开切眼处的滞后应力。区域 6 回采过程中的中部煤柱应力明显上升,在煤柱剩余 33.6 m[图 13-22(c)]时首次出现明显的煤柱底板中部应力集中效应,在煤柱剩余 28.0 m[图 13-22(d)]时该应力集中效应更为明显。

为进一步对应力明显升高区域所采用的最小安全距离理论确定煤柱合理尺寸进行有效验证,作出区域 6 回采过程中的底板压力如图 13-23 所示。

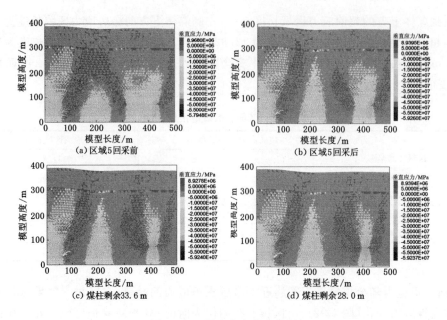

图 13-22　覆岩应力分布特征

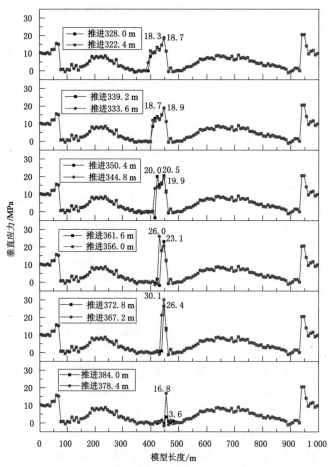

图 13-23　不同煤柱尺寸底板应力变化特征

余煤复采在煤柱剩余尺寸 61.6～16.8 m 的逐渐减小过程中,峰值应力先增大再减小后增大,在煤柱剩余 16.8 m 达到最大值 30.1 MPa;在煤柱剩余尺寸逐渐减小过程中,因煤柱受扰明显产生松动变形,使得煤层底板应力得以缓慢释放,在工作面推进 378.4 m 发生冲击地压前的峰值锐减至 16.8 MPa,冲击地压发生后,覆岩的集中应力作用释放,峰值消失。

13.5　上行复采剩余煤层最小安全距离

采用 3DEC 数值模拟软件,在 B_4^1 强冲击倾向性余煤复采过程中,分析底板双峰值应力并确定煤柱最小安全距离 L_a。采用物理相似材料模拟实验,在 B_4^1 强冲击倾向性余煤复采过程中,通过周期来压确定煤柱合理范围的方法,得到了剩余煤柱合理范围 L_β;并通过覆岩结构稳定性分析与冲击地压危险性指数 I_m、I_n,以中等冲击地压危险指数 1.5 为判据,确定了合理的剩余煤柱尺寸范围 L_γ。

对以上三种分析方法所得 B_4^1 煤层上行开采的煤柱剩余尺寸进行汇总,作出煤柱安全距离统计表(表 13-6)。B_4^1 煤层的上行复采,由双峰值应力区分析得出煤层剩余尺寸应不小于 29.12 m;由周期来压分析得出剩余煤柱合理的宽度范围 L_β 为 25.76～35.84 m;由冲击危险性指数确定合理范围为 28.0～39.2 m。

表 13-6　不同方法获得的上行复采煤柱安全距离

确定安全距离的方法	距离/m	平均值/m
双峰值应力区最小安全距离 L_a	29.12	29.12
周期来压确定合理范围 L_β	25.76～35.84	30.80
冲击危险性指数确定合理范围 L_γ	28.00～39.20	33.60

综合以上三种分析方法,B_4^1 煤层上行复采的最大安全距离为 39.20 m,平均最大安全距离为 33.60 m。考虑到地下空间的复杂性,煤柱剩余尺寸需留有足够的安全系数,为避免覆岩结构失稳而产生冲击效应,应取三种方法所得煤柱安全距离的最大值 39.20 m,即确保近距离强冲击倾向性 B_4^1 煤层上行开采覆岩结构稳定的煤柱剩余尺寸为 39.20 m。

13.6　本章小结

(1)针对近距离煤层群的上行复采,建立了煤层上部倒梯形覆岩结构与冲击地压发生临界位置的关键层结构力学模型,由剩余煤层底板应力变化特征,提出了双峰值应力区确定煤柱最小安全距离的分析方法;基于冲击地压发生的煤柱剩余长度与末次周期来压步距,提出了周期来压确定最小安全距离方法。

(2)B_4^1 强冲击倾向性煤层上行复采过程中,上部覆岩呈现以关键层为分界的"双倒梯形体"结构与关键层上部岩层集中垮断后的"单倒梯形体"结构动态式演变。微震监测反演了煤柱剩余尺寸较小时,倒梯形覆岩结构震源集中、能量大,采空区活化区域震源分散、能量小的特点。

（3）采用覆岩结构稳定性分析与冲击临界的关键层受力分析结果，提出余煤复采过程中的倒梯形覆岩结构稳定性分析的冲击地压危险性指数 I_m、冲击临界位置关键层受力分析的冲击地压危险性指数 I_n，综合对余煤复采的冲击危险性进行评估。根据 B_4^1 煤层余煤复采过程中的冲击危险性指数变化趋势，将余煤复采划分为覆岩相对稳定区、周期性明显破坏区、冲击危险区三部分。

（4）数值模拟分析底板应力验证了双峰值应力叠加效应的准确性。对双峰值应力区的煤柱最小安全距离 L_α、周期来压确定煤柱合理范围 L_β、冲击危险性指数确定煤柱合理范围 L_γ 的综合分析得出：为确保近距离强冲击倾向性 B_4^1 煤层上行开采覆岩结构稳定的煤柱剩余尺寸为 39.2 m。

14 上行开采覆岩能量释放的推进速度与停产时间效应研究

冲击地压是煤炭行业矿业工程领域常见的动力灾害现象之一,其发生的随机性、破坏性对矿井生产和人员生命安全造成了严重的影响。冲击地压发生原因非常复杂[42,75,76,138,159],大致将其分为工程因素和生产因素两个方面[160],工程因素主要是地质构造、煤层赋存特征和煤岩冲击倾向性等;生产因素主要是开采顺序、工作面的布置、推进速度等开采扰动影响。国内外学者[161-163]对诱发冲击地压发生的两个方面因素开展了大量研究,其中生产因素中以推进速度的研究最为突出。

针对回采速度对围岩应力、采场矿压和顶板能量变化规律的影响,学者们在理论分析、数值模拟、实验室研究[164]和现场实践等方面展开了大量的研究。在理论分析方面,王家臣等[165]对采场顶板动载冲击效应发生条件、机制及影响因素分析发现,推进速度越快,基本顶断裂时,断裂岩块伴生的初始动能越大,对工作面支架造成的动载冲击作用越明显。赵同彬等[166]认为随着回采速度增加,顶板释放能量呈指数型增加趋势,而能量释放的本质是增加的弹性能致使煤岩系统的非稳定动态平衡被打破,从而诱发冲击地压。在数值模拟方面,王金安等[167]发现随着综放工作面推进速度的增加,工作面周围应力降低区的面积减小;与之对应,工作面周围岩体破坏区的范围减小,开采速率影响围岩应力转移过程的完整程度。王磊等[168]揭示了综采工作面推进速度对煤岩动力灾害的影响规律,过快的推进速度不利于岩爆、冲击地压及煤与瓦斯突出等动力灾害的防治。在实验室方面,杨胜利等[169]发现高强度开采工作面煤岩灾变存在冲击特征,采场围岩控制困难,顶板动力扰动使煤体同时承受动、静组合加载形式,围岩中的应变能密度及煤层中的应变能峰值增大,围岩动力灾变的概率增大,危害程度升高。在现场实践方面,窦林名等[170-172]应用微震、地音等监测设备实现煤岩冲击动力灾害综合监测预警技术。何学秋等[173]介绍了变形和压裂过程中发生的电磁辐射生成机制及其在煤岩动力现象中的应用。刘金海等[174]认为采煤工作面冲击地压危险性与采场推采模式及速度具有相关性,其中高速推采、非匀速推采易诱发冲击地压。陈通[175]认为提高工作面推进速度可以有效地延长工作面周期来压步距,减小来压次数,可以最大限度降低来压对安全生产的危害。J. Brodny[56]提出了一种适用于液压支架的新型测量系统,试验结果可用于顶板在动载影响下的支护研究中。D. Szurgacz 等[176]研究了煤层开采过程中顶板在动载影响下现场支护问题,提出的断面几何测试方法加强了工作面支护效果,保证工作面在覆岩动载影响下的安全回采问题。D. Szurgacz 等[177]还进行了液压支架在动载冲击下的试验,所得结果拓宽了动载作用下采场支护液压支架在立柱方面的研究领域,提高了工作面支架支护稳定性在顶板活动下的效果。

以上针对推进速度对围岩应力和矿压等的影响的研究有了一定认识，为本章的研究开阔了思路，为进一步研究奠定了基础。但是上述研究针对停产期间对围岩微震事件影响的研究较少。笔者将采场推采速度与停产时间二者单方面或综合影响诱发冲击地压的现象定义为推采速度-停产时间效应。笔者首先推导了关键层破断角的理论计算公式，研究了工作面在回采过程中覆岩关键层的破断情况[178]，进而利用微震监测技术与物理相似材料模拟实验相结合的方法，考虑了推采速度-停产时间效应对微震事件特征的影响，揭示了工作面推进速度-停产时间效应诱发冲击地压的机制。笔者结合微震数据的分析提出了采煤工作面推进速度与停产时间协同调控的方法，为实现类似冲击地压矿井安全高效回采提供指导。

14.1　实　验　设　计

14.1.1　工程背景

宽沟煤矿现主采 B_4^1 煤层和 B_2 煤层。B_2 煤层现回采 W1123 工作面，煤层与顶板裂隙节理均不发育且具有冲击倾向性。W1123 工作面运输巷 745 m 以西的巷道上方为实体煤区域，以东巷道上方为采空区（即已回采完成的 W1145 工作面）。B_2 煤层距上覆 B_4^1 煤层平均 50 m 左右。现以 B_4^1 煤层未开采实体煤为研究对象，采深 342 m 左右，煤层为倾角 12°～14° 的缓倾斜煤层，平均厚度 3 m，采用综采一次采全高开采方法。顶板为泥质粉砂岩，节理、裂隙发育，局部较破碎，底板为中粗砂岩。工作面具体布置如图 14-1 所示。

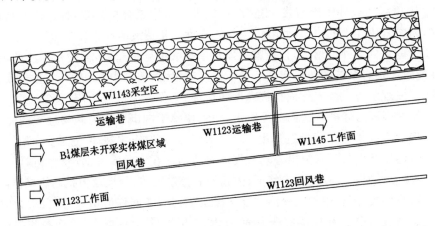

图 14-1　B_4^1 煤层未开采实体煤工作面布置

通过监测该实体煤开采期间的微震活动，分析随着工作面推进速度与停产时间的变化对覆岩运移能量释放规律的影响。

14.1.2　模型设计

本次实验以宽沟煤矿 B_4^1 煤层未开采实体煤的地质条件为原型搭建物理相似材料模拟模型。实验采用 5.0 m×0.3 m×2.0 m（长×宽×高）的平面应变模型架，模拟实验的几何相似比例（模型：原型）为 1:200。实验模型铺装尺寸为 5.0 m×0.3 m×1.89 m，考虑到 B_4^1 煤层埋深 342 m 在实验中覆岩高度模拟了 302 m 还有 40 m 基岩没有铺装，在模型顶部加载一层铁砖相当于 40 m 厚的覆岩，加载的应力为 0.8 MPa。以矿井实际覆岩岩性为基准制定相似材料配比。在模型铺装过程中采用的材料为:河沙、大白粉、熟石膏、水,其中在对煤层进行配比时要加入粉煤灰。在本次实验中相似材料组成、强度等与实际差别很小能较好地模拟实际岩层。工作面在回采的同时进行微震监测,分析岩层破断规律和能量释放特征。

微震监测系统的具体布置方式如图 14-2 所示。模型安装 6 个微震传感器(红色圆圈表示速度传感器共 6 个,编号是 $1^{\#}$,$2^{\#}$,$3^{\#}$,$4^{\#}$,$5^{\#}$ 和 $6^{\#}$)。完成 W1123 工作面回采并等待覆岩垮落稳定后,在距离模型左边界 38 cm 做切眼开始回采 B_4^1 煤层实体煤,总共回采 192 cm。

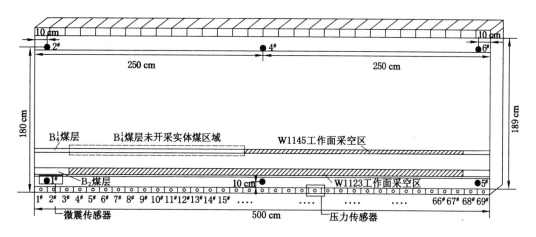

图 14-2 微震监测系统布置

14.1.3 实验方案

本次实验主要研究上行开采期间工作面在 6 种推进速度和 4 类停产时间下微震事件特征。模型模拟回采 384 m,划分为 6 个区域,每个区域约 64 m,共计开采 127 次。考虑到滚筒截深 0.8 m,推荐速度应为 0.8 的倍数,设置了 6 个推进速度梯度分别为 1.6 m/d、2.4 m/d、3.2 m/d、4.0 m/d、4.8 m/d 和 5.6 m/d。国家规定的一次假期的最长时间为 7 d,设置停产时间梯度为 1 d、3 d、5 d 和 7 d。具体实验方案如表 14-1 所列。

表 14-1 实验设计方案

开采区域		区域 1		区域 2		区域 3		区域 4		区域 5		区域 6	
具体范围/m		0～64.0		64.0～126.4		126.4～190.4		190.4～254.4		254.4～316.8		316.8～384.0	
推进速度/(m/d)		1.6		2.4		3.2		4.0		4.8		5.6	
每个阶段开采次数/次		40		26		20		16		13		12	
停产时间/d		1/3/5/7		1/3/5/7		1/3/5/7		1/3/5/7		1/3/5/7		1/3/5/7	
按照停产时间每阶段开采次数/次	1 段	1	1～10	1	1～6	1	1～5	1	1～4	1	1～3	1	1～3
	2 段	3	11～20	3	7～13	3	6～10	3	5～8	3	4～6	3	4～6
	3 段	5	21～30	5	14～20	5	11～15	5	9～12	5	7～9	5	7～9
	4 段	7	31～40	7	21～26	7	16～20	7	13～16	7	10～13	7	10～12

14.2 推进速度与停产时间效应的覆岩能量释放特征

从宏观上看,影响岩体力学特性主要是地质因素和人为因素两个方面。地质因素主要包括岩体的自然状态及其赋存条件;人为因素主要指开采活动影响以及因施工所引起岩体自然状态的改变。

根据能量准则理论[179],煤岩体的突然破坏往往是由于井下开采扰动引起的围岩应力转移导致能量不均衡释放。在现场条件下,煤岩体移动变形是未知且难以控制的,而引起煤岩体发生变形主要是人为因素。研究煤体在开采过程中能量释放特征的关键在于煤岩体加卸载速率的可变性。进一步研究发现工作面推进速度和停产时间不同,对围岩的加、卸载程度不同导致能量释放的差异性。

14.2.1 不同推进速度区域间微震事件演化规律

本次物理相似材料模拟实验采用微震监测系统对开采期间覆岩微震事件进行监测,为了研究各区域间不同推进速度条件下微震事件演化规律,绘制了图 14-3 微震事件能量和频次变化情况。

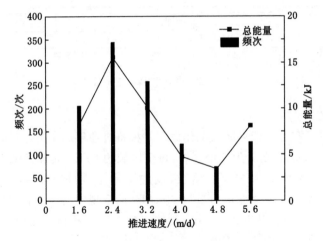

图 14-3 工作面不同推进速度微震事件特征

从图 14-3 可知,推进速度为 2.4 m/d 时微震事件能量达到 16 kJ,频次为 346 次,此时微震事件的各项指标都达到峰值。这是直接顶随采随垮导致微震事件频次增加。随着推进速度的增加,微震事件能量和频次呈现递减趋势,当推进速度为 4.8 m/d 时,微震事件能量和频次下降到谷值,当推进速度为 5.6 m/d 时微震事件的能量和频次呈现递增趋势。由此可见,微震事件特征与工作面推进速度关系密切。

以上只是从宏观的角度研究不同推进速度条件下微震事件的特征,为了消除频次对微震事件能量释放的影响,我们以微观角度单次微震事件能量为研究对象,统计各区域不同推进速度单次微震事件能量值并对其进行拟合(图 14-4)。拟合函数关系式如下:

$$E = 7.244e^{\frac{v}{0.156}} + 38.668 \tag{14-1}$$

式中 E——微震事件的能量,J;

v——推进速度,m/d。

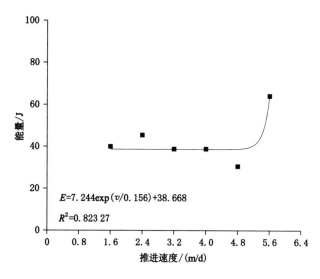

图 14-4　单次微震事件能量

从图 14-4 可知,微震事件能量与推进速度并非简单的线性关系而是呈指数函数关系,曲线拟合度达 0.823 27。工作面推进速度从 1.6 m/d 增加到 4.0 m/d 时,微震事件能量波动较小。但是在推进速度为 4.8 m/d 时微震事件能量降低到谷值,推进速度增加到 5.6 m/d 时微震事件能量突然增大达到最大值。在工作面回采过程中,微震事件能量释放在推进速度为 4.8 m/d 时影响显著。

以上从宏观和微观两个角度对比研究微震事件特征与推进速度之间的关系。工作面回采期间推进速度的变化引起微震事件特征的改变,从而反映出覆岩结构及其能量的演变过程。B_2 煤层 W1123 工作面的回采导致上覆岩层破断垮落在水平方向出现离层现象,垂直方向出现纵向裂隙,进而将直接顶和基本顶切割成块状使其更易垮落。回采本煤层时岩层破断产生相应的裂隙,新裂隙和已产生裂隙呈现动态变化。

回采前 28.8 m 煤层时未受下分层工作面回采影响,顶板及煤层保持完整。随后继续回采,下分层回采导致其上覆岩层整体弯曲下沉。回采区域 2 部分,先前离层的直接顶逐渐闭合。受回采速度慢和下分层回采的共同作用,改变了顶板的垮落步距,导致顶板在回采的过程中随采随垮(图 14-5)。将其归因于两个方面:一是回采速度慢顶板受支架支撑作用,与下分层相比加卸载次数增多;二是已经断裂的顶板受支架反复支撑更加破碎易垮落。

回采前 4 个区域发生 4 次周期来压,来压步距平均 20 m 左右;回采后 2 个区域发生 3 次周期来压,来压步距平均 60 m 左右。前 3 个区域回采完直接顶在采空区垮落充分,随着工作面的推进采空区矸石被逐渐压实。从区域 4 开始随着推进速度的增加,顶板滞后垮落,并且周期来压步距延长,导致直接顶缓慢下沉逐渐与煤层底板相接触,同时断裂的基本顶由于剪胀效应使得破断的块体排列整齐、相互挤压形成一定的梁结构(图 14-6)。

在这个过程中覆岩层的移动主要是块体之间铰接错动并随工作面推进整体下沉,而没有发生大面积的垮落,从而导致覆岩层活动范围减小,在回采区域 5 时微震事件能量与频次显著降低。由此可知,回采速度不同导致覆岩破断垮落步距不同,最终造成微震事件能量释放的差异性。

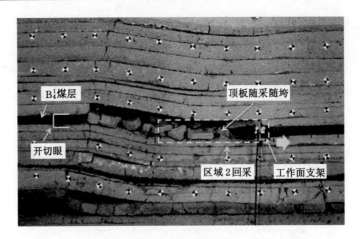

图 14-5　区域 2 顶板垮落

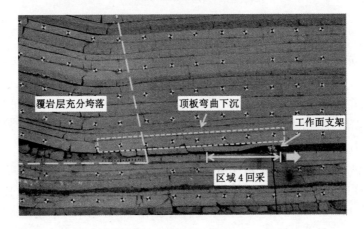

图 14-6　区域 4 顶板垮落

14.2.2　相同推进速度不同停产时间下的微震事件演化规律

回采期间不同停产时间各推进速度下的微震事件能量变化趋势，如图 14-7 所示。由

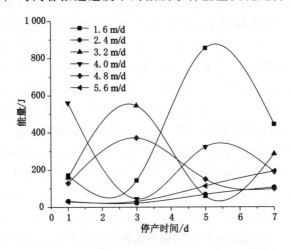

图 14-7　不同停产时间各推进速度下的微震事件特征

图 14-7可知,推进速度为 1.6 m/d 时,随着停产时间的延长微震事件能量逐渐增加,在第 5 d 达到峰值附近;推进速度为 2.4 m/d 时,随着停产时间延长微震事件能量逐渐增加;推进速度为 3.2 m/d 时,微震事件能量波动较大,在停产接近 3 d 时,微震事件能量达到峰值;推进速度为 4.0 m/d 时,微震事件能量波动较大,在停产 3 d 时,达到谷值;推进速度为 4.8 m/d 时,微震事件能量在停产 3 d 时达到峰值,随后逐渐降低;推进速度为 5.6 m/d 时,微震事件能量随停产时间延长逐渐增加。

为了研究各推进速度下不同停产时间微震事件演化规律,现将 6 个区域不同停产时间微震事件数据进行统计和分析,分别对各个推进速度的微震事件特征拟合,如图 14-8 和图 14-9 所示。从图 14-8 可知,微震事件能量与停产时间关系符合单指数函数增长模型,拟合度分别为 0.974 41、0.814 72、0.942 85、0.806 21、0.999 97 和 0.912 64。

推进速度为 1.6 m/d 时,停产时间与微震事件能量关系:

$$E = 157.198e^{\frac{t}{3.581}} + 1\ 719.557 \tag{14-2}$$

式中　　E——微震事件的能量,J;

t——停产时间,d。

推进速度为 2.4 m/d 时,停产时间与微震事件能量关系:

$$E = \frac{-6\ 040.773}{e^{\frac{t}{3.887}}} + 6\ 933.525 \tag{14-3}$$

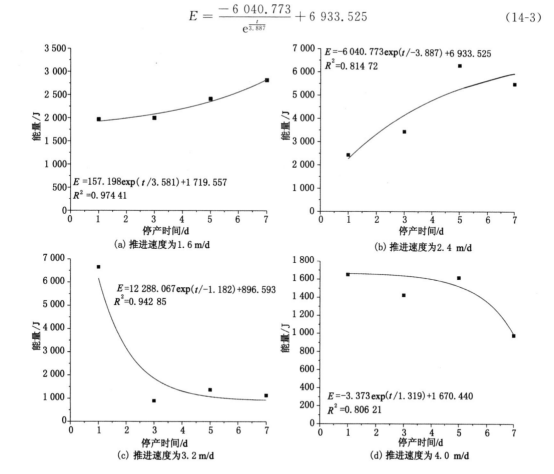

图 14-8　不同停产时间下各推进速度微震事件能量特征

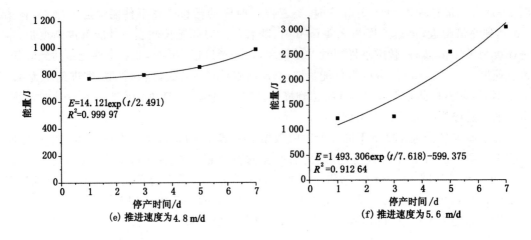

图 14-8 （续）

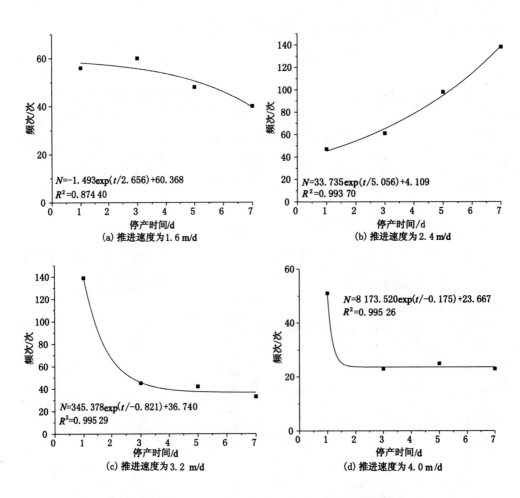

图 14-9　不同停产时间下各推进速度微震事件频次特征

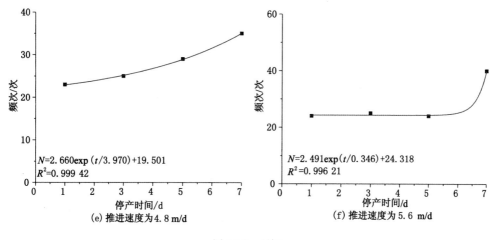

图 14-9　（续）

推进速度为 3.2 m/d 时,停产时间与微震事件能量关系:

$$E = \frac{12\ 288.067}{e^{\frac{t}{1.182}}} + 896.593 \tag{14-4}$$

推进速度为 4.0 m/d 时,停产时间与微震事件能量关系:

$$E = -\ 3.373 e^{\frac{t}{1.319}} + 1\ 670.440 \tag{14-5}$$

推进速度为 4.8 m/d 时,停产时间与微震事件能量关系:

$$E = 14.121 e^{\frac{t}{2.491}} \tag{14-6}$$

推进速度为 5.6 m/d 时,停产时间与微震事件能量关系:

$$E = 1\ 493.306 e^{\frac{t}{7.618}} -\ 599.375 \tag{14-7}$$

推进速度从 1.6 m/d 增加到 4.0 m/d 时,随停产时间的变化覆岩能量释放波动较大,在前 4 个区域微震事件能量随停产事件的增加呈现突变型,推进速度为 3.2 m/d 和 4.0 m/d 时,微震事件能量随停产时间增加呈下降的趋势;推进速度为 4.8 m/d 和 5.6 m/d 时,随停产时间的延长微震事件能量呈现逐渐增长型,推进速度在 5.6 m/d 时能量增加较快。通过以上分析得出,停产时间与微震事件能量关系满足指数函数模型,即

$$E = A e^{\frac{t}{B}} + C \tag{14-8}$$

式中　A,B,C——与推进速度有关的常数。

由图 14-9 可知,微震事件频次与停产时间符合单指数函数增长模型,拟合度分别是 0.874 40、0.993 70、0.995 29、0.995 26、0.999 42 和 0.996 21。

推进速度为 1.6 m/d 时,停产时间与微震事件频次关系:

$$N = -\ 1.493 e^{\frac{t}{2.656}} + 60.368 \tag{14-9}$$

式中　N——微震事件频次,次;

　　　t——停产时间,d。

推进速度为 2.4 m/d 时,停产时间与微震事件频次关系:

$$N = 33.735 e^{\frac{t}{5.056}} + 4.109 \tag{14-10}$$

推进速度为 3.2 m/d 时,停产时间与微震事件频次关系:

$$N = \frac{345.378}{\mathrm{e}^{\frac{t}{0.821}}} + 36.740 \tag{14-11}$$

推进速度为 4.0 m/d 时,停产时间与微震事件频次关系:

$$N = \frac{8\,173.520}{\mathrm{e}^{\frac{t}{0.175}}} + 23.667 \tag{14-12}$$

推进速度为 4.8 m/d 时,停产时间与微震事件频次关系:

$$N = 2.660\mathrm{e}^{\frac{t}{3.970}} + 19.501 \tag{14-13}$$

推进速度为 5.6 m/d 时,停产时间与微震事件频次关系:

$$N = 2.491\mathrm{e}^{\frac{t}{0.346}} + 24.318 \tag{14-14}$$

6 个回采阶段曲线拟合度接近 1,说明拟合效果较好。推进速度在 3.2 m/d 和 4.0 m/d 时,微震事件频次与能量变化趋势一致,呈现降低的趋势;推进速度在 4.8 m/d 和 5.6 m/d 时,随停产时间的延长微震事件频次持续增加但增加幅度较慢。由此可见,当推进速度低于 4.0 m/d 时,微震事件频次随停产时间增加呈现降低的趋势;当速度在 4.8 m/d 和 5.6 m/d 时,随停产时间的增加频次呈现上升的趋势,且推进速度在 5.6 m/d 时频次在停产 7 d 时激增。

综合图 14-8 和图 14-9 可知,在停产期间微震事件能量和频次都是呈指数函数变化的趋势。说明随着停产时间的变化微震事件能量有可能发生突变,覆岩积聚能量激增导致大能量微震事件的发生。

大能量微震事件表明煤岩体积聚弹性能达到屈服极限,大能量微震事件的能级表明了煤岩体积聚弹性能的多少,频次表明了活跃程度的强弱。崔峰等[96]推导了能量相似比公式,由此计算得出实验室大事件能量值为 333.33 J。不同推进速度下停产时间的不同导致微震事件能量释放的方式也有所差异,通过绘制停产期间微震事件能量及频次变化情况(图 14-10)分析总结不同停产时间微震事件特征。

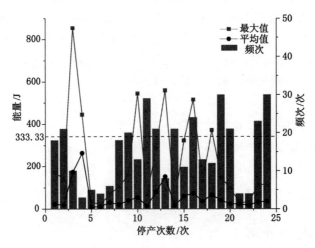

图 14-10　停产期间微震事件特征

由图 14-10 可知,停产期间内总共发生了 6 次大能量微震事件,主要分布在区域 1、3、4 和 5。停产期间微震事件释放能量的最大值远远高于该时期下的平均值,说明能量释放的不均衡性显著。前3次停产的微震事件频次明显高于接下来的3次,在区域2阶段微震事件频次逐渐增加,能量也相应增加,从区域3开始,微震事件能量和频次波动变化显著。分析表明:回采扰动改变了围岩的原始应力状态,由静态平衡向动态平衡转变,超前支承压力的存在使煤岩体局部应力升高,煤岩体内部积聚的能量也在增加。当动态平衡趋于稳定时微震事件能量及频次呈线性变化;在区域3阶段初次来压基本顶断裂后,岩层裂隙扩展延伸向上发展以及来压频繁,导致微震次生事件增多,能量及频次变化显著。停产期间内受开采扰动的次生微震事件频发,导致能量的不均衡释放。

14.2.3　不同推进速度下停产复采的时间效应

图14-11为不同推进速度下工作面正常回采、停产和复采的微震事件特征。工作面初次回采阶段覆岩移动变形程度小,微震事件能量较低且保持稳定,波动幅度小,停产5d时微震事件能量激增,是正常回采的4倍左右。当推进速度为2.4 m/d时,复采期间能量逐渐增加并且高于停产期间能量;速度为3.2 m/d和4.0 m/d时,停产7d微震事件能量分别突增到1 700 J、1 800 J左右,与前3次停产期间能量平均值相比分别增加了1.7、1.5倍;推进速度继续增加到5.6 m/d,停产1d和停产3d复采后的能量分别是其停产期间的12倍和7.5倍左右,停产与复采微震事件能量相比极为悬殊。这也是《防治煤矿冲击地压细则》规定停产3d及以上的冲击地压危险采掘工作面恢复生产前要有专业人员对冲击地压危险程度进行评价的原因。

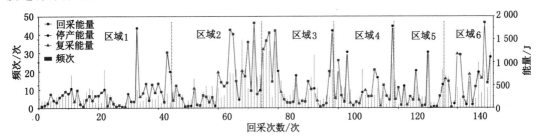

图14-11　不同推进速度下正常回采、停产和复采的微震事件特征

理论研究和实践表明,综放工作面的推进速度是影响围岩应力重新分布的主要因素之一。工作面推进速度的快慢造成单位时间内开采截深的变化,从而反映出单位时间内围岩加卸载程度的不同。停产复采的时间效应可以从围岩加卸载的角度来分析。围岩的加卸载不同影响围岩的强度、变形以及岩石蠕变等力学特性,受岩石蠕变的影响造成围岩能量释放的差异性。换而言之,推进速度影响着工作面围岩应力重新分布和变形破坏的结果。应力在重新分布过程中会引发围岩能量的转移与释放,在开采活动中能量的转移与释放是一个周期性的过程。工作面向前推进的过程中围岩中的能量在不断地积聚和释放,推进速度改变了围岩能量积聚与释放的周期,这就导致了在停产与复采期间释放能量的差异,如图14-11所示。

图14-12为复采后不同推进速度下不同停产时间微震事件能量变化趋势。由图14-12可知,停产1d时推进速度较低,微震事件能量波动较小且能量较低,推进速度在5.6 m/d时突增;停产3d时随推进速度增加,能量波动明显;停产5d时随推进速度的增加能量呈"U"形分布,在4.8 m/d附近时能量降到最低点随后开始增加;停产7d时能量在推进速度2.4 m/d时达到峰值,此后随着推进速度增加能量开始降低,但在4.8 m/d时能量突然增大,达到最大值。

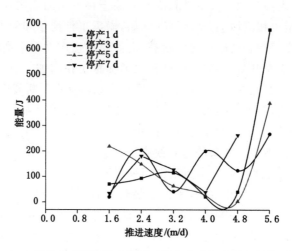

图 14-12　复采后不同推进速度下不同停产时间微震事件能量特征

14.3　推进速度与停产时间效应引发冲击地压的机制

目前关于冲击地压的研究很多,众所周知岩石变形破坏涉及能量的积聚与释放。当矿体与围岩系统的力学平衡状态破坏后所释放的能量大于其破坏所消耗能量时,就会发生冲击地压。换而言之,冲击地压的发生与能量的积聚和释放紧密相关。

14.3.1　推进速度变化引发冲击地压机制

在矿井开采活动中,工作面推进速度的可变性,使其决定着工作面超前支承压力、直接顶下沉的速度、基本顶周期性断裂的变化情况。由于下层 B_2 煤层 W1123 工作面的回采导致上覆岩层破断将直接顶和基本顶切割成块状使其更易垮落。回采本煤层时岩层破断产生相应的裂隙,新裂隙和已产生裂隙呈现动态变化方式。

在工作面低速回采阶段支架的反复支撑作用导致已经断裂的顶板更加破碎,造成工作面推进过程中直接顶随采随冒。回采前 4 个区域发生 4 次周期来压,来压步距平均 20 m 左右;回采后 2 个区域发生 3 次周期来压,来压步距平均 60 m 左右。由此可见,工作面推进速度较慢,顶板周期来压步距小,来压次数多;工作面推进速度较快,顶板周期来压步距大,来压次数少。如图 14-13 所示,低速推进下的工作面到支承压力峰值距离 X_1 大于高速推进下的工作面到支承压力峰值距离 X_2,低速推进下的工作面前方支承压力峰值 $k_1 q_0$ 小于高速推进下的工作面前方支承压力峰值 $k_2 q_0$,并且低速推进下基本顶破断长度 L_1 小于高速推进下基本顶破断长度 L_2。同时随着推进速度加快,工作面前方支承压力峰值 $k q_0$ 增大,且工作面到支承压力峰值距离 X_0 缩短[179]。从而造成顶板积聚的弹性应变能向工作面移进,发生冲击地压风险增高。

矿山开采活动的影响改变了围岩应力场的分布状态,每次顶板周期来压都会造成煤壁前方应力增高,导致围岩内部形成应力差引起围岩应力由高应力区向低应力区转移。受开采影响工作面前方是高应力区,向周围煤岩体转移。围岩应力转移导致顶板内弹性应变能发生变化。周期来压步距的不同改变了顶板能量积聚和释放的周期。微震事件的发生反映

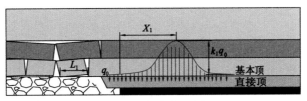

（a）低速推进时顶板荷载分布

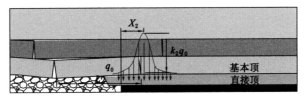

（b）高速推进时顶板荷载分布

图 14-13　不同推进速度时顶板载荷分布

了覆岩活动及顶板能量的变化情况,在顶板能量释放的周期内积聚的弹性应变能越多,冲击危险性越大。总之,煤层冲击危险性取决于储存在顶板内弹性应变能释放的多少,而发生冲击危险释放的能量与微震事件能量及其转化率有关。

微震事件能量与推进速度之间的关系符合指数函数,即式(14-1)。微震事件能量主要是煤层发生冲击危险释放的能量,其余能量以热能形式耗散。假设微震事件能量转化为煤层冲击危险释放能量的转化率是 f,则煤层冲击危险释放能量 E_r 与微震事件能量 E 关系如下:

$$E_r = E \cdot f \tag{14-15}$$

将式(14-1)代入式(14-15)得:

$$E_r = E \cdot f = f(7.244\mathrm{e}^{\frac{v}{0.156}} + 38.668) \tag{14-16}$$

由此可知,煤层冲击危险释放的能量与推进速度满足指数函数关系。推进速度加快时来压步距延长顶板活动减少,微震能量主要转化为煤层发生冲击危险释放的能量。而围岩微震事件能量积聚和释放具有周期性,这就使得回采初期微震事件能量保持较低的态势并不断累积,在区域 1 结束时能量集中释放;在随后的回采中工作面围岩能量积聚-释放周期不断缩短。当围岩内积聚的应变能超过其储存的极限时,多余的能量就会释放。释放能量不同,对围岩破坏程度不同,能量部分释放造成围岩塑性变形(主要导致巷道变形加剧);如果能量全部释放,在抗压强度较弱的区域引起岩石弹射或者煤体突出诱发冲击地压发生。

14.3.2　推进速度与停产时间协同变化引发冲击地压

将矿山开采活动引起围岩力学特性的改变,引申到微观的角度就是煤岩样试件加卸载的破坏过程。不同加载速率条件下煤岩样破坏形态不同。在单轴抗压试验中低加载率的条件下,煤岩试件中出现多条主裂纹呈闭合状态,贯通程度高;高加载率条件下,煤岩样主裂纹条数减少,破坏时间变短。

从做功的角度来说,在低加载率下随着外力施加试件处于弹性形变阶段,对其做的功转化为弹性变形能储存在试件中并随着裂隙的贯通向表面转移;加载速率提高,岩石变形量小,屈服阶段短,变形速度比弹性阶段快,从屈服点到峰值几乎是在瞬间完成。峰值后岩体瞬间爆裂弹射破坏[180],由静态破坏向动态破坏转变。

不同的加载速率对岩石变形和破坏产生影响,岩石的变形和损伤是一个不可逆的过程。从微观的角度来讲,加卸载改变了岩石的破坏形式;从宏观的角度来看,工作面回采速度不同影响煤岩体加载过程,低速回采对煤岩体是低速加载;高速回采对应的是高速加载。反之,停产期间工作面回采对煤岩体扰动消失,对于受载的煤岩体是卸载过程。简单地说,工作面推进速度与停产时间效应对煤岩体而言就是加卸载过程。尹祥础等[181]利用岩石应力应变曲线定义了加卸载响应比(Y),它是一个能够定量反映非线性系统不稳定程度的新参数。其定义如下:

$$Y = \frac{X_+}{X_-} \tag{14-17}$$

式中 X_+, X_-——岩石在承受加载和卸载时段的响应率。

当岩石处于弹性状态时,Y 值在 1 波动变化;当岩石发生损伤后,加载时段的响应率大于卸载时段响应率,即 $Y>1$;随着载荷的增大,岩石损伤程度也增大,Y 值将会继续增大,远大于 1。

尹祥础等[182]用加卸载响应比理论对矿震进行了预测。根据地震学中定义常使用地震能量 U 及其相关量作为响应量,可将加卸载响应比值 Y 定义如下:

$$Y = \frac{U_+}{U_-} \tag{14-18}$$

式中 U_+——加载时段内发生的地震所辐射的地震波能量;

U_-——卸载时段内发生的地震所辐射的地震波能量。

由式(14-18)可得,本章以物理相似材料模拟实验工作面回采过程中微震事件能量作为响应量,评估冲击危险性,则加卸载响应比值 Y 定义如下:

$$Y = \frac{E_+}{E_-} \tag{14-19}$$

式中 E_+——回采过程中微震事件能量;

E_-——停产期间微震事件能量。

将式(14-1)、(14-8)代入式(14-19)得:

$$Y = \frac{E_+}{E_-} = \frac{7.244 e^{\frac{v}{0.156}} + 38.668}{A e^{\frac{t}{B}} + C} \tag{14-20}$$

由式(14-20)可知,加卸载响应比与工作面推进速度和停产时间有关,这也证实了推进速度与停产时间协同变化引发冲击地压。

对正常回采、停产和复采时微震事件特征进行统计分析,绘制如图 14-14 所示的曲线。由图 14-14 可知,正常回采和复采时加卸载响应比变化趋势基本一致,在区域 2 由于覆岩活动频繁导致加卸载响应比远大于 1。正常回采时低速回采阶段,停产时间短加卸载响应比较低;随着停产时间的延长,加卸载响应比 Y 值逐渐增大,围岩加载过程中积聚的能量大于卸载释放的能量,在围岩内部裂隙发育,围岩变形速度加快,发生冲击危险的程度提高;在高速回采阶段,停产时间短加卸载响应比较高,发生冲击危险性较高。复采时,在低速回采阶段,随着停产时间延长加卸载响应比逐渐增加,但是 Y 值保持在 1 以下;高速回采停产时间短,岩石蠕变程度低,积聚的能量来不及释放,工作面已经推进到下一个加载周期内,导致加卸载响应比增加,能量突然释放导致冲击地压发生。

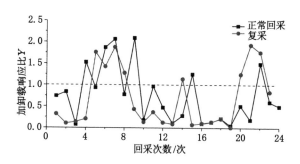

图 14-14 正常回采、复采时加卸载响应比

分别对正常回采和复采两种情况下推进速度-停产时间协同效应的加卸载响应比进行统计,如表 14-2 所列。可以发现:正常回采和复采在低速停产时间长和高速停产时间短对应的 Y 值较高,发生冲击危险性较大。加卸载响应比高,易发生冲击地压的实质是储存于煤岩体的弹性应变能突然释放,转变为破坏煤岩体的动能。

表 14-2 统计协同效应的加卸载响应比情况

回采方式	推进速度	停产时间短	停产时间长
正常回采	低速	Y 值较低	Y 值增加
	高速	Y 值较高	Y 值降低
复采	低速	Y 值较低	Y 值增加
	高速	Y 值较高	Y 值降低

14.4 推进速度与停产时间的协同调控减灾

14.4.1 安全开采指标的确定

工作面推进速度和停产时间是影响工作面围岩应力重新分布的主要因素之一,对于冲击地压矿井而言推进速度与停产时间效应对能量释放的影响至关重要。为有效防止工作面受推采速度-停产时间效应影响诱发冲击地压,需要建立推进速度与停产时间的协同控制方法,而协同调控的关键是获得一个安全可采的指标值。安全可采的指标值其实就是微震事件能量的合理值,在正常回采中通过微震系统监测释放能量,使之处于合理的范围就可以使得矿井安全、高效的开采。通过微震事件的监测与分析,将单次微震事件能量作为协同调控的依据。采用数理统计的方法,将监测的数据以 20 J/次为间隔划分为 11 个区间,通过分析得出安全可采的指标值。统计单次回采微震事件频次及所占百分比如图 14-15 所示。

按照同样的区间划分方式,统计单次回采微震事件释放能量及其所占百分比,如图 14-16 所示。由图 14-16 可知,160 J/次和 180 J/次是临界值。将 0~160 J/次作为置信区间,对应的置信水平为 96.42%;将 0~180 J/次作为置信区间,对应的置信水平为 99.84%。由此可知,180 J/次置信水平精度更高也更接近实际情况,遂将单次微震事件释放能量值180 J/次作为推进速度与停产时间效应协同调控的依据。

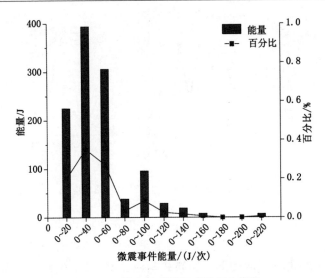

图 14-15 单次回采微震事件频次统计

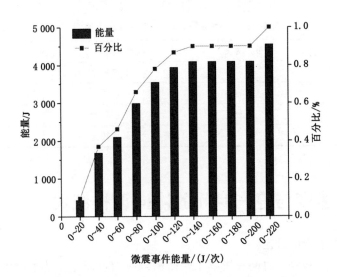

图 14-16 单次回采微震事件能量统计

工作面正常回采了 127 次,设置了 6 个速度梯度值。在协同调控依据确定的前提下,分析每次回采微震事件能量的最大值与推进速度的关系并进行拟合绘制如图 14-17 所示的曲线。拟合后的微震事件能量与推进速度之间的关系满足下式:

$$E = 4.569 e^{\frac{v}{25.263}} + 5.777 \tag{14-21}$$

由图 14-17 可知,微震事件能量与推进速度并非简单的线性关系,通过拟合发现曲线整体趋势是单调递增。在回采区域 4 第三阶段时协同调控的指标值 180 J/次与拟合曲线相交,此时推进速度为 4 m/d。推进速度在 4.0 m/d 是一个临界值,所以在该物理相似材料模拟实验中推进速度 4 m/d 是安全开采的最佳推进速度。

14.4.2 停产、复采期间的协同调控

利用加卸载响应比可以评估煤层发生冲击危险的特性,绘制了图 14-18 所示的回采

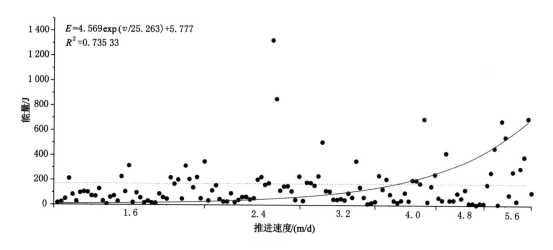

$$E=4.569\exp(v/25.263)+5.777$$
$$R^2=0.735\,33$$

图 14-17 推进速度与微震事件能量关系

期间各推进速度不同停产时间加卸载响应比特征。由图 14-18 可知,推进速度为 1.6 m/d时停产时间在 5 d 以下加卸载响应比低于临界值;推进速度为 2.4 m/d 时停产时间在 1 d 和 7 d 加卸载响应比低于临界值;推进速度为 3.2 m/d时停产时间在 3 d 以上加卸载响应比低于临界值;推进速度为 4.0 m/d 时停产时间在第 5 d 加卸载响应比高于临界值;推进速度为 4.8 m/d 时在整个停产时间内加卸载响应比都远低于临界值;推进速度为 5.6 m/d时停产时间在第 3 d 加卸载响应比超过临界值。由此可知,低速回采时停产时间在 3 d 以内加卸载响应比低于临界值,高速回采时停产时间在 5～7 d 内加卸载响应比低于临界值。

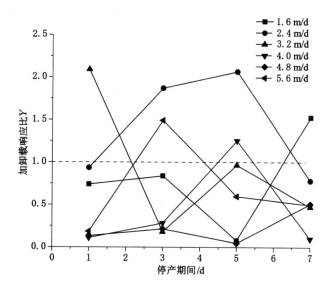

图 14-18 回采期间各推进速度不同停产时间下加卸载响应比特征

同理绘制复采后不同推进速度下不同停产时间的加卸载响应比特征(图 14-19)。由图 14-19 可知,推进速度为 1.6 m/d 时加卸载响应比始终低于临界值;停产 1 d 时推进速度在 3.2～4.8 m/d 的加卸载响应比远低于临界值;停产 3 d 时推进速度在 2.4 m/d 和 4.0 m/d 的加卸载响应比超过临界值;停产 5 d 时推进速度在 3.2～5.6 m/d 低于临界值;停产 7 d 时推进速度在 3.2～4.0 m/d 的加卸载响应比低于临界值。

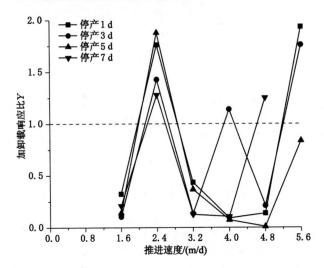

图 14-19　复采期间不同推进速度下不同停产时间的加卸载响应比特征

综上分析,根据回采中微震事件特征确定协同调控的安全可采指标为单次微震事件能量低于 180 J,正常安全回采的最佳推进速度为 4 m/d。若在回采中微震事件连续 5 次能量超过 180 J,应降低推进速度待微震响应恢复至安全状态时再将推进速度逐渐恢复至正常范围内;复采后根据不同的停产时间调整推进速度,这样既可保证矿井的安全高效开采,又可指导同类冲击地压矿井的安全高效开采。

14.5　本章小结

（1）对于冲击地压矿井而言推进速度与停产时间效应对围岩能量释放的影响至关重要。推进速度改变了围岩能量积聚与释放的周期,导致停产与复采期间释放能量的差异;回采期间微震事件释放的能量与推进速度呈指数函数关系;随停产时间延长低速回采微震事件能量呈现突变型,而高速回采微震事件能量呈现逐渐增长型;在复采期间发生煤层冲击危险性较高。

（2）开采扰动是发生应力转移的前提,停产期间微震事件的发生是应力转移的结果。受推进速度影响,若煤岩体内的能量转移的速度小于积聚的速度,能量在煤体内集中超过其承受能力突然释放,导致冲击地压发生;在停产期间受开采扰动覆岩运移频繁,微震次生事件增多,能量及频次变化显著,能量的不均衡释放导致冲击地压的发生。

（3）煤层冲击危险性取决于储存在顶板内弹性应变能释放的多少,而发生冲击危险释放的能量与微震事件能量及其转化率有关。研究发现煤层冲击危险释放的能量与推进速度满足指数函数关系。利用加卸载响应比分析了推进速度-停产时间协同效应与煤岩体微震事件特征之间的关系,研究了工作面推进速度-停产时间效应诱发冲击地压的产生机制,推导了考虑推进速度-停产时间效应评估冲击危险性的加卸载响应比。

（4）以单次微震事件能量低于180 J构建了协同调控的安全开采指标，进一步确定了正常安全回采的最佳推进速度为 4 m/d；利用加卸载响应比确定了停产、复采期间的协同调控范围。在矿井实际生产中，根据推进速度和停产时间效应的微震事件协同变化规律制定了相应的卸压措施，在实际矿井生产中得到了很好的应用。

参 考 文 献

[1] 谢和平,周宏伟,刘建锋,等.不同开采条件下采动力学行为研究[J].煤炭学报,2011, 36(7):1067-1074.

[2] 纪洪广,向鹏,张磊,等.开采扰动岩体力学性质变异试验研究与探测分析[J].岩石力学 与工程学报,2011,30(11):2352-2359.

[3] 来兴平,伍永平,任奋华,等.西部矿区深部复杂应力环境下开采扰动区松软岩层力学特 性[J].北京科技大学学报,2006,28(4):312-316.

[4] 钱鸣高,缪协兴,许家林.资源与环境协调(绿色)开采及其技术体系[J].采矿与安全工 程学报,2006,23(1):1-5.

[5] 周宏伟,张涛,薛东杰,等.长壁工作面覆岩采动裂隙网络演化特征[J].煤炭学报,2011, 36(12):1957-1962.

[6] 翟会超,任凤玉,曹建立.FLAC^{3D}与RG井下录像系统在复杂采空区处理中的应用[J].金 属矿山,2010(7):136-139.

[7] 袁广祥,王洪建,黄志全,等.花岗岩体钻孔中结构面的分布规律:以深圳大亚湾花岗岩 体为例[J].工程地质学报,2017,25(4):1010-1016.

[8] 杨永良,李增华,陈奇伟,等.利用顶板冒落规律研究采空区自燃"三带"分布[J].采矿与 安全工程学报,2010,27(2):205-209.

[9] 王金华,黄志增,于雷.特厚煤层综放开采顶煤体"三带"放煤理论与应用[J].煤炭学报, 2017,42(4):809-816.

[10] 黄庆享,赖锦琪.条带充填保水开采隔水岩组力学模型研究[J].采矿与安全工程学报, 2016,33(4):592-596.

[11] 杨晓科,张小明,侯忠杰.榆树湾煤矿河流下安全开采数值分析[J].采矿与安全工程学 报,2008,25(3):305-308.

[12] 孙亚军,张梦飞,高尚,等.典型高强度开采矿区保水采煤关键技术与实践[J].煤炭学 报,2017,42(1):56-65.

[13] 张东升,李文平,来兴平,等.我国西北煤炭开采中的水资源保护基础理论研究进展[J]. 煤炭学报,2017,42(1):36-43.

[14] 黄汉富,闫志刚,姚邦华,等.万利矿区煤层群开采覆岩裂隙发育规律研究[J].采矿与 安全工程学报,2012,29(5):619-624.

[15] 马立强,孙海,王飞,等.浅埋煤层长壁工作面保水开采地表水位变化分析[J].采矿与 安全工程学报,2014,31(2):232-235.

［16］师本强.陕北浅埋煤层砂土基型矿区保水开采方法研究［J］.采矿与安全工程学报，2011，28(4)：548-552.

［17］LAI X P，CAI M F，REN F H，et al. Assessment of rock mass characteristics and the excavation disturbed zone in the Lingxin Coal Mine beneath the Xitian river，China［J］. International journal of rock mechanics and mining sciences，2006，43(4)：572-581.

［18］LI Y，ZHU W S，FU J W，et al. A damage rheology model applied to analysis of splitting failure in underground caverns of Jinping I hydropower station［J］. International journal of rock mechanics and mining sciences，2014，71：224-234.

［19］WU F Q，LIU J Y，LIU T，et al. A method for assessment of excavation damaged zone (EDZ) of a rock mass and its application to a dam foundation case［J］. Engineering geology，2009，104(3)：254-262.

［20］CAI M，KAISER P K. Assessment of excavation damaged zone using a micromechanics model［J］. Tunnelling and underground space technology，2005，20(4)：301-310.

［21］余学义，张恩强.开采损害学［M］.2 版.北京：煤炭工业出版社，2010.

［22］姜福兴，叶根喜，王存文，等.高精度微震监测技术在煤矿突水监测中的应用［J］.岩石力学与工程学报，2008，27(9)：1932-1938.

［23］李超峰，虎维岳，王云宏，等.煤层顶板导水裂缝带高度综合探查技术［J］.煤田地质与勘探，2018，46(1)：101-107.

［24］冯夏庭，肖亚勋，丰光亮，等.岩爆孕育过程研究［J］.岩石力学与工程学报，2019，38(4)：649-673.

［25］欧阳振华.煤矿冲击地压区域应力控制技术［J］.煤炭科学技术，2016，44(7)：146-152.

［26］李春林.岩爆条件和岩爆支护［J］.岩石力学与工程学报，2019，38(4)：674-682.

［27］齐庆新，欧阳振华，赵善坤，等.我国冲击地压矿井类型及防治方法研究［J］.煤炭科学技术，2014，42(10)：1-5.

［28］李夕兵，宫凤强，王少锋，等.深部硬岩矿山岩爆的动静组合加载力学机制与动力判据［J］.岩石力学与工程学报，2019，38(4)：708-723.

［29］梁鹏，张艳博，田宝柱，等.巷道岩爆过程能量演化特征实验研究［J］.岩石力学与工程学报，2019，38(4)：736-746.

［30］何江，窦林名，王崧玮，等.坚硬顶板诱发冲击矿压机理及类型研究［J］.采矿与安全工程学报，2017，34(6)：1122-1127.

［31］牟宗龙，窦林名，倪兴华，等.顶板岩层对冲击矿压的影响规律研究［J］.中国矿业大学学报，2010，39(1)：40-44.

［32］潘一山，李忠华，章梦涛.我国冲击地压分布、类型、机理及防治研究［J］.岩石力学与工程学报，2003，22(11)：1844-1851.

［33］蓝航，杜涛涛，彭永伟，等.浅埋深回采工作面冲击地压发生机理及防治［J］.煤炭学报，2012，37(10)：1618-1623.

［34］吕进国，姜耀东，李守国，等.巨厚坚硬顶板条件下断层诱冲特征及机制［J］.煤炭学报，2014，39(10)：1961-1969.

［35］庞绪峰.坚硬顶板孤岛工作面冲击地压机理及防治技术研究［D］.北京：中国矿业大学

（北京），2013.

[36] 李新华,张向东.浅埋煤层坚硬直接顶破断诱发冲击地压机理及防治[J].煤炭学报, 2017,42(2):510-517.

[37] 李庶林,周梦婧,高真平,等.增量循环加卸载下岩石峰值强度前声发射特性试验研究[J].岩石力学与工程学报,2019,38(4):724-735.

[38] 谭云亮,张明,徐强,等.坚硬顶板型冲击地压发生机理及监测预警研究[J].煤炭科学技术,2019,47(1):166-172.

[39] 谭云亮,李芳成,周辉,等.冲击地压声发射前兆模式初步研究[J].岩石力学与工程学报,2000,19(4):425-428.

[40] 李宏艳,康立军,徐子杰,等.不同冲击倾向煤体失稳破坏声发射先兆信息分析[J].煤炭学报,2014,39(2):384-388.

[41] 曹建涛,来兴平,崔峰,等.复杂煤岩体结构动力失稳多参量预报方法研究[J].西安科技大学学报,2016,36(3):301-307.

[42] 姜耀东,赵毅鑫.我国煤矿冲击地压的研究现状:机制、预警与控制[J].岩石力学与工程学报,2015,34(11):2188-2204.

[43] 李学龙.千秋煤矿冲击地压综合预警技术研究[D].徐州:中国矿业大学,2014.

[44] 王述红,刘建新,唐春安,等.煤岩开采过程冲击地压发生机理及数值模拟研究[J].岩石力学与工程学报,2002,21(增刊2):2480-2483.

[45] 熊祖强,贺怀建.冲击地压应力状态及卸压治理数值模拟[J].采矿与安全工程学报,2006,23(4):489-493.

[46] 刘志刚.基于声发射原理的冲击地压监测装备研究及应用[D].青岛:山东科技大学,2011.

[47] 李兴伟.工作面冲击地压声发射模式与应用[D].青岛:山东科技大学,2004.

[48] 杨光宇,姜福兴,曲效成,等.特厚煤层掘进工作面冲击地压综合监测预警技术研究[J].岩土工程学报,2019,41(10):1949-1958.

[49] 陈炎光,钱鸣高.中国煤矿采场围岩控制[M].徐州:中国矿业大学出版社,1994.

[50] DÜZGÜN H S B. Analysis of roof fall hazards and risk assessment for Zonguldak coal basin underground mines[J]. International journal of coal geology,2005,64(1/2): 104-115.

[51] KONG P,JIANG L S,SHU J M,et al. Mining stress distribution and fault-slip behavior:a case study of fault-influenced longwall coal mining[J]. Energies,2019,12(13):2494.

[52] WANG G F,GONG S Y,DOU L M,et al. Rockburst mechanism and control in coal seam with both syncline and hard strata[J]. Safety science,2019,115:320-328.

[53] KONG P,JIANG L S,JIANG J Q,et al. Numerical analysis of roadway rock-burst hazard under superposed dynamic and static loads[J]. Energies,2019,12(19):3761.

[54] SKRZYPKOWSKI K,PRZYLIBSKI T A,KASZA D. Compressibility of materials and backfilling mixtures with addition of solid wastes from flue-gas treatment and fly ashes[J]. E3S web of conferences,2018,71:1-6.

[55] SKRZYPKOWSKI K,KORZENIOWSKI W. POBORSKA-MLYNARSKA K. Binding

capability of ashes and dusts from municipal solid waste incineration with salt brine and geotechnical parameters of the cemented samples[J]. Archives of mining sciences,2018,63(4):903-918.

[56] BRODNY J. Tests of friction joints in mining yielding supports under dynamic load[J]. Archives of mining sciences,2011,56:303-318.

[57] BRODNY J. Determining the working characteristic of a friction joint in a yielding support[J]. Archives of mining sciences,2010,55(4):733-746.

[58] 李树彬."三软"煤层回采巷道支护中钻孔卸压技术[J]. 煤炭科学技术,2012,40(6): 29-32.

[59] 高明仕,张农,郭春生,等. 三维锚索与巷帮卸压组合支护技术原理及工程实践[J]. 岩土工程学报,2005,27(5):587-590.

[60] 刘红岗,贺永年,徐金海,等. 深井煤巷钻孔卸压技术的数值模拟与工业试验[J]. 煤炭学报,2007,32(1):33-37.

[61] 谢生荣,陈冬冬,孙颜顶,等. 基本顶弹性基础边界薄板模型分析（Ⅰ）:初次破断[J]. 煤炭学报,2016,41(6):1360-1368.

[62] MOON J S. Representativeness of jointed rock mass hydraulic conductivity obtained from packer tests for tunnel inflow rate estimate[J]. International journal of rock mechanics and mining sciences,2011,48(5):836-844.

[63] 许斌,蒋金泉,代进,等. 采场上覆关键层破断角的力学推导和实验模拟[J]. 煤炭学报, 2018,43(3):599-606.

[64] 杨培举,何烨,郭卫彬. 采场上覆巨厚坚硬岩浆岩致灾机理与防控措施[J]. 煤炭学报, 2013,38(12):2106-2112.

[65] WANG J,NING J G,QIU P Q,et al. Microseismic monitoring and its precursory parameter of hard roof collapse in longwall faces:a case study[J]. Geomechanics andengineering,2019,17(4):375-383.

[66] SAINOKI A,MITRI H S. Simulating intense shock pulses due to asperities during fault-slip[J]. Journal of applied geophysics,2014,103:71-81.

[67] 蒋金泉,张培鹏,秦广鹏,等. 高位主关键层破断失稳及微震活动分析[J]. 岩土力学, 2015,36(12):3567-3575.

[68] 陈盼,谷拴成,张幼振. 浅埋煤层垂向重复采动下地表移动规律实测研究[J]. 煤炭科学技术,2016,44(11):173-177.

[69] 钱鸣高,缪协兴,何富连. 采场"砌体梁"结构的关键块分析[J]. 煤炭学报,1994,19(6): 557-563.

[70] 钱鸣高,缪协兴. 采场上覆岩层结构的形态与受力分析[J]. 岩石力学与工程学报, 1995,14(2):97-106.

[71] 刘鸿文. 材料力学[M]. 5版. 北京:高等教育出版社,2011.

[72] 蔡美峰,何满潮,刘东燕. 岩石力学与工程[M]. 2版. 北京:科学出版社,2013.

[73] 李晓龙. 特厚煤层综放开采坚硬顶板破断失稳规律[D]. 重庆:重庆大学,2016.

[74] HUANG Q X,HE Y P,CAO J. Experimental investigation on crack development

characteristics in shallow coal seam mining in China[J]. Energies,2019,12(7):1302.

[75] SHAN P F,LAI X P. Numerical simulation of the fluid-solid coupling process during the failure of a fractured coal-rock mass based on the regional geostress[J]. Transport in porous media,2018,124(3):1061-1079.

[76] SHAN P F,LAI X P. Influence of CT scanning parameters on rock and soil images[J]. Journal of visual communication and image representation,2019,58:642-650.

[77] SHAN P F,LAI X P,LIU X M. Correlational analytical characterization of energy dissipation-liberation and acoustic emission during coal and rock fracture inducing by underground coal excavation[J]. Energies,2019,12(12):2382.

[78] HUANG Q X,CAO J. Research on coal pillar malposition distance based on coupling control of three-field in shallow buried closely spaced multi-seam mining,China[J]. Energies,2019,12(3):462.

[79] WANG X T,LI S C,XU Z H,et al. An interval fuzzy comprehensive assessment method for rock burst in underground caverns and its engineering application[J]. Bulletin of engineering geology and the environment,2019,78(7):5161-5176.

[80] LIU H,YU B,LIU J N,et al. Investigation of impact rock burst induced by energy released from hard rock fractures[J]. Arabian journal of geosciences,2019,12(12):1-12.

[81] 姜耀东,潘一山,姜福兴,等.我国煤炭开采中的冲击地压机理和防治[J].煤炭学报,2014,39(2):205-213.

[82] 潘一山,章梦涛.冲击地压失稳理论的解析分析[J].岩石力学与工程学报,1996,15(增刊1):504-510.

[83] 邹德蕴,姜福兴.煤岩体中储存能量与冲击地压孕育机理及预测方法的研究[J].煤炭学报,2004,29(2):159-163.

[84] KHADEMIAN Z,OZBAY U. Modeling violent rock failures in tunneling and shaft boring based on energy balance calculations[J]. Tunnelling and underground space technology,2019,90:62-75.

[85] 单鹏飞,来兴平,崔峰,等.采动裂隙煤岩破裂能量耗散特性及机理[J].采矿与安全工程学报,2018,35(4):834-842.

[86] GONG F Q,YAN J Y,LI X B,et al. A peak-strength strain energy storage index for rock burst proneness of rock materials[J]. International journal of rock mechanics and mining sciences,2019,117:76-89.

[87] 来兴平,孙欢,蔡明,等.急斜煤层浅转深综放开采煤岩动力灾害诱发机理[J].西安科技大学学报,2017,37(3):305-311.

[88] 曹建涛,来兴平,崔峰,等.急斜特厚煤层开采扰动区(MDZ)煤岩体动力学变形失稳过程分析[J].西安科技大学学报,2015,35(4):397-402.

[89] 潘俊锋,宁宇,毛德兵,等.煤矿开采冲击地压启动理论[J].岩石力学与工程学报,2012,31(3):586-596.

[90] GONG S Y,LI J,JU F,et al. Passive seismic tomography for rockburst risk identification based on adaptive-grid method[J]. Tunnelling and underground space technology,2019,86:

198-208.

[91] ZHU G A, DOU L M, WANG C B, et al. Experimental study of rock burst in coal samples under overstress and true-triaxial unloading through passive velocity tomography[J]. Safety science,2019,117:388-403.

[92] LAI X P, SHAN P F, CAI M F, et al. Comprehensive evaluation of high-steep slope stability and optimal high-steep slope design by 3D physical modeling[J]. International journal of minerals, metallurgy, and materials,2015,22(1):1-11.

[93] 来兴平,伍永平,曹建涛,等.复杂环境下围岩变形大型三维模拟实验[J].煤炭学报,2010,35(1):31-36.

[94] BAKUN-MAZOR D, HATZOR Y H, DERSHOWITZ WS. Modeling mechanical layering effects on stability of underground openingsin jointed sedimentary rocks[J]. International journal of rock mechanics and mining sciences,2009,46(2):262-271.

[95] 王泽阳,来兴平,刘小明,等.综采面区段煤柱宽度预测 GRNN 模型构建与应用[J].西安科技大学学报,2019,39(2):209-216.

[96] 崔峰,杨彦斌,来兴平,等.基于微震监测关键层破断诱发冲击地压的物理相似材料模拟实验研究[J].岩石力学与工程学报,2019,38(4):803-814.

[97] 杨承祥,罗周全,唐礼忠.基于微震监测技术的深井开采地压活动规律研究[J].岩石力学与工程学报,2007,26(4):818-824.

[98] 窦林名,何学秋,王恩元,等.由煤岩变性冲击破坏所产生的电磁辐射[J].清华大学学报(自然科学版),2001,41(12):86-88.

[99] TANG C A, YANG Y F. Crack branching mechanism of rock-like quasi-brittle materials under dynamic stress[J]. Journal of Central South University,2012,19(11):3273-3284.

[100] CUI F, JIA C, LAI X P. Study on deformation and energy release characteristics of overlying strata under different mining sequence in close coal seam group based on similar material simulation[J]. Energies,2019,12(23):4485.

[101] ZHANG Y, CAO S G, GUO S, et al. Mechanisms of the development of water-conducting fracture zone in overlying strata during shortwall block backfill mining:a case study in Northwestern China[J]. Environmental earth sciences,2018,77(14):1-17.

[102] 陆振裕,窦林名,徐学锋,等.钻屑法探测巷道围岩应力及预测冲击危险新探究[J].煤炭工程,2011,1(1):72-74.

[103] 窦林名,何学秋.冲击矿压防治理论与技术[M].徐州:中国矿业大学出版社,2001.

[104] 钱鸣高,缪协兴,许家林,等.岩层控制的关键层理论[M].徐州:中国矿业大学出版社,2003.

[105] 窦林名,何学秋.采矿地球物理学[M].北京:中国科学文化出版社,2002.

[106] 姜福兴,XUN L.微震监测技术在矿井岩层破裂监测中的应用[J].岩土工程学报,2002,24(2):147-149.

[107] 姜福兴,XUN L,杨淑华.采场覆岩空间破裂与采动应力场的微震探测研究[J].岩土

工程学报,2003,25(1):23-25.

[108] 姜福兴,杨淑华,XUN L.微地震监测揭示的采场围岩空间破裂形态[J].煤炭学报, 2003,28(4):357-360.

[109] 贺虎,窦林名,巩思园,等.覆岩关键层运动诱发冲击的规律研究[J].岩土工程学报, 2010,32(8):1260-1265.

[110] 窦林名,贺虎.煤矿覆岩空间结构 OX-F-T 演化规律研究[J].岩石力学与工程学报, 2012,31(3):453-460.

[111] 陆菜平,窦林名,吴兴荣,等.岩体微震监测的频谱分析与信号识别[J].岩土工程学 报,2005,27(7):772-775.

[112] 陆菜平,窦林名,吴兴荣,等.煤岩冲击前兆微震频谱演变规律的试验与实证研究[J]. 岩石力学与工程学报,2008,27(3):519-525.

[113] 陈通,王双明,王悦,等.长壁工作面采动引起的微震活动分布规律研究[J].采矿与安 全工程学报,2018,35(4):795-800.

[114] 陈尚本,安伯义.冲击地压预测预报与防治成套技术研究[J].山东科技大学学报(自 然科学版),2010,29(4):63-66.

[115] 姜福兴,苗小虎,王存文,等.构造控制型冲击地压的微地震监测预警研究与实践[J]. 煤炭学报,2010,35(6):900-903.

[116] 姜福兴,王存文,杨淑华,等.冲击地压及煤与瓦斯突出和透水的微震监测技术[J].煤 炭科学技术,2007,35(1):26-28.

[117] 姜福兴,杨淑华,成云海,等.煤矿冲击地压的微地震监测研究[J].地球物理学报, 2006,49(5):1511-1516.

[118] 成云海.微地震定位监测在采场冲击地压防治中的应用[D].青岛:山东科技大 学,2006.

[119] 赵阳升,冯增朝,万志军.岩体动力破坏的最小能量原理[J].岩石力学与工程学报, 2003,22(11):1781-1783.

[120] 张琰嵩,纪海玉,吕嘉锟,等.不同水平应力下上行开采覆岩运动规律[J].煤炭技术, 2018,37(11):71-73.

[121] 吕兆海,赵长红,岳晓军,等.近距离煤层下行开采条件下覆岩运移规律研究[J].煤炭 科学技术,2017,45(7):18-22,32.

[122] 黄万朋,邢文彬,郑永胜,等.近距离煤层上行开采巷道合理布局研究[J].岩石力学与 工程学报,2017,36(12):3028-3039.

[123] 焦振华,陶广美,王浩,等.晋城矿区下保护层开采覆岩运移及裂隙演化规律研究[J]. 采矿与安全工程学报,2017,34(1):85-90.

[124] 张向阳,涂敏,窦怡川.深部近距离煤层上行开采覆岩运动及应力分布试验研究[J]. 中国安全生产科学技术,2015,11(5):18-25.

[125] 邵小平,武军涛,张嘉凡,等.上行开采覆岩裂隙演化规律与层间岩层稳定性研究[J]. 煤炭科学技术,2016,44(9):61-66.

[126] 张宏伟,韩军,海立鑫,等.近距煤层群上行开采技术研究[J].采矿与安全工程学报, 2013,30(1):63-67.

[127] 李全生,张忠温,南培珠.多煤层开采相互采动的影响规律[J].煤炭学报,2006,31(4):425-428.

[128] 龚红鹏,李建伟,陈宝宝.近距离煤层群开采覆岩结构及围岩稳定性研究[J].煤矿开采,2013,18(5):90-92,43.

[129] 李胜,周利峰,罗明坤,等.煤层群下行开采煤柱应力传递规律[J].辽宁工程技术大学学报(自然科学版),2015,34(6):661-667.

[130] 于斌.多煤层上覆破断顶板群结构演化及其对下煤层开采的影响[J].煤炭学报,2015,40(2):261-266.

[131] 王悦汉,邓喀中,张冬至,等.重复采动条件下覆岩下沉特性的研究[J].煤炭学报,1998,23(5):3-5.

[132] 马瑞,来兴平,曹建涛,等.浅埋近距煤层采空区覆岩移动规律相似模拟[J].西安科技大学学报,2013,33(3):249-253.

[133] 许力峰,刘珂铭,张江利,等.近距离煤层群上行开采薄煤层覆岩移动规律研究[J].煤矿安全,2012,43(7):52-55.

[134] 王新丰,高明中,李隆钦.深部采场采动应力、覆岩运移以及裂隙场分布的时空耦合规律[J].采矿与安全工程学报,2016,33(4):604-610.

[135] 严国超,胡耀青,宋选民,等.极近距离薄煤层群联合开采常规错距理论与物理模拟[J].岩石力学与工程学报,2009,28(3):591-597.

[136] 钱鸣高,石平五,许家林.矿山压力与岩层控制[M].徐州:中国矿业大学出版社,2010.

[137] 孔令海.煤矿采场围岩微震事件与支承压力分布关系[J].采矿与安全工程学报,2014,31(4):525-531.

[138] DOU L M,HE X Q,HE H,et al. Spatial structure evolution of overlying strata and inducing mechanism of rockburst in coal mine[J]. Transactions of nonferrous metals society of China,2014,24(4):1255-1261.

[139] YANG W F,SUI W H,XIA X H. Model test of the overburden deformation and failure law in close distance multi-seam mining[J]. Journal of coal science and engineering (China),2008,14(2):181-185.

[140] KONG D Z,PU S J,ZHENG S S,et al. Roof broken characteristics and overburden migration law of upper seam in upward mining of close seam group[J]. Geotechnical and geological engineering,2019,37(4):3193-3203.

[141] NING J G,WANG J,TAN Y L,et al. Mechanical mechanism of overlying strata breaking and development of fractured zone during close-distance coal seam group mining[J]. International journal of mining science and technology,2020,30(2):207-215.

[142] 韩红凯,王晓振,许家林,等.覆岩关键层结构失稳后的运动特征与"再稳定"条件研究[J].采矿与安全工程学报,2018,35(4):734-741.

[143] 黄庆享,钱鸣高,石平五.浅埋煤层采场基本顶周期来压的结构分析[J].煤炭学报,1999,24(6):581-585.

[144] 浦海,缪协兴.采动覆岩中关键层运动对围岩支承压力分布的影响[J].岩石力学与工程学报,2002,21(增刊2):2366-2369.

[145] 王文婕.煤层冲击倾向性对冲击地压的影响机制研究[D].北京:中国矿业大学(北京),2013.

[146] 张开智,夏均民.冲击危险性综合评价的变权识别模型[J].岩石力学与工程学报,2004,23(20):3480-3483.

[147] 刘晓斐,王恩元,赵恩来,等.孤岛工作面冲击地压危险综合预测及效果验证[J].采矿与安全工程学报,2010,27(2):215-218.

[148] 李浩荡,蓝航,杜涛涛,等.宽沟煤矿坚硬厚层顶板下冲击地压危险时期的微震特征及解危措施[J].煤炭学报,2013,38(增刊1):6-11.

[149] 周金龙,黄庆享.浅埋大采高工作面顶板关键层结构稳定性分析[J].岩石力学与工程学报,2019,38(7):1396-1407.

[150] LUO X,HATHERLY P. Application of microseismic monitoring to characterisegeomechanical conditions in longwall mining[J]. Exploration geophysics,1998,29(4):489-493.

[151] 马立强,汪理全,乔京利,等.平四矿近距煤层上行开采研究[J].采矿与安全工程学报,2008,25(3):357-360.

[152] 冯国瑞,闫旭,王鲜霞,等.上行开采层间岩层控制的关键位置判定[J].岩石力学与工程学报,2009,28(增刊2):3721-3726.

[153] 于辉.近距离煤层开采覆岩结构运动及矿压显现规律研究[D].北京:中国矿业大学(北京),2015.

[154] 冯国瑞,杨创前,张玉江,等.刀柱残采区上行长壁开采支承压力时空演化规律研究[J].采矿与安全工程学报,2019,36(5):857-866.

[155] 张明,成云海,王磊,等.浅埋复采工作面厚硬岩层-煤柱结构模型及其稳定性研究[J].岩石力学与工程学报,2019,38(1):87-100.

[156] 周辉,渠成塑,黄健利,等.基于模型试验的深部煤层合理停采线结构分析[J].岩石力学与工程学报,2017,36(10):2373-2382.

[157] 杨国枢,王建树.近距离煤层群二次采动覆岩结构演化与矿压规律[J].煤炭学报,2018,43(增刊2):353-358.

[158] 杨光宇,姜福兴,李琳,等.煤矿冲击地压危险性的工程判据研究[J].采矿与安全工程学报,2018,35(6):1200-1207,1216.

[159] 潘一山.煤矿冲击地压扰动响应失稳理论及应用[J].煤炭学报,2018,43(8):2091-2098.

[160] 窦林名,何学秋.煤矿冲击矿压的分级预测研究[J].中国矿业大学学报,2007,36(6):717-722.

[161] DYSKIN A V,GERMANOVICH L N. Model of rockburst caused by crack growingnear free surface[C]//Rockburst and seismicity in mines. Rotterdam:A A Balkema,1993:169-174.

[162] LAI X P,CAI M F,REN F H,et al. Study on dynamic disaster in steeply deep rock

mass condition in Urumchi coalfield[J]. Shock and vibration,2015(3):1-8.

[163] DOU L M,LU C P,MU Z L,et al. Prevention and forecasting of rock burst hazards in coal mines[J]. Mining science and technology (China),2009,19(5):585-591.

[164] 李海涛,宋力,周宏伟,等.率效应影响下煤的冲击特性评价方法及应用[J].煤炭学报,2015,40(12):2763-2771.

[165] 王家臣,王兆会.高强度开采工作面顶板动载冲击效应分析[J].岩石力学与工程学报,2015,34(增刊 2):1844-1851.

[166] 赵同彬,郭伟耀,韩飞,等.工作面回采速度影响下煤层顶板能量积聚释放分析[J].煤炭科学技术,2018,46(10):37-44.

[167] 王金安,焦申华,谢广祥.综放工作面开采速率对围岩应力环境影响的研究[J].岩石力学与工程学报,2006,25(6):1118-1124.

[168] 王磊,谢广祥.综采面推进速度对煤岩动力灾害的影响研究[J].中国矿业大学学报,2010,39(1):70-74.

[169] 杨胜利,王兆会,蒋威,等.高强度开采工作面煤岩灾变的推进速度效应分析[J].煤炭学报,2016,41(3):586-594.

[170] 窦林名,姜耀东,曹安业,等.煤矿冲击矿压动静载的"应力场-震动波场"监测预警技术[J].岩石力学与工程学报,2017,36(4):803-811.

[171] DOU L M,MU Z L,LI Z L,et al. Research progress of monitoring,forecasting,and prevention of rockburst in underground coal mining in China[J]. International journal of coal science & technology,2014,1(3):278-288.

[172] DOU L M,CHEN T J,GONG S Y,et al. Rockburst hazard determination by using computed tomography technology in deep workface[J]. Safety science,2012,50(4):736-740.

[173] HE X Q,CHEN W X,NIE B S,et al. Electromagnetic emission theory and its application to dynamic phenomena in coal-rock[J]. International journal of rock mechanics and mining sciences,2011,48(8):1352-1358.

[174] 刘金海,孙浩,田昭军,等.煤矿冲击地压的推采速度效应及其动态调控[J].煤炭学报,2018,43(7):1858-1865.

[175] 陈通.综采工作面推进速度与周期来压步距关系分析[J].煤矿开采,1999,34(1):33-35.

[176] SZURGACZ D,BRODNY J. Tests of geometry of the powered roof support section[J]. Energies,2019,12(20):3945-3963.

[177] SZURGACZ D,BRODNY J. Analysis of the influence of dynamic load on the work parameters of a powered roof support's hydraulic leg[J]. Sustainability,2019,11(9):2570-2582.

[178] CUI F,ZHANG T H,LAI X P,et al. Study on the evolution law of overburden breaking angle under repeated mining and the application of roof pressure relief[J]. Energies,2019,12(23):4513.

[179] 李玉生.冲击地压机理及其初步应用[J].中国矿业学院学报,1985(3):42-48.

[180] 郭志.试验条件与岩体力学特性的相关性[J].水文地质工程地质,1995(1):15-19.

[181] 尹祥础,尹迅飞,余怀忠,等.加卸载响应比理论用于矿震预测的初步研究[J].地震,2004,24(2):25-30.

[182] 尹祥础,刘月.加卸载响应比:地震预测与力学的交叉[J].力学进展,2013,43(6):555-580.